绿色建筑理念下的建筑节能研究

徐 力 著

哈尔滨出版社
HARBIN PUBLISHING HOUSE

图书在版编目（CIP）数据

绿色建筑理念下的建筑节能研究 / 徐力著 . — 哈尔滨 ：哈尔滨出版社，2023.8
ISBN 978-7-5484-7480-7

Ⅰ．①绿… Ⅱ．①徐… Ⅲ．①建筑－节能－研究
Ⅳ．① TU111.4

中国国家版本馆 CIP 数据核字（2023）第 156354 号

书　名：**绿色建筑理念下的建筑节能研究**
LÜSE JIANZHU LINIANXIA DE JIANZHU JIENENG YANJIU

作　者：徐 力 著
责任编辑：张艳鑫
封面设计：张 华

出版发行：哈尔滨出版社（Harbin Publishing House）
社　址：哈尔滨市香坊区泰山路 82-9 号　邮编：150090
经　销：全国新华书店
印　刷：廊坊市广阳区九洲印刷厂
网　址：www.hrbcbs.com
E-mail：hrbcbs@yeah.net
编辑版权热线：（0451）87900271　87900272
开　本：787mm×1092mm　1/16　印张：12　字数：290 千字
版　次：2023 年 8 月第 1 版
印　次：2023 年 8 月第 1 次印刷
书　号：ISBN 978-7-5484-7480-7
定　价：76.00 元

凡购本社图书发现印装错误，请与本社印制部联系调换。
服务热线：（0451）87900279

前　言

工程建设领域实现碳达峰、碳中和，对于全行业转型发展，既是挑战也是机遇。2021 年 10 月，中共中央办公厅、国务院办公厅印发《关于推动城乡建设绿色发展的意见》，提出到 2035 年，城乡建设全面实现绿色发展，碳减排水平快速提升，城市和乡村品质全面提升，人居环境更加美好，城乡建设领域治理体系和治理能力基本实现现代化，美丽中国建设目标基本实现。

可以看出，无论是国家的建设方针还是发展观念，绿色都是这个时代的主旋律。绿色建筑是有生命的建筑，它的意义在于让身在其中的人们的生活充满阳光、映满绿色。根据国家的绿色低碳发展目标，推动建筑领域向绿色化、工业化、信息化、集约化、产业化方向转型，在建筑节能方面市场空间巨大。建筑节能也是国家完善低碳转型、落实双碳政策的重点内容。

随着人们生活品质不断提升，我国建筑领域的碳排放量在未来 10 年内仍会有所攀升。建筑业管理链条长、涉及环节多、精准管理难。与一些发达国家相比，我国建筑节能工作尚处在有些情况不明、有些任务不清的状态，业内对绿色建筑和节能建筑的认识存在一定的误区。笔者尝试从绿色建筑理念下的建筑节能角度，对构建绿色建筑和建筑节能的低碳建设发展思路和关键技术措施进行研究分析和展开探讨。本书在内容编排上共设十二章，包括：第一章，绿色建筑概述；第二章，绿色能源下的建筑形态；第三章，绿色建筑设计概述；第四章，绿色建筑节能设计；第五章，绿色建筑节能工程材料；第六章，绿色节能建筑施工管理；第七章，绿色建筑节能工程质量控制与运营管理；第八章，既有建筑的节能改造；第九章，城镇绿色建筑节能研究；第十章，农村绿色建筑节能研究；第十一章，建筑节能技术的研究与应用；第十二章，建筑节能绿色低碳发展策略。

由于作者的水平和认识上的局限，本书在编写过程中难免出现纰漏，敬请读者批评指正，不吝赐教，以便笔者不断提高。

本书的撰写得到了中国城市建设研究院有限公司和中国建筑节能协会专家委员会等部门的多位专家学者的支持和指导，在此致深切的谢意！

内容简介

　　绿色建筑是全寿命周期内，节约资源、保护环境、减少污染，为人们提供健康、适用、高效的使用空间，最大限度地实现人与自然和谐共生的高质量建筑。绿色建筑是可持续性的建筑，其内涵涉及建筑设计、建筑技术、建筑材料、建筑建造、建筑功能和建筑运行管理以及建筑拆除等全寿命周期的内容。

　　建筑节能是一项与工程技术、文化理念、生活方式、社会公平等多方面问题密切相关的全社会行动。从建筑节能工程技术角度出发，其含义是要提高建筑中的能源利用效率。通过被动式设计来减少需求，通过主动式优化提高机电系统的效率，因地制宜合理科学利用可再生能源是新时期建筑节能满足低碳目标的基本原则。

　　在国家"3060目标"背景下，绿色建筑是建筑领域碳达峰、碳中和的核心路径，建筑节能是绿色建筑实现碳中和的关键内容，是国家完善低碳转型，落实双碳政策的重点，是新时代背景下社会经济发展的需要。笔者尝试从绿色建筑理念下的建筑节能角度，对构建绿色建筑和建筑节能的低碳建设发展思路和关键技术措施进行研究分析，并探讨和获取相应的解决策略。

作者简介

徐力，高级建筑师，中国城市建设研究院有限公司绿色建筑与可持续发展中心副主任、总工程师，中国建筑节能协会专家委员会专家，美国绿色建筑委员会 LEED AP（BD+C）资质。作者长期致力于绿色建筑、零能耗建筑和绿色生态城区的规划设计、咨询评估和科学研究工作，在绿色建筑、零碳建筑、城市更新等建设领域有丰富的实际工程经验，主持完成多项既有建筑近零碳化、智能化改造及技术集成等方面的课题研究和设计工作，参编《青海省高原美丽城市建设标准》《建筑绿色运营技术规程》等多个技术标准，多次获得国家和省部级勘察设计工程奖项。

目　录

第一章 绿色建筑概述

第一节 绿色建筑的定义和发展

一、绿色建筑的概念

（一）绿色建筑概念综述

翻开古老的建筑史，犹如一部营造"千秋大业"的长卷，从初期的遮风挡雨的陋室到现在环境优美的绿色建筑，人们沉迷物质生活的同时，开始慢慢认识到建筑给生存环境带来的破坏和危害，"绿色建筑"概念应时而生。绿色建筑是全寿命周期内，节约资源、保护环境、减少污染，为人们提供健康、适用、高效的使用空间，最大限度地实现人与自然和谐共生的高质量建筑。

绿色建筑的概念最早是于 1980 年在《世界自然资源保护大纲》中提出的，又被称为"生态建筑"。其理念旨在高效节能地使用地球资源，从建材的生产到建筑的规划施工再到运营维护最后到拆除回用的整个过程中，最大限度地降低地球资源的占有和消耗率以及减少废弃物和有害物质的排放量。"四节"（节能、节地、节水、节材）和环保是绿色建筑的核心内容。新形势下提倡低耗高效、健康舒适、适宜居住的绿色建筑生产、生活方式，提倡使用对提高环境品质有利的先进技术、新型材料，是符合 21 世纪可持续发展的绿色建筑的基本要求的。

（二）绿色建筑概念的内涵

对绿色建筑概念的理解可以归纳为以下三点：

1. 全寿命周期

全寿命周期，顾名思义是产生、发展、退出的全过程，从建材的选料到建筑活动结束后资源的回收再利用的全过程形成了绿色建筑全寿命周期。经济效益、社会效益和环境效益的统一性决定了绿色建筑全寿命周期的要求。它不仅要保证其建筑的寿命，还需要具有未雨绸缪的前瞻性，也就是要求其能够轻松地应对未来的变化和发展。因此，绿色建筑设计的重点要求是最大可能地延长建筑的使用寿命。

2. 节能减排

为了减少对不可再生资源（自然界的各种矿物、岩石和化石燃料等）的消耗，绿色建筑倡导改变以往的思维方式和设计观念，实现了由高能耗模式向低能耗模式的转化。依靠先进的节能技术降低消耗，建设新能源，使太阳能等绿色环保的清洁能源得到充分利用，减少空调采暖和制冷的使用。在建造和材料的选择中，合理使用资源，降低材料消耗、噪声污染和二次装修污染等，力求资源的可再生利用。

3. 可持续发展

我国单位建筑能耗比如建筑用钢、混凝土水泥、建筑能耗产生的温室气体，北方城市煤烟污染等越来越厉害，对社会造成了严重的环境污染，已成为阻碍我国可持续发展的一大难题。建设生态城市，实现经济、社会和环境的可持续发展是我国现阶段的迫切要求，良好的建筑环境和空间环境是建设生态城市的标准之一。在建筑的过程中促进资源和能源的有效利用，减少环境污染，保护资源和生态环境，促进经济的发展和社会的进步，在改善生活环境的同时提高社会经济效益，更加有利于社会经济的可持续发展。

二、绿色建筑的目标

在建设的同时，达到人与自然安全健康、和谐共存、生活宜居的追求和愿望是绿色建筑的目标。绿色建筑及其研究和实践过程中也提出了"实现保护生态、节能减排，创造可持续发展的人类生活环境"的目标。

为进一步提高"十四五"时期建筑节能水平，推动绿色建筑高质量发展，依据《中华人民共和国国民经济和社会发展第十四个五年规划和 2035 年远景目标纲要》《中共中央 国务院关于完整准确全面贯彻新发展理念做好碳达峰碳中和工作的意见》《关于推动城乡建设绿色发展的意见》等文件，住房和城乡建设部于 2022 年 3 月 1 日发布《"十四五"建筑节能与绿色建筑发展规划》，标志着我国已经把绿色建筑提到重要的国家战略高度。

《"十四五"建筑节能与绿色建筑发展规划》对我国绿色建筑行动做了目标规划和整体部署，明确提出了十四五期间，建筑节能和绿色建筑发展的目标如下：

（一）总体目标

到 2025 年，城镇新建建筑全面建成绿色建筑，建筑能源利用效率稳步提升，建筑用能结构逐步优化，建筑能耗和碳排放增长趋势得到有效控制，基本形成绿色、低碳、循环的建设发展方式，为城乡建设领域 2030 年前碳达峰奠定坚实基础。

表 1-1　"十四五"时期建筑节能和绿色建筑发展总体指标

主要指标	2025 年
建筑运行一次二次能源消费总量（亿吨标准煤）	11.5
城镇新建居住建筑能效水平提升	30%
城镇新建公共建筑能效水平提升	20%

（注：表中指标均为预期性指标）

（二）具体目标

到 2025 年，完成既有建筑节能改造面积 3.5 亿平方米以上，建设超低能耗、近零能耗建筑 0.5 亿平方米以上，装配式建筑占当年城镇新建建筑的比例达到 30%，全国新增建筑太阳能光伏装机容量 0.5 亿千瓦以上，地热能建筑应用面积 1 亿平方米以上，城镇建筑可再生能源替代率达到 8%，建筑能耗中电力消费比例超过 55%。

表 1-2 "十四五"时期建筑节能和绿色建筑发展具体指标

主要指标	2025 年
既有建筑节能改造面积（亿平方米）	3.5
建设超低能耗、近零能耗建筑面积（亿平方米）	0.5
城镇新建建筑中装配式建筑比例	30%
新增建筑太阳能光伏装机容量（亿千瓦）	0.5
新增地热能建筑应用面积（亿平方米）	1
城镇建筑可再生能源替代率	8%
建筑能耗中电力消费比例	55%

（注：表中指标均为预期性指标）

三、绿色建筑的原则

（一）和谐适地原则

最大限度地降低建筑过程中的消耗和破坏，进行科学规划选址，安全健康、空间适宜又能表现人文特征。

（二）节约高效原则

绿色建筑标准是在节约和适用的原则基础上高效地开发和利用资源，在建筑和绿化过程中节约水资源。

（三）经济舒适原则

在绿色建筑的建造、使用、维护过程中应符合适宜投资、适宜成本和适宜消费的经济原则，满足人类居所舒适健康、安全环保的要求。

四、绿色建筑的特点和发展规律

（一）绿色建筑的特点

1. 绿色建筑强调的是全寿命周期，它主要强调的是建筑在使用寿命时间内对环境的影响。从项目选址、规划、设计、施工到运营的整个过程我们都可以称为建筑物的寿命的组成部分，要在建筑物使用寿命这个时间段内对环境的影响进行全面的估算；同时也要考虑到建筑对环境的影响并不仅仅是发生在建筑物存在的这一时期里面，绿色建筑的全寿命周期就是在这个基础之上前后不断地扩展，要尽可能多地考虑到与建筑相关的各个环节。往前可以追溯到建筑材料的开采、运输和生产的环节，往后可以考虑到建筑在被拆除后产生的垃圾进行自然降解和有选择的回收利用的过程。采用全寿命周期的概念就意味着在原材料采购环节就要入手分析其对环境造成的影响程度，尽量就近取材，减少运输能耗，采用先进的生产工艺，淘汰落后的、耗能高的生产工艺和设备，建材的选择要具有前瞻性，尽量选择可循环再利用的建材。所以全寿命周期的概念在建筑的前期建造过程中就要充分地重视起来。

2. 要在最大程度上节约能源资源，做好对环境的保护，尽量减少建筑物对周围环境造成的污染。住建部对建筑工程提出了"四节一环保"的要求，也就是强调节地、节能、节水、节材和保护环境。

3. 要保证建筑根本的功能需求。保证建筑使用人员的健康是最基本的要求，节约能源资源不能建立在牺牲人的健康的基础上；同时要尽可能地降低成本，在绿色建筑的建造和使用过程中坚决不能出现奢侈与浪费的现象。

4. 建筑要与自然做到和谐统一。我们大力提倡发展绿色建筑的最终目的就是要实现人、建筑和自然的协调统一，做到和谐发展。

（二）绿色建筑的发展规律

要统筹兼顾好绿色建筑的生产与经济建设和资源开发利用的问题，全面安排。既要保证经济效益又要有社会效益。建筑业与经济发展是相互制约的关系，经济发展的落后也会影响到建筑业的发展，反之建筑业的不合理发展也会阻碍经济的长期发展。

绿色建筑要遵循自然界的普遍规律，绿色建筑的发展要遵循与自然环境相适应的规律。要做好环境与经济的协调发展要满足以下两点：一是使环境与经济协调，保持经济的稳定性和连续性；二是处理好环境与经济的关系。人类的发展是：一方面要做好各个利益方之间的平衡，另一方面也要在成本—收益的基础上追求经济效益。绿色建筑是人类社会进步的组成部分，同样需要与各利益方在结构上平衡、在发展上协调统一。

五、目前绿色建筑的发展存在的问题

在我国建筑行业飞速发展的今天，大力提倡发展绿色建筑对于节约能源资源和保护环境显得尤为重要。绿色建筑在我国已经被强调了好多年，但是缺乏实质性的进展，就目前的情况来看，主要存在着以下问题：

（一）政府的推广力度不够

政府一直在提倡发展绿色建筑，也在向社会积极地推广绿色建筑技术，但是建筑行业的开发商过分地注重企业的短期经济效益，多数还采用传统的施工技术，使国家制定的一系列鼓励发展绿色建筑的方针政策很难得到落实。这就要求政府进一步加大绿色建筑的推广力度，来促进建筑开发企业从事绿色建筑事业的积极性。

（二）绿色建筑的造价相对较高

绿色建筑作为一个新兴技术，在工程建筑的过程中必然要采用一些新技术和新材料。这就增加了建筑工程的初期投资。开发商基于初期融资的压力和对建筑建成之后的收益的考虑，从自身思想认识上对绿色建筑这种模式还不是很认可。这还是开发商没认识到发展绿色建筑的核心，忽视了绿色建筑在降低建筑物的运行成本和提高社会经济效益等方面的优势。

（三）技术力量薄弱

目前国内缺乏对绿色建筑设计技术和施工技术的深入研究，也缺少成功的实例。建筑施工企业对绿色建筑的认识和绿色建筑的施工技术掌握不到位，过分担心采用新技术所带来的风险隐患，这就导致我国国内的绿色建筑技术停滞不前。

（四）对绿色建筑的认识存在误区

现在建筑企业对绿色建筑的认识还比较片面，认为建筑工程的绿化程度高、能够节能，就是绿色建筑。绿色建筑的直接发展动力还要落实到改变建筑开发企业和工程业主对绿色建筑的认识上来。从目前国内的研究现状来看，对绿色建筑的施工技术研究相对较多，却忽视在经济方面的研究。绿色建筑的经济优势的研究成果会比较明显直观。对绿色建筑的经济性能分析不到位的话，会造成投资者担心成本的回收问题，也会影响到人们对绿色建筑的购买欲望。

绿色建筑的发展离不开全社会对绿色建筑理念的充分理解和认识。在绿色建筑的发展过程中，要充分吸收国内外的先进经验，并结合我国的实际情况，使绿色建筑的发展能够符合可持续发展的要求。最大限度地采用先进的技术、减少能源资源的使用、降低对环境的污染来真正实现绿色建筑的宗旨。

六、绿色建筑的现状

（一）国外绿色建筑的发展

事实上，国外绿色建筑发展较早，成功的绿色建筑案例也有很多，比如：美国绿色建筑典范之作——科罗拉多州太阳能研究所。

美国科罗拉多州太阳能研究所是进行太阳能利用和光合作用等方面研究的专业机构，该建筑可谓是美国绿色建筑成功的典范之作，在资源利用和降低能耗方面有着非常突出的成绩，每年可以节省能耗支出 20 万美元左右。

1. 该建筑采用的光敏窗户，其日光的照射深度可达 27m 以上，不但大大减少了额外的能源消耗，而且能随着阳光强度的升降自如调整光照强度。

2. 由于当地属半沙漠地带，为了降低白天室内温度，升高夜间温度，充分利用了太阳能光电板吸热壁的吸收能力，将其安装到屋顶，并设有排风口。白天高强度的太阳热辐射被吸收，大大降低了室内温度；夜间又将白天吸收的热量慢慢散发出来，对室内温度起到调节的作用。

3. 为了减少热传导，将一部分热传导实验室建在了山体之内，既可以起到降低热传导的作用，又节省了供暖或制冷的能源消耗。

4. 室内采用树状散气装置，上有高窗，通风自然；可自由移动的墙体和网络布线灵活又实用，避免了以后调整的费用和材料的浪费。

（二）我国绿色建筑现状分析

1. 政府高度重视下的发展。在国际社会对可持续发展呼声一浪高过一浪的国际发展形势之下，我国更加注重绿色建筑的发展并在全国各地积极展开了绿色建筑关键技术的研究，专门设立了"全国绿色建筑创新奖"等奖项。2013 年国务院办公厅发布《绿色建筑行动方案》，我国绿色建筑推广发展进入新时期，在国家战略规划层面提出了高要求。我国推行建筑节能以来，取得了显著成绩。

2. 问题总是与成绩并存。成绩面前，我国绿色建筑还存在以下问题：一是老百姓的节能与绿色建筑意识不强；二是国家引导政策和激励机制较少；三是法律法规有待健全；四是缺乏成熟的衡量标准体系。

中国建筑的能耗是十分惊人的。这与我国现阶段的发展现状是分不开的，我国还处于社会主义初级阶段，作为世界人口第一大国，我国人均资源极度贫乏，数据显示，我国人均土地占有量仅是世界平均水平的33%，更为惨重的是土地在急剧下降，我国现在既有建筑已经超过千亿平方米，水资源严重短缺和被污染等一系列问题亟待解决。

3. 建筑过程本身的问题。在建设中，粗放的增长方式造成了建造和使用过程高消耗、低效率等问题更加凸显；有的地方未进行合理规划就盲目扩大城市规模，出现乱占耕地的现象。这种带有侵占性的甚至摧毁性的以毁灭环境为代价的建筑发展模式已经严重危及和阻碍着人类社会的可持续发展，推广节能环保型绿色建筑势在必行。

（三）我国绿色建筑过程分析

1. 绿色建筑设计。在设计的时候要充分考虑到建筑的布局、地形等多方面因素，综合考虑建筑的密度、结构、外围结构的保温隔热等，尽可能利用天然能源来节约能源、改善空气质量。

2. 绿色建筑材料。绿色建筑的材料和形式多种多样，比如外层的材料和结构一方面防止能源流失达到节能，另一方面稳定室内气候达到恒温。所以，环保节能材料是绿色建筑的必备材料。

3. 绿色建筑施工。近几年，在政府和城市居民的高度关注下，促使施工单位也越来越重视节能环保、绿色施工，对施工过程中产生的废气、灰尘、噪声、建筑垃圾等进行严格控制，绿色施工过程已经成为建筑节能环保十分重要的一环。

4. 绿色建筑运营。随着绿色建筑的发展，对绿色建筑进行科学维护、管理、运行是保证绿色建筑在其全寿命周期的运营阶段能够达到设计意图的关键环节。每个绿色建筑应根据自身的设计特点和建筑功能特性，从调试、交付、运行到维护的建筑使用期间，应用绿色技术、绿色措施和绿色管理制度开展建筑绿色运营管理工作。

（四）建议业内做到以下几点

1. 不拿绿色建筑来炒作，用科学的精神和严肃认真的态度来推进绿色建筑行业的发展。

2. 要从整体设计的角度，遵循生态化原则，以人为本，因地制宜设计建造绿色建筑。

3. 要有专业的咨询机构来进行全面、系统、科学的考虑。

4. 认真贯彻执行绿色建筑评价标准，积极营造氛围，加大对公众的宣传力度，引导绿色建筑顺利健康发展。

5. 加大对生态科技和节能环保的研究投入，提升绿色建筑的科技水平，降低成本，大力促进绿色建筑的推广与普及。

第二节 绿色建筑与传统建筑的区别

人居环境的建设是城市化进程中城市发展的必然途径，对于城市来说最重要的构成要素之一是建筑。绿色建筑与传统建筑无论是在学科理论体系上，还是在技术路线和方法上，都存在着一些内质的差异性。

第一，绿色建筑区别于传统建筑的是其"和谐适地"的特点。传统建筑一方面往往会因为各地的快速城镇化发展，在规划建筑设计阶段不重视因地制宜的本土化等绿色建筑正向设计理念，形成大江南北的城市建筑形式一律化、单调化，造就了"千城一面"的失去地域特色的城市形象；另一方面传统建筑又存在追求"新、奇、特""大、洋、贵"，追求标志效应的现象。而绿色建筑则强调使用当地文化、因地制宜，尊重当地自然和气候条件，注重选用本地建筑材料，建筑空间形态设计随着气候、自然资源和地区文化的差异而重新呈现不同的建筑风貌。绿色建筑设计同时也注重从人与大自然的和谐相处中获得灵感。美存在于以最小的资源获得最大限度的丰富性和多样性，重返古罗马杰出建筑师维特鲁威提出的"紧固、适用、愉悦"六字真经上。

第二，绿色建筑的"节约"特点。传统建筑往往能耗非常大，建筑业是所有产业中的耗能大户和污染大户。据统计，建筑物在建造和使用过程中造成34%的污染，消耗了50%的自然能源。传统建筑仅在建造过程或者是使用过程中对环境负责；而绿色建筑是在建筑的全寿命周期内，为人类提供健康、适用和高效的使用空间，最终实现与自然共生，从被动地减少对自然的干扰，到主动地创造环境的丰富性，减少资源需求。绿色建筑能够极大地减少能耗。随着建筑利用地热、太阳能和风能等可再生能源技术的不断发展，绿色建筑将从被动的建筑节能向主动产能的趋势方向发展，达到零能耗建筑标准，从而实现零碳建筑目标。

第三，绿色建筑的"高效舒适"特点。绿色建筑作为人类的居所，其建造、使用、维护是以符合人与自然生态安全与和谐共生为前提的。绿色建筑充分利用自然资源，如阳光、绿地、空气等，注重内外的有效沟通，满足建筑宜居、健康的要求。绿色建筑系统地采用集成技术提高建筑效能，优化管理调控体系，形成有效的内外沟通方式，主动适应气候变化、房屋人员和环境负荷，为使用者创造一个非常健康舒适的室内环境。绿色建筑健康宜居的空间布局和封闭式传统建筑有很多不同之处，传统普通建筑往往采用集中式全封闭空间形式，单纯依靠人工空调系统调控，建筑环境与自然环境交流不畅，不注重自然通风和自然采光的室内外空间互动设计，室内环境往往不是舒适和健康的。

第四，绿色建筑的"可持续"特点。人类发展带来的环境生存压力催生了可持续发展的理念，可持续发展源于环境问题。在绿色建筑全寿命周期，对建筑物周边的小环境及城市和自然的大环境保护是绿色建筑的目标和前提。绿色建筑强调从原材料的提取、运输、加工到使用，再到建筑物的废弃和拆除的全过程必须从整体上进行管控。减少对环境的压力，充分利用能源与资源，充分利用地势、气候、阳光、空气、水流等有限的环境因素，控制环境污染等措施都是绿色建筑对环境保护问题的回应。而传统普通建筑则往往在建造过程中没有对上述环境问题给予足够的重视，不注重建筑的绿色设计、绿色施工和绿色管理运营，在建设过程中存在对周边环境造成众多污染的现象。

由传统高消耗型的建筑模式转向集约高效的绿色节约发展模式，即发展绿色建筑是提高中国社会发展效率与节约城市建设、运行成本，针对社会转变选择的必由之路。

第三节　绿色建造的内容

一、绿色建造的内涵和主要特征

绿色建造是按照绿色发展的要求，通过科学管理和技术创新，采用有利于节约资源、保护环境、减少排放、提高效率、保障品质的建造方式，实现人与自然和谐共生的工程建造活动。

绿色建造统筹考虑建筑工程质量、安全、效率、环保、生态等要素，坚持因地制宜，坚持策划、设计、施工、交付全过程一体化协同，强调建造活动的绿色化、工业化、信息化、集约化和产业化的属性特征。

二、绿色建造发展目标及实施路径

2021年10月，中共中央办公厅、国务院办公厅印发《关于推动城乡建设绿色发展的意见》，提出到2035年，城乡建设全面实现绿色发展，碳减排水平快速提升，城市和乡村品质全面提升，人居环境更加美好，城乡建设领域治理体系和治理能力基本实现现代化，美丽中国建设目标基本实现。

可以看出，未来工程建设要实现全过程绿色建造，向绿色化、工业化、信息化、集约化、产业化建造方式转型的目标。

首先，要大力发展装配式建筑，重点推动钢结构装配式住宅建设，不断提升构件标准化水平，推动形成完整产业链，推动智能建造和建筑工业化协同发展。

其次，要完善绿色建材产品认证制度，加强建筑材料循环利用，促进建筑垃圾减量化，严格施工扬尘管控，采取综合降噪措施管控施工噪声。

第三，完善工程建设组织模式，加快推行工程总承包，推广全过程工程咨询，加快推进工程造价改革。

未来，在节能建筑、装配式建筑、光伏建筑、建筑垃圾循环利用等方面市场空间巨大。碳达峰与碳中和发展目标将强化建筑绿色化、工业化这一趋势。

三、绿色建造的主要技术要求

一是采用系统化集成设计、精益化生产施工、一体化装修的方式，加强新技术推广应用，整体提升建造方式工业化水平。

二是结合实际需求，有效采用 BIM、物联网、大数据、云计算、移动通信、区块链、人工智能、机器人等相关技术，整体提升建造手段信息化水平。

三是采用工程总承包、全过程工程咨询等组织管理方式，促进设计、生产、施工深度协同，整体提升建造管理集约化水平。

四是加强设计、生产、施工、运营全产业链上下游企业间的沟通合作，强化专业分工和社会协作，优化资源配置，构建绿色建造产业链，整体提升建造过程产业化水平。

四、如何做好绿色建造相关工作

一是完善工作机制。明确责任部门，确定工作目标，建立健全工作机制，加强绿色建造顶层设计，将绿色建造纳入本地绿色发展和生态文明建设体系。从本地实际出发，以问题和需求为导向，建立具有区域代表性的绿色建造技术体系、管理机制和政策体系。

二是加强政策支持。要坚持问题导向、目标导向、结果导向，在项目审批、资金扶持、人才培养等方面，加大政策支持力度。同时，在目前已实施政策与措施的基础上加强创新与集成，增强绿色建造推进政策与措施的针对性、协同性、系统性。

三是加强宣传引导。要积极宣传推广绿色建造试点的成熟经验和典型做法，积极开展政策宣传贯彻、技术指导、交流合作、成果推广，并加强国际交流合作，增强全社会绿色发展意识，营造政府有效引导、企业自觉执行和公众积极参与的良好氛围。

第四节 绿色建筑发展现状与前景

一、绿色建筑与建筑节能的发展变迁

"可持续发展"作为 21 世纪的主旋律，揭开了人类文明发展的新篇章，带来了人类社会各领域、各层次的深刻变革。每一栋建筑的完工，都有从施工、运行、后期的装修入户，至最终拆迁的生命周期。在此周期内，除规划设计外，其他阶段都伴随着资源利用，能源输入，以及废水、废气、废物的排放。随着城市化进程的加快，城市建筑越来越多，建筑生命周期的循环使人们意识到建筑本身就是能量堆砌的结果。20 世纪 70 年代的能源危机引发了世界对能源安全的思考，人类对建筑的生态、节能、环保等日益增强的需求催生了"绿色建筑"的兴起和长足发展。

建筑节能可视为绿色建筑理念的一项综合工程。节能建筑是指遵循气候设计和节能的基本方法，对建筑规划分区、群体和单体、朝向、间距、太阳辐射、风向以及外部空间环境进行研究后，设计出的低能耗建筑。可见绿色也是建筑节能的发展目标。

我国自 20 世纪 80 年代开始，通过制定和颁布我国第一部建筑节能行业标准——《民用建筑节能设计标准（采暖居住建筑部分）》JGJ26-86（已废止），开始了绿色建筑领域的相关自主工作，随后国家出台了《中华人民共和国节约能源法》等一系列与节能相关的政策法规，逐步在国内以节能为主要导向引入绿色建筑概念。2013 年国务院办公厅发布了《绿色建筑行动方案》，我国绿色建筑推广发展进入新时期，国家战略规划层面对其提出了更高要求。宏观政策层面，我国绿色建筑已经开始从示范型向普适型目标发展。

从 1986 年制定第一部建筑节能标准，到 2006 首版绿建评价标准颁布，再到 2019 年《近零能耗建筑技术标准》出台，以及 2019 年新版绿建评价标准修订发布，我国绿色建筑的核心理念经历了"单一节能""四节一环保"（节能、节地、节水、节材、环境保护）到"近零能耗控制"与"安全耐久、健康舒适、生活便利、资源节约环境宜居"标准体系并行的不同发展阶段。

与此同时，2017 年中国建筑学会标准化委员会发布实施了我国首部团体标准《健康建筑评价标准》（T/ASC 02-2016），体现了国家范围内基于使用者的人本精神，绿色建筑对建成环境的关注持续升温。无论是新版绿建评价国标的修订还是健康建筑评价标准的推出，都体现了我国当前绿色建筑标准中对建成环境质量的指向要求均已有了显著的提升。

当前我国绿色建筑的技术发展路线，已经形成了以聚焦节能的近零能耗技术体系和着眼全局性影响，综合考虑节约、环保、减排、健康、适用与高效等性能表现的新版绿建评价标准技术体系，以及关心人本主义的环境健康需求的健康建筑评价标准技术体系并行局面。其核心发展理念和趋势是进一步凸显对建筑节能和建筑环境品质提升两大核心要求的关注与侧重。

二、我国绿色建筑的发展现状、问题及有效处理措施

绿色建筑体现了"科学发展观""以人为本""和谐社会"等多重理念，符合人类社会发展要求，顺应了时代潮流。20 世纪 90 年代，我国建筑行业首次引入绿色建筑的概念。随着社会能源和资源的日益紧缺，环境压力的日益增加，人类对健康生活理念的追求，作为耗能大户的建筑业首当其冲迎来一场节能、节地、节水、节材、减少污染的革命，绿色建筑的设计理念逐渐成为我国建筑业的主流。1996 年，"绿色建筑体系研究"被国家自然科学基金会列为"九五"计划重点资助课题。21 世纪以来，国家相关部门相继制定和推出了一系列绿色建筑方面的规范、文件，如《中国生态住宅技术评估手册》《绿色建筑评价标准》《绿色建筑评价标识实施细则》等。上海世博会世博中心、水立方等绿色建筑示范项目将成为我国绿色建筑技术展示、后续研发的平台。

但是，我国绿色建筑的发展比较缓慢，并且还有很多的问题。笔者分析其原因，认为主要有以下几点：

（一）绿色必须高价和高成本

很多人没有弄清楚绿色建筑的本质含义，根据字面意思，认为绿色建筑只是将建筑物周围和内部进行绿化。许多人认为绿色建筑必然造价高昂，具有一流的采光、采暖、通风设施，绿

地面积大，然而绿色建筑是一个广义的概念，绿色并不意味着高价和高成本。机械地模仿国外发达国家的经验，片面地引进国外高昂的绿色技术与产品，单纯采用高科技技术营造人造景观、创造舒适的室内空间并非真正的绿色建筑，只有节约非可再生资源，充分利用可再生资源，与环境协调统一，并具有节地、节水、节能、减少污染、延长建筑寿命的建筑才是真正的绿色建筑。

（二）绿色建筑局限于城市建筑

我国的现有国情决定了城市建筑体系的研究相对来说比较系统，而对农村传统民居的研究比较缺乏，对绿色建筑的推广多集中在城市新建筑上。实际上，农村传统民居具有浓郁的地域色彩，是广大乡村一代又一代延续下来的以居住类型为主的建筑，是我国建筑史的重要组成部分，其成功之处在于对当地气候、土地等资源的最佳利用，其中蕴含着许多建筑节能的思想，如福建民居、吊脚楼、竹楼、蒙古包等，是零耗能绿色建筑的典范。

（三）缺乏绿色建筑设计关键性技术手段指引

与国内其他绿建标准相比，绿色建筑评价标准针对设计全流程各环节的覆盖面最广，在原标准的"四节一环保"基础上，广泛拓展了新增指标项对设计过程的考量，有效完善了我国绿建标准传统欠缺的对生活便利、舒适健康、环境宜居等内容的关注，但因其为评价指标，更侧重于设计结果影响评估，而对设计阶段技术手段的指引内容不够具体，针对典型设计模式、设计参数与详细设计策略等内容的关注较为不足。

（四）建筑节能主体不清晰

很多人错误地认为绿色建筑的推广和规划是政府的责任，与自身利益没有必然的联系，没有必要了解绿色建筑的设计理念，所能做的仅仅是购买而已。建筑节能和绿色建筑，不能只停留在专家、政府和一些大企业、大城市，应进入千家万户，要让老百姓了解绿色建筑，纠正他们有绿地景观、喷泉水池，绿化好的楼盘就是"绿色建筑"的错误观念。如果老百姓都能关注建筑节能和绿色建筑，注意到房屋的能耗、材料对室内环境的影响以及二氧化碳气体的减排，那么老百姓的共识就会形成绿色建筑的市场需求。只有有了健康的市场需求，建筑节能和绿色建筑才能在全社会广泛地推广应用。

我国绿色建筑未来的发展应该集中在以下几点：

1.广泛宣传绿色建筑理念，使绿色建筑深入人心，调动广大老百姓积极参加到推进绿色建筑的发展。现在大众对绿色建筑还不是很了解，不清楚它的优越性，所以要深入基层，走进工厂、单位、老百姓家中进行宣传。

2.建立健全系统的技术政策法规体系、评估标准，从根源上控制伪绿色建筑的存在空间。首先要搞清楚自己接触的建筑是否真的"绿色"，包括选择的材料、材料的制作过程是否环保，工程的施工工艺是否环保等。要用有说服力的证据，来证明自己的概念，不要因为用了某种环保概念的产品就把整个建筑冠上绿色建筑的概念。

3.深化绿色建筑关键技术的研发，节约资源和能源，控制生产成本。在每一道工序上利用先进技术，节约减排。建筑的每个环节都做到绿色环保，那么大众自然会接受。

4.积极开展国内外绿色建筑领域的合作与交流，借鉴国外适合我国国情的绿色建筑技术。

绿色建筑作为一个新兴的、动态的和发展中的概念，它随着技术与社会的进步而逐步充实其意义。绿色建筑的本质在于充分利用可再生资源，循环利用资源，其直接效果就是节约了资源，有利于资源的自然循环，保护了自然环境和地球环境。目前，我国正处于城市化的进程中，如何在高速城市化进程中结合中国实际实现社会的可持续发展，积极推行绿色建筑是当前面临的重大挑战。笔者认为，绿色建筑将成为人类运用科技手段寻求与自然和谐共存、持续发展的理想建筑模式。积极宣传发展绿色建筑，形成适合我国国情的低能耗、无污染绿色建筑是现阶段建筑业的工作重心。随着社会进步和科技发展，绿色建筑将不断发展，成为建筑业的主流。

第二章 绿色能源下的建筑形态

第一节 绿色能源的分类

一、绿色能源定义

绿色能源，即清洁能源，是指不排放污染物、能够直接用于生产生活的能源。它包括核能和可再生能源。绿色能源的内涵是对能源清洁、高效、系统化应用的技术体系。第一，清洁能源不是对能源的简单分类，而是指能源利用的技术体系；第二，清洁能源不但强调清洁性同时也强调经济性；第三，清洁能源的清洁性指的是符合一定的排放标准。

核能虽然属于清洁能源，但消耗铀燃料，不是可再生能源，投资较高，而且几乎所有的国家，包括技术和管理最先进的国家，都不能保证核电站的绝对安全，苏联的切尔诺贝利事故、美国的三里岛事故和日本的福岛核事故影响都非常大。尤其核电站是战争或恐怖主义袭击的主要目标，遭到袭击后可能会产生严重的后果，所以发达国家都在缓建核电站，德国准备逐渐关闭所有的核电站，以可再生能源代替，但可再生能源的成本比其他能源要高。

可再生能源是指原材料可以再生的能源，如水力发电、风力发电、太阳能、生物能（沼气）、地热能（包括地源和水源）、海潮能这些能源。可再生能源不存在能源耗竭的可能，消耗后可得到恢复补充，不产生或极少产生污染物。因此，可再生能源的开发利用，日益受到许多国家的重视，尤其是能源短缺的国家。

可再生能源是最理想的能源，可以不受能源短缺的影响，但受自然条件的影响，如需要有水力、风力、太阳能资源，而且最主要的是投资和维护费用高、效率低，所以发出的电成本高。现在许多科学家在积极寻找提高可再生能源利用率的方法，相信随着地球资源的短缺，可再生能源将发挥越来越大的作用。

二、绿色能源发展前景与趋势

能源是经济社会发展的重要物质基础，也是碳排放的最主要来源。实现"双碳"目标，离不开能源绿色低碳转型。

绿色能源有两层含义：一是利用现代技术开发干净、无污染新能源，如太阳能、风能、潮汐能等；二是化害为利，同改善环境相结合，充分利用城市垃圾、淤泥等废物中所蕴藏的能源。与此同时，大量普及自动化控制技术和设备提高能源利用率。1987年以来，工业化国家利用太阳能、水力、风力和植物能源获得的电力相当于 900 万吨标准煤的能量,而且这种增幅将以平均每年 15% ~ 19% 的速度增长。1981—1991 年,工业化国家仅在风力和太阳能两种发电设备方面的成交额就达 120 亿美元,其中,美国、德国、日本、瑞典和荷兰等国家进展最快。

国务院印发的《2030 年前碳达峰行动方案》中明确提出,"要坚持安全降碳,在保障能源安全的前提下,大力实施可再生能源替代,加快构建清洁低碳安全高效的能源体系。"2021 年 10 月中下旬以来,一批大型风电光伏基地项目在内蒙古、甘肃、青海、宁夏等地集中开工。这些项目重点利用沙漠、戈壁、荒漠地区土地资源,通过板上发电、板下种植、治沙改土、资源综合利用等发展模式,在促进能源绿色低碳转型发展的同时,还能够有效带动产业发展和地方经济发展。

统计数据显示,2021 年,我国能源消费总量达 52.4 亿吨标准煤,比上年增长 5.2%。其中,煤炭消费量占能源消费总量的 56.0%,比上年下降 0.9 个百分点;清洁能源消费量占能源消费总量的 25.5%,上升 1.2 个百分点。

国家能源局新能源和可再生能源司有关负责人介绍,截至 2021 年 4 月底,新能源发电装机规模约 7 亿千瓦,占全国发电总装机的 29%。陆上风电、光伏发电成本快速下降,截至 2021 年底,二者平均度电成本较 2012 年分别下降 48% 和 70%。近年来,我国以风电、光伏发电为代表的新能源发展成效显著,不仅装机规模稳居全球首位,发电量占比稳步提升,而且成本快速下降,已基本进入平价无补贴发展的新阶段。

中国的"绿色能源"已开始在中国的能源供应中发挥作用,在未来能源构成中更将发挥举足轻重的作用。"绿色能源"领域发展前景广阔,发展潜力巨大。同时更能有效地保护生态环境,功在当代,利在千秋,因此也是企业可持续发展的必然选择。

三、绿色能源分类

(一)海洋能源

海洋能源指依附在海水中的可再生能源,海洋通过各种物理过程接收、储存和散发能量,这些能量以潮汐、波浪、温度差、盐度梯度、海流等形式存在于海洋之中。

(二)太阳能源

1. 光与热的转换,如太阳能热水器、太阳能灶、太阳能热发电系统等。

2. 光与电的转换,如太阳能电池板、太阳能车、太阳能船等。

太阳能清洁能源是将太阳的光能转换成为其他形式的热能、电能、化学能,能源转换过程中不产生其他有害的气体或固体废料,是一种环保、安全、无污染的新型能源。

(三)风能资源

风能指地球表面大量空气流动所产生的动能。由于地面各处受太阳辐照后气温变化不同和空气中水蒸气的含量不同,因而引起各地气压的差异,在水平方向高压空气向低压地区流动,即形成风。风能资源决定于风能密度和可利用的风能年累积小时数。风能密度是单位迎风面积可获得的风的功率,与风速的三次方和空气密度成正比关系。据估算,全世界的风能总量约

1300亿千瓦。风能资源受地形的影响较大，世界风能资源多集中在沿海和开阔大陆的收缩地带。在自然界中，风是一种可再生、无污染而且储量巨大的能源。随着全球气候变暖和能源危机，各国都在加紧对风力的开发和利用，尽量减少二氧化碳等温室气体的排放，保护我们赖以生存的地球。

风能的利用主要是以风能做动力和风力发电两种形式，其中又以风力发电为主。以风能做动力，就是利用风来直接带动各种机械装置，如带动水泵提水等。这种风力发动机的优点是：投资少、工效高、经济耐用。

（四）氢能资源

1. 所有气体中，氢气的导热性最好，比大多数气体的导热系数高出10倍，因此在能源工业中氢是极好的传热载体。

2. 氢是自然界存在最普遍的元素，据估计它构成了宇宙质量的75%，除空气中含有氢气外，它主要以化合物的形态贮存于水中，而水是地球上最广泛的物质。据推算，如把海水中的氢全部提取出来，它所产生的总热量比地球上所有化石燃料放出的热量大9000倍。

3. 除核燃料外，氢的发热值是所有化石燃料、化工燃料和生物燃料中最高的，是汽油发热值的3倍。

4. 氢燃烧性能好、点燃快，与空气混合时有广泛的可燃范围，而且燃点高、燃烧速度快。

5. 氢本身无毒，与其他燃料相比，氢燃烧时最清洁，不会产生诸如一氧化碳、二氧化碳、碳氢化合物、铅化物和粉尘颗粒等对环境有害的污染物质，而且燃烧生成的水还可继续制氢，反复循环使用。

（五）生物能源

生物能是太阳能以化学能形式贮存在生物中的能量形式，一种以生物质为载体的能量，它直接或间接地来源于植物的光合作用，在各种可再生能源中，生物能是独特的，它是贮存的太阳能，更是唯一一种可再生的碳源，可转化成常规的固态、液态和气态燃料。所有生物质都有一定的能量，而作为能源利用的主要是农林业的副产品及其加工残余物，也包括人畜粪便和有机废弃物。甜高粱是主要的生物质。我国汽油中的甜高粱生物乙醇比例占10%。我国生物能储量丰富，70%的储量在广大的农村，应用也是主要在农村地区。目前已经有相当多的地区正在推广和示范农村沼气技术，技术简单成熟，正在逐步得到推广。

1. 生物能具备下列优点：

（1）提供低硫燃料。

（2）提供廉价能源（于某些条件下）。

（3）将有机物转化成燃料可减少环境公害（例如，垃圾燃料）。

（4）与其他非传统能源相比较，技术上的难题较少。

2. 其缺点有：

（1）植物仅能将极少量的太阳能转化成有机物。

（2）单位土地面的有机物能量偏低。

（3）缺乏适合栽种植物的土地。

（4）有机物的水分偏多（50%～95%）。

（六）地热能源

1. 概述

地热能是由地壳抽取的天然热能，这种能量主要来自地球内部的岩浆，并以热力形式存在，是引致火山爆发及地震的能量。地球内部的温度高达摄氏 6000 度，通过地下水的流动，热力得以被转送至较接近地面的地方。高温的岩浆将附近的地下水加热，这些加热了的水最终会渗出地面。运用地热能最简单和最合乎成本效益的方法，就是直接取用这些热源，并抽取其能量。地热能是可再生资源。

2. 利用

（1）200～400℃：直接发电及综合利用。

（2）150～200℃：双循环发电，制冷，工业干燥，工业热加工。

（3）100～150℃：双循环发电，供暖，制冷，工业干燥，脱水加工，回收盐类，罐头食品。

（4）50～100℃：供暖，温室，家庭用热水，工业干燥。

（5）20～50℃：沐浴，水产养殖，饲养牲畜，土壤加温，脱水加工。

现在许多国家为了提高地热利用率，而采用梯级开发和综合利用的办法，如热电联产联供，热电冷三联产，先供暖后养殖等。

（七）水能资源

水能是一种可再生能源，是清洁能源。水能是指水体的动能、势能和压力能等能量资源。广义的水能资源包括河流水能、潮汐水能、波浪能、海流能等能量资源；狭义的水能资源指河流的水能资源。水能是常规能源，一次能源。水不仅可以直接被人类利用，它还是能量的载体。太阳能驱动地球上水循环，使之持续运行。地表水的流动是重要的一环，在落差大、流量大的地区，水能资源丰富。随着矿物燃料的日渐减少，水能是非常重要且前景广阔的替代资源。河流、潮汐、波浪以及涌浪等水运动均可以用来发电。

（八）核能资源

核能（或称原子能）是通过转化其质量从原子核释放的能量，符合阿尔伯特·爱因斯坦的质能方程 $E=mc^2$，其中 $E=$ 能量，$m=$ 质量，$c=$ 光速。核能通过以下三种核反应释放：

（1）核裂变，打开原子核的结合力。

（2）核聚变，原子的粒子融合在一起。

（3）核衰变，自然的慢得多的裂变形式。

1. 优点

（1）核能发电不像化石燃料发电那样排放巨量的污染物质到大气中，因此核能发电不会造成空气污染。

（2）核能发电不会产生加重地球温室效应的二氧化碳。

（3）核能发电所使用的铀燃料，除了发电外，没有其他的用途。

（4）核燃料能量密度比化石燃料高上几百万倍，故核能电厂所使用的燃料体积小，运输与储存都很方便。

（5）核能发电的成本中，燃料费用所占的比例较低，核能发电的成本较不易受到国际经济情势影响，故发电成本较其他发电方法为稳定。

2. 缺点

（1）核能电厂会产生高低阶放射性废料，虽然所占体积不大，但因具有放射性，故必须慎重处理。

（2）核能发电厂热效率较低，因而比一般化石燃料电厂排放更多废热到环境中，故核能电厂的热污染较严重。

（3）核能电厂投资成本太大，电力公司的财务风险较高。

（4）核能电厂较不适宜做尖峰、离峰之随载运转。

（5）核电厂的反应器内有大量的放射性物质，如果在事故中释放到外界环境，会对生态及民众造成伤害。

第二节　绿色能源下的建筑形态

一、我国在建筑节能方面的概况

（一）绿色能源是一种与生态环境相协调的清洁能源

新能源和可再生能源的概念是 1981 年联合国在肯尼亚首都内罗毕召开的能源会议上确定的。它不同于目前使用的传统能源，具有丰富的来源，几乎是取之不尽，用之不竭，并且对环境的污染很小，是一种与生态环境相协调的清洁能源。联合国开发计划署目前将绿色能源分为三类：1. 大中型水电；2. 新可再生能源，包括小水电、太阳能、风能、现代生物质能、地热能、海洋能；3. 传统生物质能。

（二）我国建筑能耗方面的概况

统计数据表明，中国建筑能耗的总量逐年上升，在能源消费总量中所占的比例已从 20 世纪 70 年代末的 10% 上升到近年的 27.8%。我国是以煤炭为主要能源的国家，由于我国大部分地区的气候条件呈现夏热冬冷的特点，因此我国的建筑耗能量巨大，燃煤排放了大量有害物质，对环境造成了严重的污染和破坏。据统计，早在 1999 年我国排放 CO_2 6.67 亿吨，其中 85% 是由燃煤排放的；2000 年我国排放 SO_2 1995 万吨，其中 90% 是由燃煤排放的。污染物的排放造成 57% 的城市颗粒物超过国家标准，48 个城市 SO_2 浓度超过国家二级排放标准。种种数据表明，绿色能源在建筑中的应用和推广已经是迫在眉睫了。

（三）我国建筑节能的发展推动着绿色能源的应用

我国的建筑节能工作开始于 20 世纪 80 年代初期，通过各方积极努力，到 1995 年末，全国建成的节能建筑面积已达 4700 万平方米，到 1998 年节能建筑面积达到 1 亿平方米。各地相继建成一些建筑节能示范工程，如北京安苑北里小区、周庄小区、卧龙小区，天津绮华里小区，甘肃建筑科学研究院宿舍等，这些工程在节能方面都取得了良好的效果。为全面推广节能设计，我国制定了一系列的法规和标准，如《中华人民共和国节约能源法》《民用建筑节能设计规范》、《既有建筑节能改造技术规程》《采暖居住建筑节能检验标准》《建筑节能管理条例》等。随着建筑节能法规和标准的逐步完善，我国的建筑节能事业将得到进一步的普及和推广。

二、绿色能源在建筑中的应用的研究

（一）开发利用绿色能源是保护生态环境，走可持续发展道路的重要措施

随着能源需求的不断增加，地球上不可再生能源的资源将进一步减少直至枯竭。为了社会的发展和人类的进步，在提高能源的使用效率、节约能源的同时还必须要开发和利用绿色环保并可再生的新能源。专家预测，到 2060 年，全球可再生能源的用量将发展到能源总用量的 50% 以上，成为未来能源结构的主要部分。开发利用绿色能源是保护生态环境，走可持续发展道路的重要措施。

（二）绿色能源是经济发展的需要

能源是人类生存与发展的重要基础，经济的发展依赖于能源的发展。当今能源问题已经成为全世界共同关注的问题，能源短缺成为制约经济发展的重要因素。从建筑材料的生产到建筑施工和建筑物的使用无时不在消耗着大量能源。资料统计，我国的建筑能源消耗占总能源消耗的 25% 以上，也就是说在全国总能耗中，有 1/3 是建筑能耗。太阳能和风能作为绿色能源一旦引入建筑，可以实现节约常规能源 25%~30%，相当于建设了 2000 多个三峡水电站。虽然这是一个庞大的建筑一体化的系统工程，但也是可以逐步实现的。随着全世界对绿色能源的不断开发和利用，在建筑中采用新型能源的课题也是硕果累累。我国近几年在利用太阳能进行建筑供暖方面也取得了成功的经验，实现建筑能耗节省 45% 左右，效益是很明显的。因此在建筑中推广绿色能源技术势在必行。

（三）绿色能源是建筑节能和环境保护的需要

我们现在应用的能源主要是以煤炭、石油、天然气为主的不可再生能源。这些能源在使用过程中会排放大量的有害物质（二氧化碳、硫、氮氧化合物等），是造成大气污染和生态环境破坏的重要原因。因此，提倡建筑使用绿色能源，减少污染物的排放也是改善生存环境、提高生活质量的有效方法。

（四）绿色能源技术必将在我国的建筑事业中发挥巨大作用

建筑消耗大量能源，当前我国建筑业发展迅猛，把节能、绿色环保、生态技术应用于工程是建筑发展的必然趋势。太阳能、风能、地热能等新型能源在建筑上的有效应用，不仅可以代替资源有限的传统能源，而且可以减少污染物的排放，保护生态环境。它们的开发和利用具有广阔的前景和深远的意义。我国具有丰富的新能源资源，目前在太阳能利用方面发展迅速，太阳能电池发电技术在建筑上大量使用，太阳能热水器的用量也以每年 20% 的速度增长。另外，风能、地热能等方面的研发也取得了很大成就，预计新能源必将在我国的建筑事业中发挥巨大的作用。

三、生态节能技术和绿色能源在建筑中的实际应用

（一）生态节能技术在建筑设计上的实际应用

1. 建筑规划布局合理。在建筑建设初期做好节能规划，建筑布局要有利于建筑节能。在北方地区尽量让建筑有一个好的向阳面，这样有利于冬季日照；在南方地区建筑通风和遮阳尤其重要，所以在建筑总体布局上应该考虑建筑群体的通风问题，单体建筑应该考虑夏季遮阳问题。建筑周边绿化的合理布置也能起到建筑节能的作用。

2. 建筑体型选择合理。在建筑设计过程中，单体建筑尽量选择外表面较少的建筑形体，因为体形系数较小的建筑能够有效地减少建筑能耗。

3. 建筑材料使用合理。建筑的外围护材料对建筑的节能保温起着决定作用，如加气混凝土、粉煤灰砖、陶粒混凝土等材料的使用提高了建筑的节能指标。尤其是近几年采用的聚苯板、挤塑板及复合墙板等建筑外墙材料的使用进一步提高了建筑外墙保温效果，更先进的建筑外墙材料也在不断地应用于建筑上。门窗也是建筑节能不容忽视的重要部位，因为外门窗的能耗占外墙能耗的一半以上，在建筑节能改造中有"改墙先改窗"的说法。由于我国前几年财力有限，所以门窗的节能改造落后于发达国家。现在随着国家财力的增加和新材料的不断涌现，新型且更加节能的门窗也在不断地应用于建筑上。

4. 建筑设备选择及合理使用。建筑设备是建筑内部使用过程中的主要能耗，选择节能效果好的建筑设备可以大大降低建筑运行成本。节能开关、节能空调、节能水泵等节能设备已经在建筑中普遍使用了，建筑智能化的推广也在为建筑节能起着作用。

（二）绿色能源在建筑使用过程提供能源的应用

1. 太阳能光伏发电是我们可利用的最清洁、最丰富的能源。在建筑屋顶及墙面安装太阳能电池发电系统，可以将太阳辐射能直接转换成电能，并利用蓄电池组贮存，可以随时向用电设备供电，从而满足楼内的动力和照明系统的用电需求。太阳能电池发电技术具有许多优点，如安全可靠、无污染、不消耗常规燃料、不受地域限制、维修简便、适合在建筑物上安装等，它是当今世界上最具有发展前途的新能源利用技术。

2. 太阳能热水系统也在某些地区应用到了冬季建筑采暖中，也取得了一些成效。通过铺设在建筑屋顶及阳台下面的太阳能集热管采集热能，再通过循环系统，循环到室内的散热器来采暖。

3. 地源热泵技术在建筑空调系统上的运用，是利用地表浅层中蓄存的能量，室外空气温度波动很大，但地表几米以下的地温全年相对恒定的特点（地球表面温度通常保持在15℃左右），在夏季将室内多余的热量不断地排出而为大地所吸收，使建筑物室内保持适当的温湿度。这项技术具有低能耗、对环境影响小、维护费用较低以及设计灵活等突出特点，是一种高效、环保的能源利用系统。

4. 将光导纤维技术应用于室内照明，是通过光导纤维式太阳光导入器和光学透镜将太阳光聚焦，用光缆把阳光传送到室内和地下室等地方。太阳光导入器安装在室外房顶、阳台、地面、墙壁等能一年四季均照得到太阳光的地方，通过光缆接入室内，这样每天从太阳升起到落下，

室内都有固定（可移动）阳光的直射，10多个小时享受免费的太阳光。人们可以在室内阳光下休息、工作、看书学习、用餐……在人们的卧室、厨房、客厅、书房、办公室等，到处都有太阳光。光导照明系统把阳光导入到室内来照明，是现如今最健康的照明方式，也是绿色建筑首选产品。

5.垂直风力发电机系统架设在屋顶，可以为建筑提供源源不断的绿色能源，也是多项节能环保措施的应用方式。建筑上使用更多科技含量高的新型能源设备和节能设备已经是一个趋势。高技术的绿色能源在建筑上的使用，将为我们节约巨大的资源，是一件造福人类的大事。

第三节　可再生能源利用的建筑技术

可再生能源是清洁能源，是指在自然界中可以不断再生、永续利用、取之不尽、用之不竭的资源。它对环境无害或危害极小，而且资源分布广泛，适宜就地开发利用，主要包括太阳能、风能、水能、生物质能、地热能和海洋能等非化石能源。近年来，可再生能源在世界范围内得到迅速发展，如光伏发电、风电等可再生能源技术产业年增速非常迅速，可再生能源已成为实现能源多样化、应对气候变化和实现双碳目标可持续发展的主要替代能源。

对建筑应用来说，常用的是太阳能、浅层地热能、风能等可再生能源。这些能源可不同程度地通过能源捕获实现建筑节能并减少温室气体排放。在可再生能源资源较为丰富的的地区，充分利用可再生能源可以极大地降低建筑的综合能耗水平，保障绿色建筑的节能表现。可再生能源利用是绿色建筑设计的重要组成要素的发展方向。同时，可再生能源应用水平指标也充分体现在众多通用的绿色建筑、建筑节能的设计评价标准和评价体系中，成为绿色建筑设计指引和评价标准的关键组成内容。

一、太阳能技术利用

太阳能作为一种天然的可再生能源，具有常规能源无法比拟的优点。储量的"无限性"、存在的普遍性、利用的清洁性以及经济性都是太阳能在世界上被广泛应用的优势特点。

就现有技术而言，太阳能在建筑领域的利用主要分为两大类，即太阳能热利用和太阳能发电。目前太阳能热利用主要形式为太阳能热水器，发电则以太阳能光伏发电为主。

（一）太阳能热利用

我国在太阳能热水器应用方面已处于世界领先地位，太阳能主要应用于城乡居民热水供应，太阳能热水器技术在我国已经完全商业化，生产量和使用量均居世界第一位。

太阳能热水器的系统原理就是利用温室原理，把太阳能转化为热能，并向水传递热量，从而获得热水。太阳能热水系统主要由集热器、蓄水箱、循环连接管道、支架等组成。

（二）太阳能光伏发电

光伏发电是应用半导体器件将太阳能转换为电能，目前发电成本比煤电和水电要高一些，但是具有安全可靠、无噪声、无污染、无需燃料、无机械转动部件等优点，并且不受地域限制，规模灵活，与建筑结合方便，建站周期短，维护简便，是21世纪最重要的可再生能源之一。

太阳能光伏发电系统的基本组成包括：太阳能电池方阵、控制器、蓄电池、直流—交流逆变器。系统类型一般可分为独立运行系统及并网运行系统两大类。

（三）太阳能利用与建筑一体化

太阳能利用与建筑一体化是太阳能应用的发展方向，应合理选择太阳能应用一体化系统类型、色泽、矩阵形式等，在保证光热、光伏效率的前提下，应尽可能做到与建筑物的外围护结构在建筑功能、外观形式、建筑风格、立面色调等方面协调一致，使之成为建筑的有机组成部分。

太阳能应用一体化系统安装在建筑屋面、建筑立面、阳台或建筑其他部位，不得影响该部位的建筑功能。太阳能应用一体化构件作为建筑围护结构时，其传热系数、气密性、遮阳系数等热工性能应满足相关标准的规定；建筑光热或光伏系统组件安装在建筑透光部位时，应满足建筑物室内采光的最低要求；建筑物之间的距离应符合系统有效吸收太阳光的要求，并降低二次辐射对周边环境的影响；系统组件的安装不应影响建筑通风换气的要求。

太阳能与建筑一体化系统设计时除做好光热、光伏部件与建筑结合外，还应符合国家现行相关标准的规定，保证系统应用的安全性、可靠性和节能效益。

二、地热能技术利用

（一）地热能的基本概念

地热能是来自地球深处的可再生能源。使用地热有很大的优点，首先，地热随时随地可以使用，不受气候及季节的限制；其次，地热能源的可靠性很高；第三，地热是取之不尽的；第四，地热开采设备占地很小，主要部分在地下设置。

（二）地热能的利用技术

我国地热资源十分丰富，近年来随着地热资源的开发，在生活热水及建筑供暖方面得到广泛的应用。地热可分为地下热水、浅层土壤、干热岩石和热熔岩四类。目前地热能主要利用地下热水和浅层土壤两类。

在现阶段建筑可再生能源利用技术中，地热热泵是应用较多的技术系统。地热热泵系统，又称为地源热泵，是以地源能（土壤、地下水、地表水、低温地热水和尾水）作为热泵夏季制冷的冷却源、冬季采暖供热的低温热源，同时是实现采暖、制冷和生活用热水的一种系统。地热热泵系统主要由三部分组成：室外地源换热系统、水源热泵机组和室内采暖空调末端系统。

地热热泵的工作原理比较简单。夏季运行时，热泵机组的蒸发器吸收建筑物内的热量，到达制冷空调，同时冷凝器通过与地下水的热交换，将热量排到地下；冬季运行时，热泵机组的蒸发器吸收地下水的热量作为热源，通过热泵循环，由冷凝器提供热水向建筑室内供暖。

（三）地热热泵利用技术要点

地热热泵系统的设计，包括两个大部分，即建筑物内空调系统的设计和地热热泵系统的地下部分设计。

地热热泵系统必须依据场地的地质和水文地质条件进行设计，主要包括地层岩性，地下水水温、水质、水量、水位，土壤的常年温度及传热特性。

从环保要求角度，地热热泵系统的设计不应破坏工程所在区域的自然生态环境，地下水源热泵系统应采取有效的回灌措施，确保地下水全部回灌到同一含水层，并不得对地下水资源造成污染；同时从运行效率角度，全年冷、热负荷不平衡，将导致地埋管区域岩土体温度持续升高或降低，从而影响地埋管换热器的换热性能，降低运行效率。因此，地埋管换热系统设计应考虑全年冷、热负荷的影响。土壤源热泵系统应进行土源侧取热量与排热量的热平衡计算，避免取热量与排热量的不平衡引起土壤温度的持续上升或者降低，除不满足环保要求外，在运行一定年限后，还会明显影响热泵系统运行效率。

三、风能技术利用

（一）风能的基本概念

风能就是空气的动能，是指风所负载的能量。风能的大小决定于风速和空气的密度。风电是一种清洁、可再生、蕴藏巨大、分布广泛、运行成本低廉的高效绿色能源。与相同容量的煤电装机相比，风电的减排效益非常明显。由于风能分布广泛且没有燃料问题，便于就地开发利用，特别适合边远山区、草原和海疆等主电网难以达到的地方。

（二）风能的利用技术

目前对风能的利用以风力发电为主。风力发电的工作原理是通过风力机带动发电机发电，发出的交流电，通过控制器向蓄电池充电，同时对逆变器供电，当蓄电池达到过充时，控制器使风力发电机发出交流电向耗能负载供电，防止蓄电池继续过充；当蓄电池达到过放时，控制器使其不向逆变器供电。

风力发电系统主要有两类，一类是独立运行供电系统，主要应用在电网未通达的偏远地区；另一类是作为常规电网电源，并网运行。

（三）风能的建筑利用技术要点

在建筑设计中采用风力发电系统，需要了解建筑所在区域的风力资源情况，同时还要考虑设备噪声问题是否给周围社区带来影响。噪声是限制风力发电机在城市发展的重要因素之一，"静音"型产品随着技术的进步也在不断地发展完善应用。

风电能源与常规能源相比最大的问题是其不稳定性，目前我国在建筑中利用风电能源主要采用三种方案，一种是采用大型蓄电池方案，另一种是采用"风力—光伏"互补系统方案，第三种是采用"风力—柴油机"互补方案。由于风轮机的输出功率与风速的立方成正比，风力发电机常常被安装在建筑屋顶，建筑设计必须要考虑工业产品的风轮机如何与建筑的造型、风格相协调。

四、生物质能技术利用

（一）生物质能的基本概念

生物质能是蕴藏在生物质中的能量，是绿色植物通过叶绿素将太阳能转化为化学能而储存在生物质内的能量，通常包括木材、森林废弃物、农业废弃物、水生植物、油料植物、城市和工业有机废弃物、动物粪便等。生物质能具有得天独厚的优势。首先它是一种相对清洁的的能源，用生物质代替矿物燃料是减少二氧化碳排放的理想方式，植物的光合作用需要消耗其使用过程释放的二氧化碳；其次生物质资源分布广泛，到处可以获得，是能源分散供给体系中一种很好的能源。

（二）生物质能的利用技术与应用

生物质的化学转化根据生物能源的形态可以分为气化、液化和固化技术。根据我国目前生物质能利用技术情况，生物质能利用重点是生物发电、沼气和生物质液体燃料等。生物质发电主要有农林废弃物发电、垃圾发电和沼气发电。

从技术成熟程度和产物的最终用途来看，生物质气化技术是现阶段发展前景较好的技术。一方面，生物质气化技术在我国的应用较为成熟，对相关设备的制造和生产已经有了一定的产业化规模。随着技术研究的不断深化，生物质气化技术更加具有市场竞争力。另一方面，生物质气化技术将低品位的生物质转化为可燃气体，提高了其能源品位，使生物质得到了合理高效利用。

生物质气化产生的燃气可以用于供气和发电。生物质气化发电技术已较为成熟，已经在国内推广和应用。由于能够达到排放要求的垃圾焚烧设施的成本较高，所以用于燃烧发电的垃圾一般收集后运到专门的电厂进行处理。大型居住区可以考虑建设自己的垃圾焚烧处理设备，不仅能够自行处理垃圾还能够利用垃圾燃烧产生的热量采暖或制备热水。生物质气化集中供气如单纯提供民用燃气的经济可行性较差，可以增加工业用户提高其经济效益，在有条件的地区实施气电联供也可以有效提高项目的经济可行性。

第三章　绿色建筑设计概述

第一节　绿色建筑设计理念及原则

绿色建筑是我国实施 21 世纪可持续发展战略的重要组成部分。绿色建筑在发展原则上坚持可持续发展，在理念上贯彻绿色平衡，在整体设计上讲究科学，集成绿化配置、通风和采光的设计上都强调自然化，围护结构采用低耗能材料，在太阳能利用、地热利用、中水利用、绿色建材和智能控制等高新技术的使用上，充分展示人文与建筑、环境及科技的和谐统一。

一、绿色建筑设计的理念

（一）与时俱进的设计理念

任何建筑形式的产生和发展都是社会经济发展过程的物化表现，无不存在时代的烙印并反映时代特征，而一定时期社会经济、政治、思想等的综合作用又影响着建筑设计思想。从原始社会的巢居到现代的高层单元式住宅，从历代帝王的宫殿到现代的摩天大楼，从远古的"空间"建筑到现代的"智能建筑"，其设计理念都经历了无数次的变迁，也涌现了一次又一次的建筑思潮，同时反映着时代发展过程，是一部永远读不完的建筑历史书。在走过前工业社会、工业社会之后，人类已经步入以知识经济为主的信息社会，面对社会快速发展的诸多因素，建筑设计理念及建筑特征也表现出不同的内容。

（二）可持续发展理念

绿色建筑，即可持续的生态建筑理念，最早是由西方发达国家于 20 世纪 60 年代提出的。其概念是指建筑在其全部的寿命周期内，不但可以为人们提供舒适健康的使用空间，同时可以最大限度地节约各种资源，保护环境减少污染，这样能够与自然和谐共生的建筑，我们便称之绿色建筑。绿色建筑真正地实现了人与建筑、自然三者的和谐共处，既满足了人们对舒适生活空间的追求，又很好地保护了我们人类赖以生存的自然环境。

二、绿色建筑设计的核心

绿色建筑设计的核心内容是尽量减少能源、资源消耗，减少对环境的破坏，并尽可能采用有利于提高居住品质的新技术、新材料。要有合理的选址与规划，尽量保护原有的生态系统，减少对周边环境的影响，并且充分考虑自然通风、日照、交通等因素。要实现资源的高效循环利用,尽量使用再生资源。尽可能采取太阳能、风能、地热、生物能等自然能源。尽量减少废水、废气、固体废物的排放,采用生态技术实现废物的无害化和资源化处理。控制室内空气中各种化学污染物质的含量,保证室内通风、日照条件良好。

（一）节能能源

充分利用太阳能,采用节能的建筑围护结构,减少采暖和空调的使用。根据自然通风的原理设置风冷系统,使建筑能够有效地利用夏季的主导风向。建筑采用适应当地气候条件的平面形式及总体布局。

（二）节约资源

在建筑设计、建造和建筑材料的选择中,均考虑资源的合理使用和处置。要减少资源的使用,力求使资源可再生利用。节约水资源,包括绿化的节约用水。

（三）回归自然

绿色建筑外部要强调与周边环境相融合,和谐一致、动静互补,做到保护自然生态环境。建筑内部不使用对人体有害的建筑材料和装修材料。室内空气清新,温、湿度适当,使居住者感觉良好、身心健康。绿色建筑的建造特点包括:对建筑的地理条件有明确的要求,土壤中不存在有毒、有害物质,地温适宜,地下水纯净,地磁适中。绿色建筑应尽量采用天然材料。建筑中使用的木材、树皮、竹材、石块、石灰、油漆等,要经过检验处理,确保对人体无害。绿色建筑还要根据地理条件,设置太阳能采暖、热水、发电及风力发电装置,以充分利用天然可再生能源。

三、绿色建筑设计的原则

（一）注重适地环保原则

保护建筑周边自然环境及水资源,防止大规模"人工化",合理利用植物绿化系统的调节作用,增强人与自然的沟通;利用一切自然、人文环境和当地材料,体现建筑的文化内涵和地域性,注重人与人之间感情的联络;通过"可靠度"分析方法和优化设计实现"集约型"建筑。

（二）关注建筑的全寿命周期

对自然材料的使用以不破坏自然环境为宜,采用新型环保材料和可循环利用的材料;按"环境承载容量"的原则建立建筑过程的"共同体";实用、耐久、抗老化,将近期建设与长久使用有机结合;运用传统的"低"技术手段是实现节能降耗的重要途径;运用现代科技技术手段实现建筑人工空间环境和使用条件的改善是现代建筑设计不可缺少的方法。

若考虑到建筑的构成材料,这一周期还应前溯至原材料的开采、运输和加工过程,向后追溯到建筑废弃、拆毁后的垃圾处理等全过程。关注建筑的全寿命周期就意味着不仅要在规划设计阶段充分考虑并利用环境因素,还要确保施工过程对环境的影响降至最低,且在运行阶段能为人们提供健康、舒适、低耗、无害的空间,并将拆除过程对环境的危害降到最低。

（三）注重简约高效节能原则

绿色建筑遵循资源占有与能源消耗在符合建筑全生命周期使用量与其服务功能均衡的前提

下，实现最小化与减量化的资源节约原则。建筑作为人类的居所，其建造、使用、维护与拆除应本着符合人与自然生态安全与和谐共生的前提，满足宜居、健康的要求，采用集成技术提高建筑功能的效能，优化管理调控体系，形成绿色建筑的高效原则。

对自然材料的使用以不破坏自然环境为宜，采用新型环保材料和可循环利用的材料；按"环境承载容量"的原则建立建筑过程的"共同体"；实用、耐久、抗老化，将近期建设与长久使用有机结合；运用传统的"低"技术手段是实现节能降耗的重要途径；运用现代科技技术手段实现建筑人工空间环境和使用条件的改善是现代建筑设计不可缺少的方法。

（四）注重低碳原则

当人们越来越意识到全球变暖对人类生存和发展产生的严峻挑战和后果时，低碳理念如潮而至。"低碳经济""低碳城市""低碳生活方式"等一系列新概念都意味着降低碳排放是国际关注的大事、国家发展的大事、经济增长模式的大事、产业兴衰的大事。在全球应对气候危机的形式下，中国让全世界瞩目。温室效应、气候异常、能源危机、水资源短缺等环境问题影响着我们的地球和生活，绿色建筑设计行业应该为全球的低碳经济做出贡献。从建筑节能，到绿色建筑，再到低碳建筑，我们可以看到对建筑"可持续"的研究不断深入和拓展，绿色建筑设计理念越来越深入人心，越来越成为社会发展的必然方向。

第二节　绿色建筑设计技术体系

随着全球各地相继发布推行可持续、低能耗、低碳环境共生等绿色建筑模式的政策，鼓励大规模发展绿色建筑，依托各种绿色建筑技术模式与路线的大数据分析、生物气候学分析、室内环境分析、智能化设计、性能模拟验证、能源管理等各种层面的绿色建筑设计技术不断涌现。为了系统性诠释绿色建筑的核心理念，推动绿色建筑的实施，国内外建筑领域的研究者相继进行了研究探索，提出了一系列绿色建筑技术模式与技术标准体系。我国绿色建筑历经多年的发展，已实现从无到有、从少到多、从个别城市到全国范围，从单体到城区、到城市规模化的发展。

一、国外主要绿色建筑技术体系比较

目前国外主要的绿色建筑技术模式与技术体系有德国 PHI 被动房设计技术体系、美国的 LEED 体系、英国的 BREEAM 体系、日本的 CASBEE 体系等。

（一）德国 PHI 被动房设计技术体系

德国"被动房"研究院（PHI）提出的低能耗建筑模式，力求适应欧洲中北部寒冷的气候条件，对建筑本体进行适宜的有效设计与技术优化手段，形成自身不需采暖即可较为舒适的室内环境。其初期的主要使用对象为居住建筑，随着技术的不断更新和发展已逐渐拓展应用到公共建筑领域。该类型建筑通过大幅提升维护结构热工性能和气密性，利用高效新风热回收技术，将建筑供暖需求降低，从而使建筑摆脱传统的集中供热系统。其技术路线达到近零能耗，也属于所谓"近零能耗建筑"的一种类型。

（二）美国的 LEED 体系

美国绿色建筑委员会是成立于 1993 年的全美非营利性组织。能源及环境设计先导计划（LEED）是该委员会为满足美国建筑市场对绿色建筑评定的要求，提高绿色建筑环境和经济特性而制定的技术评价体系。它从建筑全生命周期的视角对建筑整体环境性能进行技术评价，为绿色建筑设计及建设运营提供了明确的技术标准。LEED 标准体系是目前全球范围内使用比较广泛的绿色建筑技术标准体系。LEED 认证体系分 BD+C（绿色建筑设计和施工）、HOMES（绿色家园）、ID+C（绿色室内设计和施工）、ND（社区开发体系）、O+M（绿色运行和维护）五个方向。LEED 认证级别为认证级、银级、金级和铂金级。LEED 标准体系主要从整合过程、选址与交通、可持续场地、有效利用水资源、能源与大气、材料与资源、室内环境质量、创新、区域优先等方面对建筑进行技术体系要求和评估建筑对环境的影响。

（三）英国的 BREEAM 体系

世界上第一个绿色建筑技术评估体系是英国的建筑研究所提出的建筑研究所环境评价法（BREEAM）。该体系认为具有可持续性的建筑是能满足使用者和甲方的需求，且能达到最佳运营体验的建筑。可持续建筑设计应平衡用户健康福祉与建筑消耗能源之间的关系。BREEAM 体系认为根据建筑项目所处阶段的不同对建筑的评价内容也不同，其核心内容包括三个方面：核心表现因素、设计和实施、管理和运行。核心表现因素部分主要关注建筑自身对环境的基本影响；设计和实施部分是评估设计工程中的关键技术因素，管理和运行主要对已建成投入使用的建筑管理和实施提出的要求。BREEAM 标准技术体系包括九大评估范畴：绿色交通、污染控制、水资源利用、能耗控制、项目绿色管理、健康宜居、绿色建筑材料、用地与环境生态和废物处理。

（四）日本的 CASBEE 体系

日本的 CASBEE 体系于 2003 年正式发布。与其他国家的技术体系相比，日本的技术体系将建筑物的设计和建造对环境的影响分为积极的和消极的两个部分，建筑环境的评估以这种双重性为基础。积极影响是指建筑物的建造提供了良好的室内环境，同时提升了场地的室外环境，CASBEE 体系将其定义为建筑环境质量和性能。消极影响从宏观角度讨论建筑物在建造和使用过程中会消耗大量的资源与能源，建筑的施工、使用及最终的废弃都会给环境带来巨大的负荷，这些都属于建筑物对环境的消极影响。根据不同的环境影响，CASBEE 体系中的技术评估指标主要分为能源效率、资源效率、本土环境、室内环境四大类。CASBEE 体系基于建筑对环境影响的双重理念，围绕积极影响和消极影响这两大核心理念建立，所以这四大类技术指标在体系中并不是独立存在的，而是分类之后纳入两大核心指标之中。

二、我国绿色建筑技术体系

近年来我国住房和城乡建设部先后发布了《被动式超低能耗绿色建筑技术导则（试行）（居住建筑）》《近零能耗建筑技术标准》等绿色建筑设计规范导则，并于 2019 年对我国的绿色建筑评价标准进行了修订。这些规范和标准都是当前有指导性的全国范围的绿色建筑模式技术体系的依据。

（一）被动式超低能耗绿色建筑技术导则技术体系

我国的被动式超低能耗绿色建筑技术导则是由我国住建部与德国能源署等部门合作，将德国与欧洲被动房建筑节能技术模式引入我国的一次合作。借鉴德国等国家被动房及近零能耗建筑的经验和技术模式，结合我国建筑工程实践，发展适合我国气候与建筑应用技术条件的超低能耗建筑模式。其核心技术体系要点为采用高性能围护结构与较强气密性门窗、新风热回收、可调遮阳等建筑技术，来实现建筑自身的低负荷特性。

（二）近零能耗建筑技术标准技术体系

2019 年我国发布了《近零能耗建筑技术标准》。在迈向零能耗建筑的过程中，根据能耗目标的难易程度分为三种形式，即超低能耗建筑、近零能耗建筑及零能耗建筑，三种形式的建筑属于同一技术体系。作为我国首部引领性建筑节能国家标准，该标准首次明确界定了超低能耗建筑、近零能耗建筑、零能耗建筑等建筑节能领域的关键概念，并系统地提出了相应的技术性能指标、技术措施和评价方法。

（三）绿色建筑评价标准技术体系

新版《绿色建筑评价标准》是我国绿色建筑评价标准自 2006 年发布首版以来，历经两次修订的最新版本，总体上已经达到国际较高水平。其核心技术体系分为安全耐久、生活便利、健康舒适、资源节约、环境宜居五大体系和提高与创新一大加分项。新版评价标准综合考量建筑所在地域的气候、环境、资源、经济和文化等条件和特点，规划设计到施工，再到运行使用及最终拆除，构成一个全生命周期。新版标准以"四节一环保"为基本约束，以"以人为本"为核心要求，对建筑的安全耐久、生活便利、健康舒适、资源节约、环境宜居等方面的性能进行综合评价。

第三节　绿色建筑的设计流程

鉴于国内外的绿色建筑技术体系，针对我国绿色建筑应对夏热冬冷及夏热冬暖等多地域气候条件下的适用性设计需求，以绿色目标先行为基础有效达成节能、舒适、宜居等核心绿色设计目标，优化绿色建筑设计流程是关键的环节。

一、绿色设计全过程控制的基本原则

（一）绿色设计应综合建筑全寿命周期的技术与经济特性，采用有利于促进建筑与环境可持续发展的场地、建筑形式、技术、设备和材料。

（二）绿色设计应体现共享、平衡、集成的理念。在设计过程中，规划、建筑、结构、给排水、暖通空调、燃气、电气与智能化、室内设计、景观、经济等各专业应紧密配合。

（三）绿色设计应遵循因地制宜的原则，结合建筑所在地域的气候、资源、生态环境、经济、人文等特点进行。

（四）绿色设计应在建筑设计理念、方法、技术应用等方面积极进行技术提高与创新。

二、绿色建筑的设计流程

随着近年来绿色建筑的兴起与快速发展，大量设计实践在沿用传统设计流程的过程中逐渐表现出其已越来越无法适应绿色建筑设计需要。

传统设计流程已经无法较好地适应绿色建筑设计"绿色目标自始驱动""设计过程体系化管控"以及"设计效果即时性反馈"的绿色设计需求。大量绿色设计实践需要以绿色目标为主导，同时可充分借助性能化模拟等先进设计技术。

（一）设计前期策划阶段

绿色建筑设计应进行绿色设计策划，明确绿色建筑的项目定位、建设目标及对应的技术策略、增益成本与效益，并编制绿色设计策划书。设计前期策划阶段应加强并明确为绿色设计目标服务的场地条件收集与分析的具体内容。场地条件收集包括气候条件分析、资源可利用条件分析；场地条件分析包括场地现状、物理环境条件分析。

（二）方案设计阶段

加强并明确绿色设计目标指导下，与绿色方案生成密切相关的建筑节能与环境性能提升等方面的设计内容。其中区域与场地设计包括基于场地条件利用的场地与建筑布局设计；外部环境条件分析包括适应气候条件的体量形体生成设计；内部空间设计包括适应气候条件的总体空间形式选择、基于性能差异的内部功能空间组织设计和单一空间设计；外围护结构设计应包括适应气候条件的外围护结构形式与选材、构造设计。方案设计阶段还包括适应地域资源与气候条件的可再生能源选用设计，以实现最大化利用可再生能源综合节能的绿色目标。

（三）方案深化设计与初步设计阶段

在方案深化设计与初步设计阶段，需要完善和补充支撑绿色方案的性能化模拟分析、智能可视化、建筑内外部环境需求指标分析验证等模拟辅助设计的技术流程内容。其中智能可视化分析可以有效辅助方案深化设计阶段与初步设计阶段体量形体生成设计与内部空间设计的效果预览和推演；初步及详细的建筑性能化模拟分析与环境需求指标分析可以全面支撑方案和初设阶段的形体、空间、外围护结构等各项设计内容绿色性能实效的快速验证和推演设计。

（四）初步及施工图设计阶段

在初步及施工图设计阶段，需要补充完善可以进一步细化保障方案的节能与环境品质性能的可再生能源利用与暖通空调方案设计内容。其中可再生能源利用初步设计如太阳能组件与建筑围护结构一体化设计；暖通空调方案初步设计中供暖与制冷区域空间组合、末端形式优化设计可以有效辅助初步设计阶段的建筑图纸详细设计，以及室内环境控制性设计如负荷能耗控制、光热环境控制等设计内容效果的提升。同样在施工图设计阶段的设计图纸深化修改、可再生能源利用的深化设计、暖通空调方案深化设计等为相关内容的进一步优化提升预留了精细化调整的空间和支撑。

绿色设计强调全过程控制，各专业在设计项目的每个阶段都应参与讨论、设计与研究。绿色设计强调以定量化分析与评估为前提，在设计流程中充分融入绿色目标先行、体系统筹管控、即时协同推演、设计驱动设备等绿色建筑的集成设计、体系化统筹整体设计的思想理念，充分保障实现绿色设计的最优过程实施和设计创作主导的最佳设计潜力，倡导技术与创作并重，避免沉闷单调或忽视地域性和艺术性的设计。

第四节　实践绿色建筑设计方法要点

绿色建筑是全寿命周期内兼顾资源节约与环境保护的建筑。绿色设计应追求在建筑全寿命周期内，技术经济合理和效益的最大化。基于绿色建筑的主张及其目标和价值标准，实践绿色建筑设计的方法是遵循科学的技术发展要求，从建筑全寿命周期的各个阶段综合评估建筑场地、建筑规模、建筑形式、建筑技术与投资之间的相互影响，综合考虑安全、耐久、经济、美观、健康等因素，比较、选择最适宜的设计技术措施，实践应用技术方法。绿色建筑设计应用方法的选择与确定具有功能性、地域性、社会性和特质性，并应符合绿色建筑技术体系的构成要求。

一、重视节地设计

珍惜和合理利用每寸土地是我国的一项基本国策。国务院有关文件指出，各级人民政府、地区行政公署要全面规划，切实保护，合理开发和利用土地资源。国家建设和乡（镇）村建设用地，必须全面规划，合理布局，节约用地，尽量利用荒地、劣地、坡地，不占或少占耕地。节约用地，从建筑的角度上讲，是建房活动中最大限度少占地表面积，并使绿化面积少损失、不损失。节约建筑用地，并不是不用地，不搞建设项目，而是要提高土地利用率。在城市中节地的技术措施主要是：建造多层、高层建筑以提高建筑容积率，同时降低建筑密度；利用地下空间，增加城市容量，改善城市环境；城市居住区，提高住宅用地的集约度，为今后的持续发展留有余地，增加绿地面积，改善住区的生态环境。

二、绿色建筑整体设计

整体设计的优劣将直接影响绿色建筑的性能及成本。建筑设计必须结合气候、文化、经济等诸多因素进行综合分析。整体设计时，切勿盲目照搬所谓的先进绿色技术，也不能仅仅着眼于一个局部而不顾整体。

（一）现在建筑选址设计阶段的可操作范围很有限，绿色建筑理念更多的是根据场地周边的地形地貌，因地制宜地通过区域总平面布置、朝向设置、区域景观营造等来实现。

（二）建设区域总平面布置时，应尽可能利用并保护原有地形地貌，减少场地平整的工程量，减少对原有生态环境和景观的破坏；同时应尽量将建筑体量、角度、间距、道路走向等因素合理组合，以充分利用自然通风和日照。

（三）在规划建筑朝向时，可以先根据日照和太阳入射角确定建筑朝向范围后，再根据夏季主导风向，从考虑建筑群整体通风效果的角度确定具体朝向。

（四）为达到良好日照和建筑间距的最优组合，建筑群可采取交叉错排行列式，利用斜向日照和山墙空间日照等。从建筑群体的竖向布局来说，前排建筑可以采用斜屋面或把较低的建筑布置在较高建筑的阳面方向；也可以进行退层处理，或合理降低层高。

（五）在规划设计和后期的建筑单体设计中，可结合实际情况（如地形地貌、地下水位的高低等），合理规划并设计地下空间，用于车库、设备用房、仓储等。

（六）在配套设施规划建设时，在服从地区控制性详细规划的条件下，应根据建设区域周边配套设施的现状和需求，统一配建教育、商业服务等公用设施。配套公共服务设施相关项目建设应集中设置并强调公用，既可节约土地，也可避免重复建设，提高使用率。

（七）交通组织规划时应注意建筑和住宅小区主要出入口的设置，做到人车分流，方便建筑使用者选择公共交通工具出行。

三、绿色建筑单体设计

（一）建筑的体形系数即建筑物表面积与建筑的体积比，它与建筑的热工性能密不可分。曲面建筑的热耗小于直面建筑，在相同体积时分散的布局模式要比集中布局的建筑热耗大。具体设计时减少建筑外墙面积、控制层高，减少体形凹凸变化，尽量采用规则平面形式。

（二）外墙设计要满足自然采光、自然通风要求，减少对电器设备的依赖，设计时采用明厅、明卧、明卫、明厨的设计，外墙设计要努力提高室内环境的热稳定。

1. 采用良好的外墙材料，利用更好的隔热砖代替黏土砖，节省土地资源。

2. 采用选择性镀膜窗户，其导热系数较小，能够改善室内环境的热稳定性。

3. 加强门窗的气密性，减少热交换。

4. 使用各种轻便可调节的遮阳设备抵御夏季太阳的直接辐射，同时冬季能够调节便于采光。

（三）采用弹性设计方案，提高房屋的适用性、可变性，具体表现在建筑结构、建筑设备等灵活性要求上。

1. 楼梯的可生长性，包括基础的预留量、楼段板承重的预先考虑，周边环境的生长预留地等。

2. 预留管道空间，包括水电、通信的发展空间。

3. 家具系统的可变化性。

四、绿色建筑节约能源设计

绿色建筑是一个能积极地与环境相互作用的、智能的、可调节系统。它要求建筑外层的材料和结构，一方面作为能源转换的界面，需要收集、转换自然能源，并且防止能源的流失；另一方面，外层必须具备调节气候的能力，以消除、减缓，甚至改变气候的波动，使室内气候趋于稳定，而实现这一理想，在很大程度上必须依赖于高新技术在建筑中的广泛运用。

（一）绿色建筑合理使用建筑材料

就地取材（主要是木材），尽量使用对人体健康影响较小的建筑材料，包括无放射、低挥发、低活性材料；另外，对油漆、胶水、黏合剂、地板砖、地毯、木板和绝缘物的选择，除了要考虑性能优良外，还开始强调没有毒性物质的释放。

（二）注重对外墙保温节能材料的使用

外墙保温节能材料属于保温绝热材料，仅就一般的居民采暖的空调而言，使用绝热维护材料可在现有的基础上节能 50% ~ 80%。

（三）绿色建筑主张太阳能等可再生能源的利用

例如：利用空调冷凝热作为生活热水的辅助热源，利用太阳能和地热能产生的热水作为日常生活用热水；利用太阳能光电系统来支持日常生活用电；在混凝土中埋设光导纤维，可以经常地监视构件在荷载作用下的受力状况，自我修复混凝土可得到实际应用；建筑物表面材料，通过多功能的组织进行呼吸，可净化建筑物内部的空气，并降低温度；形状记忆合金材料可用于百叶窗的调整或空调系统风口的开关，自动调节太阳光亮；建筑物表面的太阳能电池可提供采暖和照明所需要的能源。

五、室外环境绿化设计

在建筑设计中应充分利用绿化这一有效的生态因子，为居民创造出高质量生活环境。

（一）建筑四周绿化

在夏季，地面受到的辐射热反射到外墙和窗户的热量约占总热量的一半。为了降低这部分从地面来的反射热，适宜在建筑物室外种植灌木和草坪，尽量减少反射到房间的热量。对于冬季寒冷的地方，适宜种植落叶性植物。

（二）建筑立面绿化

通过种植攀缘植物使墙面绿化，如常春藤和野葡萄属于自攀缘植物，不需要其他辅助支持物，常春藤可以生长在 30m 高的墙面，野葡萄可以长到 15m 左右，可减少热辐射，对建筑物装饰性也很好，可以使高大的建筑物更具有特色。

（三）阳台与屋顶绿化

阳台是室内与室外自然接触的媒介，阳台绿化不仅能使室内获得良好的景观，而且也丰富了建筑立面造型并美化城市景观。阳台有凹、凸及半凹半凸三种形式，形成不同的日照及通风情况，产生不同的小气候。要根据具体情况选择喜阳还是喜阴，喜潮湿还是抗干旱的不同品种的植物。阳台绿化注意植物的高度不要影响通风和采光。屋顶绿化给居民的生活环境以绿色情趣的享受，它对人们心理的作用比其他物质享受更为深远。此外屋顶绿化具有蓄水、减少废水排放、保温隔热、隔声等作用。

六、室内环境设计

（一）光环境

设计采光性能最佳的建筑朝向，发挥天井、庭院、中庭的采光作用，使天然光线能照亮人员经常停留的室内空间；采用自然光调控设施，如采用反光板、反光镜、集光装置等，改善室内的自然光分布；采用一般照明和局部照明相结合；采用高效、节能的光源、灯具和电器附件。

（二）热环境

优化建筑外围护结构的热工性能，防止因外围护结构表面温度过高或过低、透过玻璃进入室内的太阳辐射热等引起的不舒适感；设置室内温度和湿度调控系统，使室内的热舒适度能得到有效的调控；根据使用要求合理设计温度可调区域的大小，满足不同个体对热舒适性的要求。

（三）声环境

采取动静分区的原则进行建筑的平面布置和空间划分，减少对有安静要求房间的噪声干扰；合理选用建筑围护结构构件，采取有效的隔声、减噪措施，保证室内噪声级和隔声性能符合《民用建筑隔声设计规范》的要求。

（四）室内空气品质

结合建筑设计提高自然通风效率；合理设置风口位置，有效组织气流，采取有效措施防止串气、乏味；采取有效措施防止结露和滋生霉菌。

七、地域人文环境设计

使建筑融入历史与地域的人文环境包括以下几个方面：对古建筑的妥善保存，对传统街区景观的继承和发展；继承地方传统的施工技术和生产技术；继承保护城市与地域的景观特色，并创造积极的城市新景观；保持居民原有的生活方式并使居民参与建筑设计与街区更新。

绿色建筑的发展是实现建筑可持续发展的关键。不同地区绿色建筑的设计宜遵循因地制宜、从传统建筑文化吸取精髓的理念，体现健康、自然的生活态度。以规划、设计、环境配置的建筑手法来改善和创造舒适的居住环境，使建筑有效地成为环境的过滤器和调节器，创造出健康舒适的生活环境。

第五节　建筑设计应对低碳理念

一、低碳建筑设计理念

环保、节能、舒适、使用等原则是当代建筑行业在发展中重点追求的目标。建筑的落成主要是为了服务于人类的日常生产生活，但是面对建设施工过程中对环境的破坏问题以及建筑施工中相关节能环保问题的出现，采用低碳设计理念、对建筑的施工设计进行优化施工，将能够有效地提高建筑的使用价值，提升其应用的现实意义，为建筑行业的发展提供新鲜的血液以及动力。在进行低碳建筑设计理念的应用中，我们主要考虑以下几点因素。

（一）能源组合优化

关于能源组合的优化，主要是对一些新兴能源的合理利用，尽可能地减少矿产资源的消耗量，从而方便人们对大气污染气体排放进行有效的控制，而且在我国工业发展的过程中，人们也可以采用相关的技术来对燃煤设备进行适当的改造。这样不仅降低了工业生产的成本，还有利于自然环境的保护。

（二）节能

在建筑设计的过程中，我们也可以将这些节能设备和技术应用到其中，使建筑耗能量可以得到有效的控制。设计人员也可以通过对科学技术和自然条件紧密结合，进而满足低碳建筑结构的节能、通风以及自然采光的相关要求。不过，由于不同的地区其气候条件也存在着一定的差异，因此在对建筑结构进行设计时，设计人员也应该根据当地的气候条件，采用适当的技术手段进行节能处理。

（三）节约资源

对于建筑节能材料和技术的采用，在低碳建筑设计中也有着十分重要的意义。它不但可以对建筑结构进行优化，还有效地提高了资源的利用率。

（四）采用天然材料

在对低碳建筑内部结构设计的时候，人们应该尽可能采用一些天然施工、装饰材料，而且在对这些材料进行使用前，施工人员还要对其质量进行检查，以避免建筑材料中存在着有害物质，对人们的身体健康造成极大的影响。

二、低碳概念下的建筑设计方针

基于低碳设计理念对当代建筑进行设计方针的制定，提高建筑的应用价值，通过多角度的选择为建筑设计的实用性、可靠性、环保性等打下坚实的基础。所以，在建筑设计方针的制定中，应该紧密地与低碳概念相联系，优化建筑设计中的不足，提高低碳概念在建筑设计方针中的引导作用，积极完善建筑设计方针中的不足，提高建筑低碳设计的应用价值，为人们的生活提供一个质量更加优越的生活空间，确保人们能够积极健康地生活。

（一）选址

碳排放与城市形态结构存在着一定关系，提倡紧凑城市的空间发展模式。当前人们研究了碳排放量与土地利用的关系，认为对土地利用的限制和约束越严格，居民生活的碳排放量水平越低。建筑物拆除会带来大量建筑垃圾，现行建筑材料可回收性极差，造成了大量碳的放量。选址要结合当地的城市规划，尽量保证建筑物的自然寿命。

（二）建筑物的体形设计

设计合理的建筑物体形和平面形式可以有效地促进空气流通，减少供暖或制冷所耗费的能源，有利于落实低碳建筑理念。不同地区、不同建筑层数的体形系数也有所不同，在设计建筑体形时应当充分考虑体形系数对低碳环保的影响。倡导建筑与室内一体化的设计理念，尽量选用耐久性强、高性能、低材耗的建筑体系，有利于减少施工所耗费的各项资源，降低施工所造成的环境污染。

（三）绿色建材的选择

建筑材料是建筑施工中产生能耗和污染根源。现阶段很多常用的建材均会对环境产生严重的负面影响，如人造板材会挥发大量甲醛。这些排放物不仅会污染环境，更重要的是会对人体健康产生不利影响。所以，在建筑设计中应多选用工业制成品，或者是可循环再利用的建材，避免使用内含能源高的材料，这是有效降低和控制建筑中二氧化碳排放量的重要途径。此外，在应用新材料时还应兼顾材料的原生态性和地域性。

（四）建筑保温设计

1. 单一材料的建筑保温设计

此种设计方案所选用的保温材料所具备的保温性能较高，加之保温材料不用兼顾承重作用，所以其选用的范围较大。如轻型空心砌块墙体或加气混凝土砌块墙体等，均适合用于非承重结构的保温墙体设计。

2. 保温材料与承载材料相结合的保温设计

应选用强度满足承载要求、导热系数小、耐久性强的保温材料。如在砌体结构墙体或钢筋混凝土墙体内侧先做水泥珍珠岩砂浆保温层，而后做厚度为 2mm 的纸筋灰罩面的装饰层，该方案适用于外墙承担承重作用的墙体保温设计。

（五）可再生能源技术一体化设计

可再生能源技术有机地结合在一起，与建筑一体化设计，形成多功能的建筑构件，即将建筑的使用功能达到令人满意的节能和使用效果。可再生能源的利用、光伏建筑一体化使建筑各部分的功能协调统一，如今，在建筑中的应用也越来越广泛。

三、低碳设计理念的推广与建立完善的后评价机制

为了能够有效地发挥低碳设计理念在建筑行业设计中的价值，合理地将低碳设计理念应用在建筑设计中，在建筑成品施工落成之后，为了确保相关低碳设计理念彻底地发挥其应有的作用，建立一套完整的后评机制，提高建筑行业对低碳设计利用应用价值的重视程度，是必须予以严格落实的。一般在评价机制的设计中，可以通过政策法规的制定、专业机构的实施推进、经济杠杆的运用、设计师有目的的引导等手段进行低碳项目的推广，是行之有效的手段。一个理性的建筑设计过程加上一个具有延续性的环境性能评价过程，才能形成一个完整的循环。由评价提供的反馈信息最终可以转化为设计的优化策略。比如在新材料新技术的推广应用上，不能单纯地从感觉上判断节能的效果，而是通过一个有效的评价机制，获得科学的严谨的数据，从而从经济、环保等方面综合判断其应用价值。如太阳能光电转化装置，成本较高、回收期较长，在大量的居住性建筑中推广就较为困难。

低碳理念是建筑节能设计发展中重要的组成内容。当代城市化建设速度不断加快，建筑领域的应用技术也在不断地进行更新，为了提高低碳建筑的环境保护能力，提高人们的生活质量，将低碳设计理念合理地应用其中，必然能够推动当代建筑领域的合理发展与建设，使建筑行业的发展前景变得更加广阔。

第四章　绿色建筑节能设计

第一节　绿色建筑节能概述

近年来在世界建筑发展的大潮流中，人们可以明显看出，建筑节能是其中一个极为重要的热点，是建筑技术进步的一个重大标志，也是建筑领域实施可持续发展战略的一个关键环节。2015 年第 21 届联合国气候变化大会在巴黎召开，大会首次将建筑节能单独列为会议议题。建筑全寿命周期产生的碳排放占全球碳排放总量的 30%，按现有速度继续增长，到 2050 年建筑相关排放将翻倍。

《中共中央 国务院关于完整准确全面贯彻新发展理念做好碳达峰碳中和工作的意见》和《2030 年前碳达峰行动方案》明确了减少城乡建设领域降低碳排放的任务要求。建筑碳排放是城乡建设领域碳排放的重点。通过提高建筑节能设计水平，新建建筑和既有建筑逐步提高节能减排性能，优化建筑用能结构，是推动建筑碳排放尽早达峰、实现我国碳达峰碳中和的关键路径。

一、建筑节能的基本概念

建筑节能在发展的过程中其内容和含义也在不断发展，已经经历了三个阶段：开始是单纯意义的"建筑节能"，第二阶段是"建筑中保持能源"，到目前阶段，绿色建筑中的建筑节能含义普遍称作"提高建筑中的能源利用效率"，即在满足健康舒适性要求的前提下，在建筑中使用高性能围护结构实体材料和高能效比的采暖空调设备，达到节约能源、减少能耗、提高能源利用效率之目的。

建筑节能是一门综合性学科，它涉及建筑、施工、采暖、通风、空调、照明、电器、建材、热工、能源、环境、检测、智能化控制技术等许多专业内容，建筑节能技术也是一门综合性的技术，包含了多个领域。

二、建筑节能的发展方向

从世界范围看，多国为应对气候变化和极端天气、实现可持续发展战略，都积极制定建筑迈向更低能耗的中长期政策的发展目标，并建立适合本国特点的技术标准及技术体系，推动建筑迈向更低能耗正在成为全球建筑节能的发展趋势。

自 20 世纪 80 年代以来，我国建筑节能工作以建筑节能标准为先导取得了举世瞩目的成果，尤其在降低严寒和寒冷地区居住建筑供暖能耗、公共建筑能耗和提高可再生能源建筑应用比例等领域取得了显著的成效。我国的建筑节能工作经历了多年的发展，现阶段建筑节能 65% 的设计标准已经基本普及，建筑节能工作减缓了我国建筑能耗随城镇建设发展而持续高速增长的趋势，并提高了人们居住、工作和生活环境的质量。"十三五"期间，我国建筑节能与绿色建筑发展取得重大进展。绿色建筑实现跨越式发展，法规标准不断完善，标识认定管理逐步规范，建设规模增长迅速。城镇新建建筑节能标准进一步提高，超低能耗建筑建设规模持续增长，近零能耗建筑实现零的突破。

在全球齐力推动建筑节能工作迈向下一阶段中，我国"十四五"时期是落实 2030 年前碳达峰、2060 年前碳中和目标的关键时期，建筑节能与绿色建筑发展面临更大挑战，同时也迎来重要发展机遇。

三、我国绿色建筑节能发展的任务和路径

聚焦 2030 年前城乡建设领域碳达峰目标，建筑节能应以保证生活和生产所必需的室内环境参数和使用功能为前提，遵循被动节能措施优先的原则。应充分利用天然采光、自然通风、改善围护结构保温隔热性能，提高建筑设备及系统的能源利用效率，降低建筑的用能需求。应充分利用可再生能源，降低建筑的化石能源消耗量。因地制宜，统筹区域发展战略和各地发展目标，以城市和乡村为单元，兼顾新建建筑和既有建筑，形成具有地区特色的绿色建筑节能发展格局。

（一）提高新建建筑节能水平

重点提高建筑门窗等关键部品节能性能要求，推广地区适应性强、防火等级高、保温隔热性能好的建筑保温隔热系统。推动政府投资公益性建筑和大型公共建筑提高节能标准，严格管控高耗能公共建筑建设。继续深化开展超低能耗建筑规模化建设，推动近零能耗建筑、零碳建筑建设。推动农房和农村公共建筑执行有关标准，推广适宜节能技术，建成一批超低能耗农房试点示范项目，提升农村建筑能源利用效率，改善室内热舒适环境。

（二）加强既有建筑节能绿色改造

1. 提高既有居住建筑节能水平。在严寒及寒冷地区，结合北方地区冬季清洁取暖工作，持续推进建筑用户侧能效提升改造、供热管网保温及智能调控改造。在夏热冬冷地区，适应居民采暖、空调、通风等需求，积极开展既有居住建筑节能改造，提高建筑用能效率和室内舒适度。在城镇老旧小区改造中，鼓励加强建筑节能改造，引导居民在更换门窗、空调、壁挂炉等部品及设备时采购高能效产品。

2. 推动既有公共建筑节能绿色化改造。强化公共建筑运行监管体系建设，提升公共建筑节能运行水平。加强公共建筑用能系统和围护结构改造，推广应用建筑设施设备优化控制策略，提高采暖空调系统和电气系统效率，加快 LED 照明灯具普及，采用电梯智能群控等技术提升电梯能效。

（三）推动可再生能源应用

1. 推动太阳能建筑应用。根据太阳能资源条件、建筑利用条件和用能需求，统筹太阳能光

伏和太阳能光热系统建筑应用，宜电则电，宜热则热。推进新建建筑太阳能光伏一体化设计、施工、安装，与建筑本体牢固连接，并应保证建筑或设施结构安全、防火安全、使用安全。在农村地区积极推广被动式太阳能房等适宜技术。

2. 加强地热能等可再生能源利用。推广应用地热能、空气热能、生物质能等解决建筑采暖、生活热水、炊事等用能需求。因地制宜推广使用地源热泵技术。在寒冷地区、夏热冬冷地区积极推广空气热能热泵技术应用，在严寒地区开展超低温空气源热泵技术及产品应用。合理发展生物质能供暖。

第二节　绿色建筑节能设计标准

建筑节能与人们的生活休戚相关，与建筑所在地域的环境、资源能源等密切相关。德国被动房研究所为力求适应欧洲中北部寒冷的气候条件，提出了低能耗建筑设计标准体系；美国也在国内各典型气候条件下，针对不同建筑类型制定了《先进节能设计指南》作为美国国家节能设计标准。

我国的建筑节能设计标准制定工作从 20 世纪 80 年代制定《采暖居住建筑节能设计标准》开始起步，经历了多年的不断发展，已经发布了北方严寒和寒冷地区、夏热冬冷地区、夏热冬暖地区的居住建筑节能设计标准和《温和地区居住建筑节能设计标准》《公共建筑节能设计标准》《工业建筑节能设计统一标准》《民用建筑热工设计规范》以及《建筑节能工程施工质量验收规范》等标准规范。这些标准对建筑的节能设计和施工给出了最低的要求。

近年来，我国建筑节能与绿色建筑发展取得重大进展。绿色建筑实现跨越式发展，法规标准不断完善，城镇新建建筑节能标准进一步提高。我国住房和城乡建设部发布了《被动式超低能耗绿色建筑技术导则》《近零能耗建筑技术标准》《建筑节能与可再生能源利用通用规范》等对绿色建筑节能设计提出更高标准和要求的节能设计规范与标准。

一、建筑节能与可再生能源利用通用规范

《建筑节能与可再生能源利用通用规范》是住建部为执行国家有关节约能源、保护生态环境、应对气候变化的法律、法规，落实碳达峰、碳中和决策部署，提高能源资源利用效率，推动可再生能源利用，降低建筑碳排放，营造良好的建筑室内环境，满足经济社会高质量发展的需要而制定的强制性工程建设规范，自 2022 年 4 月 1 日起实施。新建、扩建和改建建筑以及既有建筑节能改造工程的建筑节能与可再生能源建筑应用系统的设计、施工、验收及运行管理必须执行该规范。

该规范中明确了建筑节能的原则是以保证生活和生产所必需的室内环境参数和使用功能为前提，遵循被动节能措施优先的原则。该原则是建筑节能工作的前提和目标，也是建筑节能工作全过程需要遵循的总原则。建筑的基本功能是创造满足人们社会生活需要的人工环境，近年来建筑节能项目实施中出现的以牺牲室内环境水平来达到降低建筑能耗目的的做法，是对建筑

节能工作的误读，不符合绿色建筑节能概念中"为人们提供健康、适用、高效的使用空间"的前提原则。

建筑节能工作的目标是降低化石能源消耗量，这决定了建筑节能工作的两大技术途径：一是通过节能设计降低建筑自身用能需求、提高用能系统能效及合理使用余热废热；另一方面需要利用可再生能源替代化石能源。

实现建筑节能的一般技术途径：路径一是建筑节能应根据场地和气候条件，在满足建筑功能和美观要求的前提下，通过优化建筑外形和内部空间布局，充分利用天然采光以减少建筑的人工照明需求，适时合理利用自然通风以消除建筑余热余湿；路径二是在保证室内环境质量、满足人们对室内舒适度要求的前提下，优先考虑优化围护结构保温隔热能力，减少围护结构形成的建筑冷热负荷，降低建筑用能需求，继而考虑提高供暖、通风、空调和照明、电气、给排水等系统的能源利用效率，进一步降低能耗；路径三是通过合理利用可再生能源，实现降低化石能源消耗量的目标。

二、近零能耗建筑技术标准技术体系

2019 年我国发布了《近零能耗建筑技术标准》。作为我国首部引领性建筑节能国家标准，该标准与我国 1986 年—2016 年的建筑节能 30%、50%、65% "三步走"的战略进行了合理衔接，明确了"超低能耗建筑""近零能耗建筑"和"零能耗建筑"的定义和能效指标，对我国 2025、2035、2050 中长期建筑节能标准提升提供积极引导，起到"承上引下"的关键作用，形成我国自有近零能耗建筑技术体系，为指导行业发展提供了有力支撑。

该标准首次明确界定了超低能耗建筑、近零能耗建筑、零能耗建筑等建筑节能领域的关键概念，并系统地提出了相应的技术性能指标、技术措施和评价方法。在迈向零能耗建筑的过程中，根据能耗目标的难易程度表现为三种形式，即超低能耗建筑、近零能耗建筑及零能耗建筑，三种类型的建筑属于同一技术体系。

其中，超低能耗建筑节能水平略低于近零能耗建筑，是近零能耗建筑的初级表现形式；零能耗建筑能够达到能源产需平衡，是近零能耗建筑的高级表现形式。超低能耗建筑、近零能耗建筑、零能耗建筑三者之间在控制指标上相互关联，在技术路径上具有共性要求，因此近零能耗建筑设计、施工质量控制与验收及运行管理的技术措施和评价体系均适用于超低能耗建筑和零能耗建筑。

近零能耗建筑的设计原则是以能耗为控制目标，首先通过被动式建筑设计降低建筑冷热需求，提高建筑用能系统效率，降低能耗，在此基础上再利用可再生能源，实现超低能耗、近零能耗和零能耗。近零能耗建筑是以超低能耗建筑为基础，是达到零能耗建筑的准备阶段。近零能耗建筑在满足能耗控制目标的同时，其室内环境参数应满足较高的热舒适水平，健康、舒适的室内环境是近零能耗建筑的基本前提。

零能耗建筑并不是指建筑能耗为零，而是在近零能耗建筑基础上，充分利用可再生能源，实现建筑用能与可再生能源产能的平衡。可再生能源产能包括建筑本体及周边的可再生能源的产能量，建筑周边的可再生能源通常指区域内同一业主或物业公司所拥有或管理的区域，可将可再生能源发电通过专用输电线路输送至建筑使用。

近零能耗建筑的设计的基本技术路径是通过建筑被动式设计、主动式高性能能源系统及可再生能源系统应用，最大幅度减少化石能源消耗。主要技术途径依次为：

（一）被动式设计

近零能耗建筑规划设计应在建筑布局、朝向、体形系数和使用功能方面，体现节能理念和特点，并注重与气候的适应性。使用保温隔热性能更高的非透明围护结构、保温隔热性能更高的外窗、无热桥的设计与施工等技术，提高建筑整体气密性，降低供暖需求。使用遮阳、自然通风、夜间免费制冷等技术，降低建筑在过渡季和供冷季的供冷需求。

（二）能源系统和设备效率提升

建筑大量使用能源系统和设备，其能效的持续提升是降低建筑能耗的重要环节，应优先使用能效等级更高的系统和设备。能源系统主要指暖通空调、照明及电气系统。

（三）使用可再生能源系统对建筑能源消耗进行平衡和替代

充分挖掘建筑本体、周边区域的可再生能源应用潜力，对能耗进行平衡和替代。

第三节　建筑围护结构节能设计

节约常规能源并不仅是发展经济、解决资源短缺的一项举措，也是对人类赖以生存的地球环境进行保护的一项严峻而又迫切的任务。在建筑设计中应选用生产时耗能少及自重轻的建筑材料节约材料生产及建筑施工的能耗，同时建筑设计上更多地采取节能措施，可有效地降低建筑使用能耗。

一、小区规划与建筑节能设计

为了有效地达到最佳建筑节能效果，首先应当从建筑布局入手。建筑群的规划布置、建筑物的平、立面设计和门窗洞口位置应有利于自然通风，并考虑冬季利用日照且避开主导风向，夏季利用凉爽时段的自然风。区域内应增加绿地和水域面积，减少硬化地面，或采取其他有利于减轻区域热岛效应的措施。建筑物的朝向宜采用南北向布置，或接近南北向布置。建筑平面布置时，宜使居室朝向南偏东15°至偏西15°范围，不宜超出南偏东45°至偏西30°范围。条式建筑物的体形系数不应超过0.3，点式建筑物的体形系数不应超过0.4，三层及以下建筑（含四层独栋别墅）的体形系数不应超过0.55。

二、建筑围护结构热工设计

建筑物的外窗（包括阳台门的透明部分）的面积不应过大，对于不同朝向、不同窗墙面积比的外窗，其传热系数应符合相关规定。居住建筑的天窗面积不应大于屋顶总面积的4%，传热系数不应大于$4.0W/(m^2 \cdot K)$，本身的遮阳系数不应大于0.5。多层住宅外窗宜采用平开窗，卧室、起居室不宜设置凸窗。外窗宜设置外遮阳设施。遮阳设施应能有效地遮挡夏季太阳辐射。还应避免对窗口通风产生不利的影响。宜采用以下遮阳形式：

1. 活动外遮阳装置：可调节外遮阳百叶、遮阳窗帘等。

2. 窗户本体遮阳：宜采用热反射镀膜玻璃、低辐射玻璃、镀膜或着色玻璃窗；不宜采用可见光透光率低于60%的镀膜或着色玻璃窗。

居住建筑的屋顶和外墙宜采取下列节能措施。建筑外表面宜采用浅色饰面材料，如采用浅色涂料和浅色饰面砖。外墙宜采用外保温隔热措施，并对热桥（冷桥）部位采取适宜的保温措施。屋顶应采用保温隔热措施，宜采用各种不同构造形式的倒置式屋顶；对于坡屋面，其屋顶内宜设置贴铝箔的封闭空气间层。平屋顶宜采用有土或无土种植。屋顶宜采用平、坡屋顶结合的构造形式，在屋顶上可设置花架、种植爬藤类植物。

三、建筑围护结构节能技术

（一）外墙节能技术

在住宅建筑的外围护结构中，外墙所占面积最大，所以外墙节能占有重要位置。外墙节能主要是提高墙体的保温隔热性能，以减少其传热损失以及在夏季的内表面温度波动。因此，外墙节能可采用不同的保温材料与基层墙体复合，构成复合保温墙体，或采用具有较高热阻的墙体材料实现墙体自保温。复合保温根据保温材料在墙体中的位置，可分为外保温、中保温、内保温和组合保温（中保温与内保温的组合）。

外墙外保温是指在建筑物外墙的外表面上设置保温层，这是一种先进的外墙节能技术，具有很多优点，但对其组成材料和系统的技术性能以及施工技术的要求较高。采取外墙外保温节能技术，以保温层材料为例，已从原先的膨胀聚苯板扩展到ZL胶粉聚苯颗粒保温浆料、挤塑聚苯板、岩棉板、聚氨酯泡沫塑料、泡沫玻璃等。外墙外保温已经成为当前重要而且是主导性的建筑节能措施。保温层设置在外墙外侧，可以用诸如膨胀聚苯板、挤塑聚苯板、聚氨酯泡沫塑料、岩棉板等高效保温材料，能以较小的厚度获得较大的热阻。而一般泡沫塑料类保温材料因其具有可燃性，不宜用于内保温。目前可采用的外墙外保温应用系统有膨胀聚苯板薄抹灰系统等。

外墙内保温将墙体的保温隔热层设置在外墙内表面的一侧。在中国建筑节能发展的起步阶段，内保温有着广泛的应用。这是因为当时外保温技术在中国还不成熟，节能标准对围护结构的要求还不高，还有就是经济承受力方面。

外墙自保温是一种依靠墙体材料自身的热阻满足传热系数和热惯性指标要求的节能技术。内墙体自身的热阻和热惯性较高，所以不需要再在其外侧或内侧复合保温层。目前能满足自保温要求的墙体材料有蒸压加气混凝土制品和钢丝网水泥聚苯夹芯板两种。

（二）屋面节能技术

坡屋面是近几年来对多层住宅提倡采用的一种屋面构造形式。它能美化建筑与城市形象，增加住宅使用空间，减少屋面渗漏和顶层墙体开裂，有利于导风，减少风力损失，并可利用顶层空间构成丰富的复式单元，深受住户喜爱与欢迎。但是，坡屋面随室外冷、热作用的面积较平屋面大，跃层的平均层高又较低，故坡屋面对顶层热环境的影响甚于平屋面。所以，要达到 $K \leqslant 1.0W/(m^2 \cdot K)$ 或 $K \leqslant 0.8W/(m^2 \cdot K)$ 的指标，除结构层采用较大热阻的屋面板材外，均须在屋面中设置保温隔热层。

坡屋面的结构层以整体现浇钢筋混凝土为主，对以钢筋混凝土为基层的坡屋面，保温层宜设置在基层上侧，构成复合保温屋面；对于轻钢结构屋面，保温层应分别设置在结构层的上侧和下侧；而对于采用加气混凝土屋面板的屋面，由于加气混凝土材料的导热系数较小，当屋面板达到一定厚度后，屋面结构层已具有足够的保温隔热能力，是一种保温与结构层合二为一的自保温屋面。而在外保温或自保温不能满足屋面的保温隔热要求时，可再在基层内侧设置保温层。根据瓦材与屋面连接方式不同，坡屋面可分为瓦材挂型和泥背粘铺型两种形式。前者在屋面上部设有挂瓦条和顺水条，瓦材以钉挂方式固定在挂瓦条上；后者为直接在保温层或防水层上以设置泥背的方式粘铺瓦材。

（三）外窗节能技术

外窗节能可从以下方面来考虑：

1.减少因室内外温差产生的传热，阻挡室内外热量的交流，降低窗户的传热系数。减少窗户的内外温差传热，是夏热冬冷地区外窗节能的主要途径。因为在冬季采暖和夏季空调降温的情况下，房间外窗两侧存在温差，而根据节能设计标准，外窗传热系数的规定性指标大于外墙和屋面，因此外窗是外围护结构传热的主通道，需要根据节能设计标准的要求严格控制外窗的传热系数。设计上，为了有效地减少外窗的温差传热，应该采用热阻大的玻璃、窗框和窗扇材料。

2.减小夏季透过窗户进入室内的太阳辐射热，即降低窗玻璃的遮阳系数或窗户的综合遮阳系数。在炎热的夏季室内普遍采用空调降温的情况下，透过窗户进入室内的太阳辐射热是构成空调负荷的主要部分。因此，控制这部分热量也是建筑节能的重要方面。但对夏热冬冷地区而言，降低窗户尤其是窗玻璃的遮阳系数，不仅会影响可见光的透过，也会影响冬季对太阳辐射热的利用。虽然夏热冬冷地区的建筑热工设计应以夏季防热为主，但该地区的广大居民长期以来在冬季酷爱阳光入室，从生态角度分析，无疑也是一种需要。因此在这方面，主要应是东、西向外窗，特则是西向外窗。因为在夏季室外高温时段，垂直墙面以西向的太阳辐射照度最大。过去的大多数住宅，缺少的恰恰是东、西向外窗的遮阳（多层住宅南向或北向往往会有凸出的阳台）。因此，对于这方面的节能，如设计上可降低东西向外窗玻璃的遮阳系数或使用具有热反射性能的玻璃（如热反射玻璃、低辐射中空玻璃）以及用建筑节能功能膜做玻璃贴膜等。

第四节　采暖、通风与空调节能设计

近年来，我国城市飞速发展，城市建设投资力度不断加大，建筑业能源消耗占总能源消耗的40%左右，而建筑能耗又尤其以建筑空调能耗较大。我国宾馆、写字楼空调能耗约占建筑总能耗的30%～40%，大中型商场空调能耗则高达50%，有的空调系统能耗占建筑总能耗的60%或更多。能源供求的矛盾激化使暖通空调的节能显得日益必要。

一、影响暖通空调的节能效果的因素分析

通常情况下，在设计房屋的建筑热工时，为了使房间内产生舒适的微气候，往往需要恰当地利用房屋围护结构的热特性以抵抗室外气候的变化。因此，围护结构在热工设计中是十分重要的，除此之外还有建筑规划设计、太阳辐射、空气温湿度等多方面。围护结构包括外围护结构和内围护结构。外围护结构主要包括屋面、外墙和窗户（包括阳台门等）；内围护结构主要包括地面、顶棚、内隔墙等。在采暖建筑中，围护结构的传热热损失占总的热损失的比例是较大的。以4个单元6层的砖墙、混凝土楼板的典型多层建筑为例：在北京地区，通过围护结构的传热热损失约占全部热损失的77%（其中外墙25%，窗户24%，楼梯间隔墙11%，屋面9%，阳台门下部3%，户门3%，地面2%），通过门窗缝隙的空气渗透热损失约占23%；在沈阳地区，通过围护结构的传热热损失约占全部热损失的65%（其中外墙26%，窗户26%，屋面8%，阳台门下部1%，外门1%，地面3%），通过门窗缝隙的空气渗透热损失约占27%。由此可见，暖通空调节能与改善围护结构的热工性能有非常大的关系。

二、实现暖通调系统节能设计的尝试

（一）改善建筑围护结构的保温性能，减少冷热损失

对于暖通空调系统而言，减少冷热损失是非常重要的。通过围护结构的空调负荷占很大比例，而围护结构的保温性能决定围护结构综合传热系数的大小，亦即决定通过围护结构的空调负荷的大小。所以在国家出台的建筑节能设计规范和标准中，首先要求的就是提高围护结构的保温隔热性能。适当增加墙体、屋顶的保温性能，可以减少这些围护结构产生的冷热负荷。

例如：采用新型节能墙体——小型混凝土空心砌块砖墙体可有效减轻建筑物的负荷，其墙体传热系数比传统黏土实心砖墙节能一倍以上。根据权威部门对住宅围护结构的热工测试结果证明，住宅内热量有40%～50%是通过门窗损失，所以应尽量采用密封性好、保温节能的新型塑钢门窗。

（二）选择合适的冷热源系统

在系统设计中合理配置中央空调系统的冷热源已成为空调节能的关键。热源的种类有热电站、热采、直燃型溴化锂吸收式冷热水机组、区域锅炉房、小型锅炉等。其中热电站的能量利用效率最高。常见的中央空调冷热源配置方式有三种：水冷式冷水机组加锅炉、热泵型机组和溴化锂吸收式机组。第一种冷热源在设计工况下的能效比较高，一般为3.7~5；第二种冷热源即热泵型机组，夏季制冷，冬季制热。在设计工况下，其能效比仅达到3左右，但其具有良好的节能和环保效果；最后一种冷热源为溴化锂吸收式机组，这类机组的能效比比较低，节电节能，适用于有废热和余热的地方。

（三）合理选择空调方式

选择合适的空调方式是空调节能的一个重要方面。近几年来，变频空调因为既节能又可以让人感觉舒适而飞速发展。到目前为止，变频空调器占到日本房间空调器市场销售份额的80%

以上。根据日本相关标准，变频空调季节能效比远高于定频空调，在冷负荷相当的情况下使用变频空调消耗的功率仅为定频空调的66%，即省电34%。因此，变频空调应是空调发展的一个趋势，可使空调尽可能达到节能要求。

在中央空调系统中，应采用变频技术，其主要有两种形式：用变速泵和变速风机替代调节阀，减少系统内部消耗，提高整机效率，或者采用变流量技术，根据空调负荷改变水流量或风流量，从而达到节能效果。

（四）减少冷/热媒介输送过程中的能耗

首先，可以选用保温效果好的新型保温材料对管道进行保温有利于节能，如采用热水预制保温直埋管等；其次，可以利用计算机对供暖系统进行全面的水利平衡调试，采用以平衡阀及其专用智能仪表为核心的管网水力平衡技术，实现管网流量的合理分配，提高输送能量的效率；再次，可以选择合适的泵与风机的规格，采用大温差、低流速、低阻管道，输送效率高的载能介质和选用效率高、部分负荷特性好的动力设备，以减少输送过程的能耗，从而提高输送效率，既改善供暖质量又节约能源。

（五）可再生能源或低品位能源的空调系统应用

空调对不可再生能源的消耗会随着空调系统的广泛应用而大幅度上升，这也意味着我们对生态环境的破坏也在逐步加剧。利用可再生能源和低品位能源已经成暖通空调设计领域的重要研究课题。在这种形势下，发展起了地源热泵空调系统。这种系统是利用地下恒温层土壤热显著提高空调系统的COP值，使同等制热（或制冷）量下的系统能耗大幅度下降。另外，还在积极开发研究如何利用太阳能供热或制冷。

（六）冷热回收利用的研究运用

目前许多空调系统冷热回收利用的研究也在蓬勃开展，如空调系统排风的全热回收器，夏季利用冷凝热的卫生热水供应等，都是对系统冷热的回收利用，显著提高了空调系统能源利用率。从节能考虑，将系统中需排掉的余热移向需要热的地方是节能的一种趋势，实现能源最大限度的利用。

全热交换器的热传递效率现可达到75%~80%。还有一些常用热回收装置，如热管换热器、板式换热器、热回收环路等。相对来说，热泵系统回收方式更普遍，热泵可以回收100℃—120℃以下的废热，可利用自然环境（如空气和水）和低温热源（如地下热水、低温太阳热和余热）来节约大量采暖、供热燃料，是一种新型的高效利用低温能源的节能技术。如果热泵与直接接触式热回收设备联合使用，其热回收效率比单一设备要高得多。

第五节　绿色建筑照明节能设计

一、照明节能设计的理解

人口、资源和环境是世界各国普遍关注的重大问题，它对人类经济社会的可持续发展有深远的影响。绿色照明的宗旨是提高照明质量、节约资源、保护生态环境，以获得显著的经济效益、社会效益和环境效益。绿色照明是指通过提高照明电器和系统的效率，节约能源；减少发电排放的大气污染物和温室气体，保护环境；改善生活质量，提高工作效率，营造体现现代文明的光文化。

正确理解绿色照明的涵义有助于进行科学合理的绿色照明设计。

（一）绿色照明工程要求人们不要简单地认为只是节能，而要从更高层次去认识，提高到节约能源、保护环境的高度对待，因为绿色照明工程提出的宗旨不只是个经济效益问题，而更主要是着眼于资源的利用和环境保护的大课题。通过照明节电，从而减少发电量，即降低燃煤量（目前我国 70% 以上的发电量还是依赖燃煤获得），以减少 SO_2，CO_2 以及氮氧化合物等有害气体的排放，对于世界面临环境与发展的课题，都有深远的意义。

（二）绿色照明工程要求照明节能，已经不完全是传统意义的节能，这在我国"绿色照明工程实施方案"中提出的宗旨已经有清楚的描述，就是要满足对照明质量和视觉环境条件的更高要求，因此不能靠降低照明标准来实现节能，而是要充分运用现代科技手段提高照明工程设计水平和方芷，提高照明器材效率来实现。

（三）实施绿色照明工程，不能简单地理解为提供高效节能照明器材，高效的器材是重要的物质基础，但是还应有正确合理的照明工程设计。设计是统管全局的，对能否实施绿色照明要求起着决定作用；此外，运行维护管理也有不少忽视的作用，没有这一因素，照明节能的实施也不完整。

二、绿色照明工程设计的作用

综合各种因素，实施绿色照明是一项长期的任务，工程设计起着重要作用。

1.选择应用高效光源是照明节能设计的首要因素。 光源种类很多，就能量转换效率而言，有和紧凑型荧光灯光效相当的（如直管荧光灯），有比其光效更高的（如高压钠灯，金属卤化物灯），这些高效光源各有其特点和优点，各有其适用场所，决非简单地用一类节能光源能代替的。根据应用场所条件不同，至少有三类高效光源应予推广使用。

第一类是以高压钠灯、金属卤化物灯为代表的高强度气体放电灯（HID），适用于高大工业厂房、体育场馆、道路、广场、户外作业场所等。这类场所范围广、使用光源多（按光源总功率计更为明显），节能效果最显著。

第二类是以直管荧光灯（如 T8 型荧光灯）为主，适用于较低矮的室内场所，如办公楼、教室、图书馆、商场，以及高度在 4.5m 以下的生产场所（如仪表、电子、纺织、卷烟等）。

第三类是以紧凑型荧光灯（包括"H"形，"U"形，"D"形，环形等）为主，替代白炽灯，适用于家庭住宅、旅馆、餐厅、门厅、走廊等场所。

2. 在照明器材中，灯具是除光源外的第二要素，而且是容易为人们所不重视的因素，在照明设计中要正确合理选用高效优质灯具。

（1）提高灯具效率，现在市场上有些灯具效率仅有 0.3 ~ 0.4，光源发出的光能大部分被吸收，能量利用率太低，要提高效率，一方面是要有科学的设计构思和先进的设计手段，运用计算机辅助设计（CAD）来计算灯具的反射面和其他部分，另一方面要对反射罩、漫射罩和保护罩的材料等加以优化。

（2）提高灯具的光通维持率，在灯具的反射面、漫射面、保护罩、格栅等的材料和表面处理上下功夫，使表面不易积尘、腐蚀，容易清扫，采取有效的防尘措施，有防尘、防水、密封要求的灯具，应经过试验达到规定的防护等级。

（3）提供配光合理、品种齐全的灯具，应该有多种配光的灯具，以适应不同使用要求（照度、均匀度、眩光限制等）的场所的需要。

（4）提供与新型高效光源配套、系列较完整的灯具。现在有一些灯具是借用类似光源的灯具，或者几种光源几种尺寸的灯泡共用灯具。要达到高效率、高质量，应该按照光源的特性、尺寸专门设计配套的灯具，形成较完整的系列。

3. 有了高效的灯具，还不是解决问题的全部，还必须正确应用灯具利用系数。灯具效率高解决了把光源的光通量最大限度发散出灯具以外的问题，但要让光更多地照射到视觉需要的工作面上，还必须提高光通的利用系数，这是照明工程设计者的任务。利用系数取决于灯具效率、灯具配光与房间体形的适应状况，还和室内各表面（墙、顶棚、地面、设备、家具等）材料的反射比有关。

简单描述一下选用灯具配光特性要和房间体形适应，以提高利用系数的问题，直接型灯具配光粗略分为三类，即宽配光、中配光、窄配光。对于面积大而灯具悬挂高度较低的房间，应选用宽配光灯具，可获得较高灯具效率，灯具发出的直射光绝大部分能直接照射到工作面上；面积小而灯具悬挂高度较高的房间，如果用宽配光灯具，则导致相当一部分直射光照射到墙面和窗上，降低了光通利用率，所以宜选用窄配光灯具。表示房间体形的参数，是室空间比（RCR），按 RCR 值选择灯具配光特性、选用灯具，还要处理好能量效率与装饰性的关系，当前，在民用建筑中乃至一部分工业建筑中，照明设计有一种偏向，强调了灯具的装饰性能，而忽视了灯具效率和光的利用系数，造成过大的能源消耗，且得不到良好的照明效果。例如，有的商场，照明安装功率竟然超过 100W/m²，显然是不合理的。有些公共建筑，把照明设计交给建筑装饰公司完成，而一些装饰公司又缺乏熟悉照明专业技术的人员，只按装饰要求去设计照明，选用灯具，较少考虑照明效率，对实施绿色照明工程很不利。

4. 电器附件对照明节能有一定影响，其中气体放电灯的镇流器是影响最大的，例如，直管荧光灯的电感镇流器自身功耗为灯管功率的 23% ~ 25%，有的低质量产品，据检验达到 30%，而国外有一些低功耗镇流器可达 12% ~ 15%，提高镇流器的质量对节能很有意义。

5. 合理选择照度标准设计。必须从生产、使用实际需要出发，合理贯彻国家标准，要有利于保护生产者和使用者的视力，创造良好视觉条件，快速、清晰地识别对象，减少差错，提高劳动生产率和工作效率，在此基础上力求节能。

6. 重视照明质量。从实际出发，根据不同对象，强调照明质量标准，如服装纺织品商场，应保证足够的显色性；大城市主干道路照明，应限制眩光，减少光污染，以保证车行畅通，降低交通事故。

7. 合理选择照明方式。在工业厂房，合理结合一般照明和局部照明，合适的灯具悬挂高度，在商场展览场所等合理运用非均匀照明，突出黄点照明，使用灵活照明方式，达到节能与照明效果的统一。

8. 设计先进的照明控制方式。先进的控制方式是保证视觉条件，满足视觉者需要条件下，减少点灯时间，合理节能。

9. 合理的照明配电系统设计。照明配电系统对提高照明质量和节能也很重要。例如，提高较稳定的电压，减小电压偏移，既保证良好的效觉条件，提高光源寿命，又节约电能，提高照明线路的功率因数，对电网、对降低照明线路电能损耗都有很大好处。

通过科学合理的照明设计，综合考虑最终形成高效、舒适、安全、经济、有益于环境和改善人们身心健康并体现现代化文明的照明系统。要实施我国的绿色照明工程方案，达到预期的目标，必须要使照明工程的设计、科研、生产维护专业人员，各行业、各地区、各企业事业单位的管理者，对绿色照明工程有比较全面的认识和正确的理解，懂得它是一项综合性的系统工程，需要从多方面采取政策手段和技术措施。

第六节　绿色节能技术在建筑设计中的应用

一、当前节能建筑设计发展分析

节能建筑与传统的建筑相比，主要通过采用商品化的生产技术设计和建设过程，实现低碳式建筑过程，同时对于节能建筑而言，主要是突出强调了将本地的文化和原材料融入建筑设计中的节能减排的措施，所以对于低碳式建筑，建筑结构设计需要与当地自然、气候条件相结合，体现本地风格特色的建筑美学，此外节能建筑还需要适应四季之景，这是与传统的建筑存在的最大的区别，传统建筑与自然环境相冲突的方面过多，可谓是严重地破坏了大自然环境，而且传统建筑室内空气不流通，对于居民的身体健康是极为不利的，而在这一方面，节能建筑设计内部与外部是连通的，根据气候变化对室内环境进行自动的过渡调节，在建筑过程中，适当地调整成本，从这一方面便可以体现出节能建筑中在节能环保中最大的优势。

二、节能在建筑设计中应用的必要性

（一）国家经济发展的需要

国家经济的快速发展离不开能源的支持，可以说，能源是一个国家经济发展不可或缺的因素，这也就能理解为什么许多的战争都是为了获取石油、煤炭等能源。我国能源产值与国内生产总值的增长相比存在滞后性，这样的国情现实严重影响着经济的进一步发展。国民经济要想进一步发展，必须依赖于能源，但是当前能源的紧缺会导致我国经济发展受阻，因此，这就需要在建筑设计中进行节能的设计，降低对能源的消耗，避免高消耗的建筑大量建设，消耗大量能源，制约我国经济的健康、快速发展。

（二）环境保护的需要

建筑业中大量使用的水泥、钢筋等建筑材料，其生产过程除了消耗大量的能源，还会因为废气、废液、废渣的大量产生，给我国水能源、空气能源等带来污染，这些污染会给我国人民的健康带来巨大的危害。同时，后期建筑取暖也是消耗能源、污染环境的地方。随着环保意识不断深入人心，进行环境的保护成为当前人们关心的问题，所以，加强节能设计是当前环境保护的需要。

（三）我国可持续发展战略的需要

在我国，环境问题、能源问题成为当前热门的话题，因此，国家提出可持续发展战略，目的就是节约能源，促进能源的长效利用。在建筑设计中，建筑设计中节能设计工作的落实变得十分重要。现如今，可持续发展战略的实施是国家的头等大事，这就要求我们与建筑设计相结合，付诸行动，遏制建筑能源的严重浪费，做好建筑节能设计工作，把节能设计工作落到实处，这是国家可持续发展战略的需要。

三、建筑设计中的节能技术措施

规划设计是建设过程最上游的环节，建筑节能必须从规划设计阶段考虑其合理性。建筑的规划设计是建筑节能设计的重要内容之一。

（一）建筑通风的设计

建筑通风设计是从分析建筑所在地区的气候条件出发，将建筑设计与建筑微气候、建筑技术和能源的有效利用相结合的一种建筑设计方法。分析建筑的总平面布置，建筑平、立、剖面形式，太阳辐射，自然通风等对建筑能耗的影响，也就是说在冬季最大限度地利用日照，多获得热量，避开主导风向，减少建筑物外表面热损失；夏季和过渡季最大限度地减少得热并利用自然能来降温冷却，以达到节能的目的。

（二）保温隔热处理设计

在建筑物中，围护结构的节能占了整个建筑节能的 20% 以上，从中可以看出墙体对节能的重要性。绿色节能建筑保温隔热要求远超过一般建筑的要求，以北方地区薄抹灰外保温系统为例，保温层厚度增加，会带来粘贴的可靠性及耐久性及外饰面选择受限等问题；同时会占据较多的有效室内使用面积。因此，应优先选用高性能保温隔热材料，并在同类产品中选用质量和性能指标优秀的产品，降低保温隔热层厚度。对屋面保温隔热材料，除满足更高性能外，保温材料应具有较低的吸水率和吸湿率，应根据设计荷载选择满足抗压强度或压缩强度的保温材料。

在建筑节能设计时必须对围护结构热桥进行处理，热桥处理是实现建筑超低能耗目标的关键因素之一。热桥专项设计是指对围护结构中潜在的热桥构造进行加强保温隔热以降低热流通量的设计工作。热桥专项设计应遵循下列规则。一是避让规则：尽可能不破坏或穿透外围护结构；二是击穿规则：当管线需要穿过外围护结构时，应保证穿透处保温连续、密实无空洞；三是连接规则：在建筑部件连接处，保温层应连续无间隙；四是几何规则：避免几何结构的变化，减少散热面积。

（三）采用高效节能门窗

透光围护结构是建筑外围护结构的薄弱环节，其对建筑供暖、空调能耗的影响显著，必须对其热工性能进行限定。一般普通窗户（包括阳台门的透光部分）的保温隔热性能比外墙差很多，而且窗与墙连接的周边又是保温的薄弱环节，窗墙面积比越大，供暖和空调能耗也越大。因此，从降低建筑能耗的角度出发，必须限制窗墙面积比，窗墙面积比越大，对窗的热工性能要求越高。窗（包括阳台门的透光部分）对建筑能耗高低的影响主要有两个方面，一是窗的传热系数影响冬季供暖、夏季使用空调时的室内外温差传热；另外就是窗受太阳辐射影响而造成室内得热。冬季，通过窗户进入室内的太阳辐射有利于建筑节能，因此，减小窗的传热系数抑制温差传热是降低窗热损失的主要途径之一；而夏季，通过窗口进入室内的太阳辐射热成为空调降温的负荷，因此，减少进入室内的太阳辐射以及减小窗的温差传热都是降低空调能耗的途径。

现代建筑趋向于大面积玻璃采光，而普通住宅的玻璃窗采用普通玻璃，虽然成本低但保温效果差，不能阻挡阳光中的热能向室内传递，在冬季也无法阻挡室内热能外泄。如果选择高质量的节能门窗就能使室内温度相对稳定下来，可有效节省空调或取暖消耗的费用。

（四）遮阳设计措施

夏季过多的太阳得热会导致冷负荷上升，因此外窗应考虑采取遮阳措施。遮阳设计应根据房间的使用要求以及窗口朝向综合考虑。可采用可调或固定等遮阳措施，也可采用可调节太阳能得热系数（SHGC）的调光玻璃进行遮阳。可调节外遮阳表面吸收的太阳得热，不会像内遮阳或中置遮阳一样传入室内，并且可根据太阳高度角和室外天气情况调整遮阳角度。从遮阳性能来看，是最适合节能建筑的遮阳形式。

固定遮阳是将建筑的天然采光、遮阳与建筑融为一体的外遮阳系统。设计固定遮阳时应综合考虑建筑所处地理纬度、朝向，太阳高度角和太阳方向角及遮阳时间。水平固定外遮阳挑出长度应满足夏季太阳不直接照射到室内，且不影响冬季日照。在设置固定遮阳板时，可考虑同时利用遮阳板反射自然光到大进深的室内，改善室内采光效果。

除固定遮阳外，也可结合建筑立面设计，采用自然遮阳措施。非高层建筑宜结合景观设计，利用树木形成自然遮阳，降低夏季辐射热负荷。南向宜采用可调节外遮阳、可调节中置遮阳或水平固定外遮阳的方式。东向和西向宜采用可调节外遮阳设施，或采用垂直方向起降遮阳百叶，不宜设置水平遮阳板。设置中置遮阳时，应尽量增加遮阳百叶以及相关附件与外窗玻璃之间的距离。选用外遮阳系统时，宜根据房间的功能采用可调节光线或全部封闭的遮阳产品。公共建筑推荐采用可调节光线的遮阳产品，居住建筑宜采用卷闸窗、可调节百叶等遮阳产品。

（五）照明节能设计

提高产品的能源利用效率是电气和照明节能的基础手段，根据"促进能源资源节约利用"的要求，从降低建筑能耗的角度出发，要求建筑中使用的电力变压器、电动机、交流接触器和照明产品的能效水平要严守现有产品标准中规定的能效限定值（或能效等级3级）的数值要求。我们在规划设计时应尽量运用自然光，采用分区双联开关控制、自动亮光节约照明控制技术等。灯具的利用系数与房间的室形指数密切相关，不同室形指数的房间，满足照明功率密度（LPD）要求的难易度也不相同。在实践中发现，当各类房间或场所的面积很小，或灯具安装高度大，而导致利用系数过低时，LPD限值的要求确实不易达到。因此，当室形指数低于一定值时，应考虑根据其室形指数对LPD限值进行修正。

（六）暖通空调系统设计

暖通空调系统方面节能与能源利用是指从工程项目具体的需求出发结合建设地的能源条件，搭建适合的能源框架，在经济技术分析合理的前提下利用可再生能源、蓄能系统，选用高效的供暖空调设备，降低系统的运行能耗。暖通空调系统的用能应该从需求出发，用能环节包括能源系统、输配系统及末端设备三部分。能源形式的选择及合理配置关系到系统的安全、稳定性，输配系统设计是水力平衡的保障手段，末端设备是营造室内环境的最直接环节。三者协同作用、不可分割，共同构成暖通空调系统的能耗，其中能源系统和输配系统的能耗占较大比例，也具备更大的节能潜力。

（七）可再生能源建筑应用设计

合理利用可再生能源是建筑节能实现降低化石能源消耗量的目标的重要技术路径之一。可再生能源有多种类型，可再生能源建筑应用系统包括太阳能系统、地源热泵系统和空气源热泵系统。可再生能源建筑应用系统设计时，应根据当地资源与适用条件统筹规划。

可再生能源具体形式的选用，要充分依据当地资源条件和系统末端需求，进行适宜性分析，当技术可行性和经济合理性同时满足时方可采用。太阳能系统、地源热泵系统、空气源热泵系统的应用与项目所在地的资源条件密切相关，应根据资源禀赋、以可再生能源的高效利用为目标，选择经济适用的技术方式和系统形式；应对实施项目进行负荷分析、系统能效比较，明确其具有技术可行、经济合理的应用前景时，才能确保实现节能环保的运行效果。

（八）遮阳装置与太阳能设计

实践表明：南方建筑因为建筑遮阳能做到的节能率在15%左右，建筑外遮阳的降温效果要比内部遮阳效果好。在窗口上设计遮阳板或者垂直百叶以及活动遮阳窗扇，采用西向阳台安装活动百叶窗扇的方法，使室温降低2℃以上，这大大缩短了开空调的时间，从而节能。且随着科学技术的进步，会不断地降低成本。如OM太阳能住宅是典型的"低成本"与"高技术"相结合的产物，是有效利用太阳能的典范，其原理就是利用室外空气从屋面下的通气槽进入，最后被屋顶上的玻璃集热板加热，再上升到屋顶的最高处，经通气管和空气处理器转入地下室，设在基础上的厚水泥板用来储热，同时还可以把这些热空气用于家庭的热水供应。

（九）中央空调系统设计

节能高效是人们对户式中央空调的要求。老式空调需要开窗通风换气，势必造成污染和热损耗，更增加了用户制冷和供热的费用，但是，如果采用户式中央空调，就能使热交换率达到70%，从而大大减少了各方面的消耗。节能技术和材料的运用固然会增加一定的成本，每平方米会增加 50 ～ 70 元，但是，用为数不多的成本换取舒适的环境还是值得的。实际数据显示，在冬季室内温度为 20℃、夏季室内温度为 26℃的环境中，全年可节约空调电耗约为 50%。在提倡低碳节能的今天，节约用电有重大的现实意义。

现代社会提倡节能减排、低碳环保，所以，城市建筑不仅需要美观，更重要的是要求设计者以节能减排为标准来设计，只有这样才可让城市的住宅建设更环保，才能可持续发展。因此，我们必须重视建筑的隔音、保温、隔热等各种因素。只有在建筑上使用了节能设计和在施工中使用节能技术，才可以为我国节约大量的能源。绿色节能型的建筑也是未来我国的一个发展趋势。因此，设计时要更多考虑建筑的节能环节，只有做好了节能设计，才可以设计出符合国家标准和消费者满意的建筑，为我国的经济建设做出重大的贡献。

四、规划建筑设计中的节能设计

（一）设计之合理选址

城市及建筑群的规划设计与建筑节能关系密切。在建筑设计中，首先涉及的是建筑的选址。建筑的选址很重要，建筑的选址要进行科学的勘测，根据选址地的自然因素以及周边的环境进行综合考虑，最后择优确定。建筑设计中，设计者要想在设计中达到节能，就需要让建筑在整个使用周期内保持适宜的气候环境，这样才能避免气候环境导致大量能源的消耗。建筑的选址合理与否直接影响到是否为建筑节能打好基础，同时又要以不破坏生态环境为前提条件。例如在北方地区，严寒的冬季是取暖的高峰，而选择合适的地址，避免在风口处建设，就能保持较为适宜的生活环境，自然能在取暖期降低能源的消耗，达到节能的目的。

（二）设计之建筑规划和设计

在进行建筑规划和设计的时候，必须要遵循当地的历史文化、风俗习惯和城市总体规划，在此基础上进行节能设计。建筑整体规划中包含建筑物的布局、建筑物的整体形态、各部分的组合、风吹、日照以及风向等因素。在这些因素中日照和风向是针对冬季建筑物能否从自然环境中获取足够的日照并避开风向这些问题而考虑的，在夏季的考虑因素中，要考虑到风向是否使建筑物保持自然通风，在日照方面要防止阳光的辐射。这些规划和设计目的就是在满足人们居住要求的同时，尽可能利用自然环境，降低建筑在后期使用中的能源消耗，因此，节能的建筑规划和设计是必须的。

在建筑群规划时，考虑如何利用自然能源，冬季多获得热量和减少热损失，夏季少获得热量并加强通风。具体来说，要在冬季控制建筑遮挡以加强日照得热，并通过建筑群空间布局分析，营造适宜的风环境，降低冬季冷风渗透；夏季增强自然通风，通过景观设计，减少热岛效应，降低夏季新风负荷，提高空调设备效率。通常来说，建筑主朝向应为南北朝向，有利于冬季得热及夏季隔热，有利于自然通风。主入口避开冬季主导风向，可有效降低冷风对建筑的影响。

（三）选用性价比高的节能技术

虽然节能技术在建筑设计中发展了一段时间，而且有许多成功的技术可以应用在建筑设计上，但是一些节能技术成本较高，因此，需要在进行建筑设计的时候，选用性价比较高的节能技术。例如，可以广泛应用成熟的太阳能储热设备、太阳能发电设备，可以在窗户的设计中进行隔热膜的使用，可以使用保温性高的保温材料等，应用适应当地的社会经济发展情况的节能技术，达到节能效果。

面对正在遭受严重破坏的大自然，减少温室气体排放，节约能源，已经成为全球有识之士的共同选择。尤其是在建筑行业中，建筑能源消耗过大，导致自然环境遭到了严重的破坏，就当前我国的经济发展模式而言，如若再不加强对自然环境的保护，未来将会直接危害我们自身的生存环境。我国正处在城镇化快速发展时期，经济社会快速发展和人民生活水平不断提高，导致能源和环境矛盾日益突出，建筑能耗总量和能耗强度上行压力不断加大。实施能源生产和消费革命战略，推进城乡发展从粗放型向绿色低碳型转变，对实现新型城镇化、建设生态文明具有重要意义。随着国家对建筑节能领域越来越重视，建筑节能标准不断提升，引导新建建筑和既有建筑逐步提高节能减排性能，使其在规划设计阶段较原有水平大幅降低能源需求，再通过可再生能源满足剩余能源供给，最终使建筑达到零能耗和碳中和是建筑节能工作发展方向。

第五章　绿色建筑节能工程材料

第一节　绿色低碳建筑节能材料的发展

一、绿色低碳建筑节能材料的发展概述

　　绿色低碳是建筑材料行业实现碳达峰、碳中和战略目标的必由之路。建筑材料是国民经济重要的基础性材料。我国是全球最大的建筑材料生产和消费国。建筑材料生产消耗大量的资源、能源，同时产生大量的碳排放。根据中国建筑材料联合会公布的数据，以水泥、混凝土、墙体材料等为代表的我国建筑材料行业能源消费总量约占全国能源消费总量的7%，生产过程中的二氧化碳排放位居全国工业领域首位，是我国实现碳达峰、碳中和目标的重点行业。2021年1月16日中国建筑材料联合会率先向全行业提出倡议，建筑材料行业要在2025年前全面实现碳达峰，水泥等行业要在2023年前率先实现碳达峰。

　　针对上述建筑材料的节能和碳减排目标，急需创新绿色低碳技术，探索建筑材料的碳捕集与碳储存及利用等技术，研发水泥、混凝土及墙体材料的低碳技术及进行工艺优化。同时，发挥建筑材料在固体废弃物循环再生方面优势，加大工业副产品在建筑材料领域的循环利用率和高效再生，实现资源的替代和节约，降低温室气体排放。最终，借助绿色低碳技术积极推进建筑材料的碳达峰、碳中和。

二、绿色低碳建筑节能材料的发展方向

　　发展低碳胶凝材料是建筑材料的重要减排技术方向，但受制于原材料来源单一、价格高、性能不足、应用技术欠缺等问题，未来建筑材料应致力于从全生命周期核算碳足迹角度去考虑低碳技术途径，发展低碳排放、固碳的胶凝材料及其生产工艺，从提高基础理论、生产技术及应用水平等方面，全面实现胶凝材料的绿色低碳。

　　目前，我国基础设施仍处于建设高峰期，混凝土与水泥制品的绿色低碳关键在于提升长期服役性能，保障结构服役寿命，避免耐久性提前破坏导致基础设施修复与重建的大量建筑材料消耗。同时，在加强工业固体废弃物循环再生与利用，二氧化碳捕集、利用与封存技术探索时，既要注重废弃物利用水平与二氧化碳减排量的提升，也要关注该技术制备混凝土的长期耐久性，避免顾此失彼导致更大的碳排放。

　　绿色节能、安全环保、高性能和多功能化是墙体材料未来发展的方向。随着纳米和仿生等

先进材料科学技术的发展，兼具轻质、高强、吸声、保温、隔热、节能、环保等诸多优异性能成为未来墙体材料发展的方向。

三、建筑节能材料

建筑节能材料分为新型墙体材料、新型保温隔热材料、新型防水密封材料、节能玻璃、节能门窗等。

第二节　墙体节能材料

墙体材料是建筑围护结构的重要组成部分，是提高建筑质量和改善建筑功能的重要组成。墙体材料要实现节能低碳，既要降低生产能耗，又要提高产品节能保温性能，降低建筑物使用能耗。

一、外墙保温技术简介及节能材料的应用

（一）外保温技术应用意义

在建筑中，外围护结构的热损耗较大，外围护结构中墙体又占了很大份额。所以建筑墙体改革与墙体节能技术的发展是建筑节能技术的最重要的环节，发展外墙保温技术及节能材料则是建筑节能的主要实现方式。外墙内保温施工，是在外墙结构的内部加做保温层。内保温施工速度快，操作方便灵活，可以保证施工进度。但内保温会多占用使用面积，"热桥"问题不易解决，容易引起开裂，还会影响施工速度，影响居民的二次装修，且内墙悬挂和固定物件也容易破坏内保温结构。内保温在技术上的不合理性决定了其必然要被外保温替代。

（二）外保温技术及其特点

外保温是目前大力推广的一种建筑保温节能技术。外保温与内保温相比，技术合理，有其明显的优越性，使用同样规格、同样尺寸和性能的保温材料，外保温比内保温的效果好。外保温技术不仅适用于新建的结构工程，也适用于旧楼改造，适用范围广，技术含量高；外保温包在主体结构的外侧，能够保护主体结构，延长建筑物的寿命；有效减少了建筑结构的热桥，增加建筑的有效空间；消除了冷凝，提高了居住的舒适度。

（三）传统的外墙保温技术分类

1. 外挂式外保温。外挂的保温材料有岩（矿）棉、玻璃棉毡、聚苯乙烯泡沫板（简称聚苯板，EPS 板）、陶粒混凝土、复合聚苯仿石装饰保温板、钢丝网架夹芯墙板等。其中聚苯板因具有优良的物理性能和廉价的成本，已经在全世界范围内的外墙保温外挂技术中被广泛应用。该外挂技术是采用砂浆或者是专用的固定件将保温材料贴、挂在外墙上；然后抹抗裂砂浆，压入玻璃纤维网格布形成保护层；最后加做装饰面。还有一种做法是用专用的固定件将不易吸水的各

种保温板固定在外墙上，然后将铝板、天然石材、彩色玻璃等外挂在预先制作的龙骨上，直接形成装饰面。由贝聿铭先生设计的中国银行总行大厦的外保温就是采用的这种设计。这种外挂式的外保温安装费时，施工难度大，且施工占用主导工期，待主体验收完后才可以进行施工。在进行高层施工时，施工人员的安全不易得到保障。

2. 聚苯板与墙体一次浇注成型。该技术是在混凝土框架—剪力墙体系中将聚苯板内置于建筑模板内，在即将浇注的墙体外侧浇注混凝土，混凝土与聚苯板一次浇注成型为复合墙体。该技术解决了外挂式外保温的主要问题，其优势是很明显的。由于外墙主体与保温层一次成型，工效提高，工期大大缩短，且施工人员的安全性得到了保证。而且在冬季施工时聚苯板起保温的作用，可减少外围围护保温措施。在浇注混凝土时要注意均匀、连续浇注，否则混凝土侧压力的影响会造成聚苯板在拆模后出现变形和错茬，影响后序施工。其中内置的聚苯板可以是双面钢丝网的，也可以是单面钢丝网的。双面钢丝网聚苯板与混凝土的连接，主要是依靠内侧钢丝网架与墙体外侧配筋相绑扎及混凝土与聚苯板的黏结力，其结合性能良好，具有较高的安全度。单面钢丝网聚苯板与混凝土的连接，主要依靠混凝土与聚苯板的黏结力以及斜插钢筋、L型钢等与混凝土墙体的锚固力，结合性能也较好。与双钢丝网相比较，单面钢丝网技术因取消了内侧钢丝网和安装保温板前的板外侧抹灰，节省了工时和材料，其造价可降低10%左右。但此两种做法都采用了钢丝网架，造价较高，且钢材是热的良导体，直接传热，会降低墙体的保温效果。我们对于混凝土与无网架聚苯板一次成型复合墙体进行了试验研究。试验结果表明，在混凝土中水泥浆量合适的条件下，直接利用混凝土作为黏结剂来粘贴聚苯板是完全可能的。当我们对聚苯板的背面进行处理之后，其与混凝土的黏结力进一步提高（其平均黏结强度可以达到0.07Mpa，而且破坏均发生在聚苯板内）。此技术取消了钢丝网架，其保温性能提高，而且板的成本再次降低。在经过对其长期耐久性论证之后，工程中可以推广使用。

3. 聚苯颗粒保温料浆外墙保温。将废弃的聚苯乙烯塑料（简称为EPS）加工破碎成为0.5～4mm的颗粒，作为轻集料来配制保温砂浆。该技术包含保温层、抗裂防护层和抗渗保护面层（或是面层防渗抗裂二合一砂浆层）。其中ZL胶粉聚苯颗粒保温材料及技术在1998年就被列为国家级工法。这种工法是目前被广泛认可的外墙保温技术。该施工技术简便，可以减少劳动强度，提高工作效率；不受结构质量差异的影响，对有缺陷的墙体施工时墙面不需修补找平，直接用保温砂浆找补即可，避免了别的保温施工技术因找平抹灰过厚而脱落的现象。同时该技术解决了外墙保温工程中因使用条件恶劣造成界面层易脱空鼓、面层易开裂等问题，从而实现外墙外保温技术的重要突破。与别的外保温相比较，在达到同样保温效果的情况下，其成本较低，可降低房屋建筑造价，例如与聚苯板外保温相比较，每平方米可降低25元左右。此外，节能保温墙体技术中还有将墙体做成夹层，把珍珠岩、木屑、岩棉、玻璃棉、聚苯乙烯泡沫塑料、聚氨酯泡沫塑料（也可以现场发泡）等填入夹层中，形成保温层。

二、建筑节能墙体材料的分类

建筑节能，就是以节约建筑能耗为核心，对建筑物围护结构和采暖系统进行控制。对于我国采暖地区，是在当地通用建筑设计标准的基础上，对建筑物围护结构和采暖系统进行革新，改善我国居民的居住环境条件，使之满足节约能源的需要。自20世纪80年代中期以来，墙体保温施工技术在我国建筑上的运用越来越广泛，其工艺水平也得到长足的进步，与此同时，该施工做法所具备的优势和社会效益被越来越多的人们了解。

建筑保温节能墙体材料按品种分，主要包括砖、块、板等。其中砖、块类材料由原来的实心砖块材料转化为现在的保温节能空心材料。例如：空心黏土砖、普通混凝土小型空心砌块、混凝土多孔砖、混凝土空心砖、轻集料混凝土小型空心砌块、煤矸石烧结空心砖、粉煤灰多孔砖等。板材主要包括轻质内墙隔条板和复合板材。其中轻质内墙隔条板包括：石膏条板、轻质混凝土条板、植物纤维条板、硅镁加气混凝土隔墙板；复合墙板主要包括：聚苯乙烯夹芯复合板、聚氨酯夹芯复合板、混凝土岩棉复合外墙板。

按材质，节能墙体材料可分为无机保温材料、有机保温材料两大类。无机绝热保温材料又包括泡沫混凝土、加气混凝土、岩棉纤维、硅藻土、膨胀蛭石、膨胀珍珠岩及其制品等。有机保温绝热材料包括：泡沫塑料、植物纤维类绝热板等。

目前，节能墙体材料多种多样。从内墙的砖体砌块，到外墙的保温层、装饰层，都存在各种保温材料，但由于在材料使用过程中，受到成本、强度、耐蚀性、耐久性的影响，在建筑的保温材料选择的过程中需要合理搭配各类型节能墙体材料，做到既能达到所需保温效果，又可以减少施工步骤节约成本，满足建筑本身强度、耐久性的考验。

三、新型绿色低碳建筑墙体节能材料

在国家系列产业政策的推动下，墙体材料发展方向在于绿色化、高性能化和多元化。

（一）发泡混凝土保温砌块

发泡混凝土又名泡沫混凝土，是将化学发泡剂或物理发泡剂发泡后加入到胶凝材料、掺合料、改性剂等制成的料浆中，经混合搅拌、浇注成型、养护所形成的一种含有大量封闭气孔的轻质保温材料。发泡混凝土的历史可以追溯到 20 世纪 20 年代早期的蒸压加气混凝土的生产。在 20 世纪 70 年代末和 80 年代初，发泡混凝土在建筑工程中逐渐实现了广泛的商业化应用。发泡混凝土保温砌块是一种典型的水泥基多孔材料，其表现出了良好的保温隔热、阻燃防火、吸能缓冲的特性。通常发泡混凝土的密度为 120~1200kg/m³，其密度仅相当于普通混凝土的 1/20~1/2。发泡混凝土保温砌块的使用可降低建筑的自重，减少水泥用量，具有明显的经济效益。同时，其内部充满大量封闭、均匀、细小的圆形孔隙，因此具有良好的保温隔热性能。通常密度在 120~1200kg/m³ 的发泡混凝土保温砌块，其导热系数在 0.05~0.3W/(m·K) 之间，采用其作为墙体具有良好的节能效果。泡沫的稳定性差一直是制约发泡混凝土性能的重要因素，近年来随着新型起泡剂的发展、发泡工艺和设备的改进，生产发泡混凝土用的泡沫的稳定性获得极大提升，发泡混凝土密度甚至可低至 75kg/m³，有望取代传统的有机类墙体保温材料。

（二）保温砌筑砂浆

保温砌筑砂浆是一种既能满足砌体砌筑砂浆强度等级的要求，又有保温功能的预拌干粉砂浆。该砂浆主要成分包括保温骨料、胶凝材料和外加剂三种。其中骨料主要起到支撑与保温隔热作用，多选用一些自身导热系数较低的轻骨料，如浮石、粉煤灰陶粒、膨胀珍珠岩、页岩陶粒等。胶凝材料可分为无机胶凝材料和有机胶凝材料。无机胶凝材料主要为水泥，同时可采用硅灰、矿渣等掺合料取代部分水泥来提高保温砌筑砂浆的力学性能。有机胶凝材料主要为聚合物乳液，用来提高保温砌筑砂浆性能。保温砂浆材料蓄热性能远大于有机保温材料，可用于南方的夏季隔热。在足够厚度的施工情况下其导热系数可以达到 0.07W/(m·K) 以下，可使建筑节能率达到 65%，同时可实现建筑保温层与建筑主体同寿命。

（三）气凝胶

气凝胶通常是指以纳米级颗粒相互聚集形成纳米多孔结构，并在纳米孔洞中充满气态分散介质的三维多孔轻质固体材料。气凝胶的制备主要包括前驱体合成和干燥两个阶段，其中干燥是制备中最为关键的一个阶段，当前，气凝胶材料的干燥手段主要包括超临界干燥、冷冻干燥和常压干燥三种方式。气凝胶密度极低，是世界上最轻的固体。目前，气凝胶密度仅为空气密度的 1/10，导热系数低至 0.02 W/(m·K)。气凝胶材料热导率低，透光性好，可加工性能强，是一种新型的高性能节能建筑保温材料。目前气凝胶材料在建筑领域的应用方式有气凝胶玻璃、气凝胶一体板和气凝胶砂浆混凝土等。研究表明，按水泥质量的 2% 添加气凝胶粉体时，砂浆导热系数降低幅度高达 75%。基于仿生理念设计气凝胶也成为当前国内外研究的热点，用于设计仿生木材定向孔结构的水泥基气凝胶材料导热系数可达 0.02W/(m·K)，低于空气的导热系数，密度小于 50kg/m³。由于气凝胶具有防火、防水、轻质、吸声、隔热等一系列优异的性能，其有望成为适用于建筑材料绿色低碳化的核心技术之一。

（四）真空绝热板

真空绝热板是由内部的填充芯材与外部的真空保护表层复合而成的新型保温隔热材料。板材内部抽成真空，可以有效地降低空气对流引发的热传递，进而大幅度降低板材的导热系数，其导热系数仅为传统保温材料导热系数的 1/5~1/10。20 世纪 50 年代，真空绝热板的原型出现在国外市场，即真空粉末绝热材料。经过此后数十年的发展，目前真空绝热板的生产和应用已经比较成熟。

同其他材料相比，真空绝热板具有极低的导热系数，在满足相同保温技术要求时，具有保温层厚度薄、体积小、质量轻的优点，适用于绿色低碳建筑，有较大的技术经济和节能环保意义。目前，真空绝热板的使用寿命测试大多是在实验室进行，在建筑上应用时的寿命尚未得到验证，真空度的保持能力存在技术挑战，并且存在造价偏高的问题。

（五）相变储能复合材料

相变储能复合材料是指能够从环境中吸收热量或将热量释放到环境中改变物理状态并保持恒定的温度，从而实现储存能量和释放能量的功能材料，具有生产设备简单、体积小、相变温度灵活等优点。相变即物质从一种状态转变到另一种状态的过程。根据相变材料在相变过程中的形态差异，可以分为固液相变材料、固气相变材料、固固相变材料。当前国内研究较多的是固固相变材料和固液相变材料。具体选择的材料也被分为三类：有机类相变材料、无机类相变材料和复合相变材料。

目前，相变储能材料在建筑材料方面的研究与应用主要是将相变材料引入混凝土、石膏板、砂浆等传统建筑材料。与普通混凝土相比，使用相变材料的混凝土能够明显地改善建筑物的蓄热能力，通过控制建筑物的供暖实现节能。

第三节　建筑节能玻璃

随着经济的发展，人民生活水平的提高，人们对建筑的要求不仅是结实耐用，还要美观、舒适，玻璃就越来越多地应用于建筑的各个领域。而问题也随之而来，保温性能差、隔热性能差，直接导致建筑的后期维护费用直线上升，而且严重影响建筑的使用功能。玻璃朝节能方向发展已经是刻不容缓。只有提高玻璃保温、隔热性能才能让玻璃在建筑领域有更广泛的应用。

一、节能玻璃的定义

什么是节能玻璃？所谓节能玻璃就是在玻璃上贴膜或做中空处理，从而有效提高玻璃的保温、隔热性能的玻璃种类。目前这种节能玻璃正在广泛地应用在建筑的各个领域。节能玻璃要具备两个节能特性：保温性和隔热性。玻璃的保温性（K 值）要达到与当地墙体相匹配的水平。对于我国大部分地区，按现行规定，建筑物墙体的 K 值应小于 1，因此，玻璃窗的 K 值也要小于 1 才能"堵住"建筑物"开口部"的能耗漏洞。在窗户的节能上，玻璃的 K 值起主要作用，而玻璃的隔热性要与建筑物所在地阳光辐射特点相适应。不同地方和不同用途的建筑物对玻璃隔热的要求是不同的。对于人们居住和工作的住宅及公共建筑物，理想的玻璃应该是在夏季能把对太阳热量的遮蔽性能提高，在冬天又可以把热量保存起来，从而达到节能的目的。

二、节能玻璃的分类

节能玻璃主要分为三个种类：镀膜玻璃、中空玻璃、镀膜玻璃与中空玻璃的复合体。镀膜玻璃是在玻璃表面镀上一层或多层金属、合金或金属化合物，用以改变玻璃的性能。按特性不同又可分为热反射玻璃和低辐射玻璃。热反射玻璃，一般是在玻璃表面镀上一层或多层如铬、钛或不锈钢等金属或其化合物制成的薄膜，使产品呈现丰富颜色，对可见光有适当的透射率，对近红外线有较高的反射率，对紫外线有很低的透过率，也称为阳光控制玻璃。与普通玻璃相比较，降低了遮阳系数，即提高了遮阳性能，但对传热系数改变不大。低辐射（Low-E）玻璃是在玻璃表面镀上多层银、铜或锡等金属或其他化合物组成的薄膜，产品对可见光有较高的透射率，对红外线有很高的反射率，具有良好的隔热性能。由于膜层强度较差，一般都制成中空玻璃使用而不单独使用。中空玻璃一般是用铝制空心边框把两片或两片以上的玻璃框住，用胶结或焊接密封，中间形成自由空间，并充以干燥的空气或惰性气体。其传热系数比单层玻璃小且保温性能好，但其遮阳系数降低很少，对太阳辐射的热反射性改善不大。镀膜玻璃与中空玻璃的复合体包括热反射镀膜中空玻璃和低辐射镀膜中空玻璃，前者可同时降低传热系数和遮阳系数，后者透光率较好。节能玻璃可以反射阳光中 50% 以上的红外线。根据相关专业人士的测算，采用这种节能玻璃做窗玻璃，室内温度要比采用普通玻璃低 1~2℃，能有效地减少夏季空调的耗电量，且这种节能玻璃不会影响居室采光，非常实用。所以，节能玻璃具有普通玻璃无法比拟的优越性能，随着人们对它认识的不断深入会迅速走进千家万户，从而带动节能玻璃行业的发展。

三、节能玻璃产生的原因

玻璃作为透明材料被广泛应用于建筑、交通运输、船舶、航空、制冷等行业。它不仅是良好的透明材料也是一种良好的热导性材料。不管玻璃被应用于哪个领域，透过玻璃热传导都会发生，而透过玻璃的热传导大部分是能量损失。在建筑上使用的普通平板玻璃所发生的能量损失所占的比例很大，据资料介绍普通玻璃应用于建筑上，有1/3能量是通过玻璃的传导而损失的。目前在世界性能源紧张的今天节能已成为一种趋势，减少透过玻璃的能量损失越来越被建筑师和建筑使用者重视，几乎所有的建筑师都希望能通过某种途径尽量减少建筑上的损失，以使建筑物的能耗尽量少。减少透过玻璃的能量损失已被提到议事日程。其实节能玻璃在最近几年已获得了长足的发展，只是人们对玻璃的认识还不全面，因此掌握玻璃的节能特性对正确选用玻璃品种至关重要。

产业革命带来了生产力发展与经济的繁荣。人们对建筑的美观性、舒适性的要求越来越高，人们对阳光的渴望也越来越强烈。玻璃被大量运用在建筑领域，为了解决玻璃本身保温、隔热性能差的特点，节能玻璃的产生就显得尤为重要。

四、节能玻璃的种类

（一）吸热玻璃

1. 吸热玻璃的性能

吸热玻璃是一种能透过可见光，吸收热辐射，阻止一定量热辐射透过的玻璃。通过向玻璃中加入某些元素的氧化物、控制熔炼条件，可制得呈蓝灰或茶色等不同色调的玻璃。这类玻璃除具有吸热功能外，还有改善采光色调、节约能源和装饰的效果。生产吸热玻璃的方法有两种：一种是在普通钠钙硅酸盐玻璃的原料中加入一定量的有吸热性能的着色剂；另一种是在平板玻璃表面喷镀一层或多层金属或金属氧化物薄膜。

2. 吸热玻璃的特点

（1）吸收太阳热辐射，如6mm厚的透明浮法玻璃，在太阳光照下总透过热量为84%，而同样条件下吸热玻璃的总透过热量为60%。吸热玻璃的颜色和厚度不同，对太阳热辐射的吸收程度也不同。

（2）吸收太阳可见光，减弱太阳光的强度，起到反眩作用。

（3）具有一定的透明度，能吸收一定的紫外线。

由于上述特点，吸热玻璃已广泛应用于建筑物的门窗、外墙以及用作车、船风挡玻璃等，起到隔热、防眩、采光及装饰等作用。

（二）中空玻璃

中空玻璃是将两片或多片玻璃以有效支撑均匀隔开并周边黏结密封，使玻璃层间形成有干燥气体空间的玻璃制品。

1.中空玻璃的特点

（1）虽然中空玻璃的种类较多，用途也不同，主要材料也不尽相同，主要有玻璃、铝隔条、丁基橡胶、聚硫胶、干燥剂等，但基本组成是相同的，即玻璃、密封剂、干燥剂、隔条。

（2）中空玻璃的独特结构可使室外噪声明显降低。

（3）由于采用钢化或夹胶玻璃结构，所以具有抗风力及外击力的性能，高层建筑、沿海建筑以及火车窗户应用广泛。

（4）中空玻璃的湿气渗透率很低，冬季可以避免窗户结露，提供一个舒适的室内环境。

2.中空玻璃的分类

（1）按密封方式分

分为单道式密封和双道式密封，主要是针对槽铝式中空玻璃而言。

①双道式密封

第一道密封是将密封胶涂在铝隔条与玻璃相接触的两个表面，使铝隔条和玻璃片形成黏结。当前用于第一道密封的密封胶主要为聚丁烯和丁基橡胶。此类胶黏结强度较低，但水汽透过率极低。主要用于保证中空玻璃的密封性，此类胶价格昂贵。

第二道密封是将密封胶涂在铝隔条外侧和两片玻璃之间。普遍用于第二道密封的胶有聚硫胶、聚氨酯或硅酮胶。此类胶的水汽透过率较高，静置固化时间很长，一般为24小时。但黏结强度很高，主要用于保证中空玻璃的结构强度。

这是一种传统的中空玻璃制作工艺，这种制作方法程序多、工艺复杂、设备投资大、生产效率低。

②单道式密封

为了克服双道密封工艺复杂、生产效率低、投资大、生产成本高的缺点。美国的一家公司研制出了一种既有很低水汽透过率，又具有很高的黏结强度的复合型胶，而且此种胶的静置固化时间只需三分钟。这使采用单道密封生产合格中空玻璃真正变为可能。

（2）按结构分

槽铝式和胶条式中空玻璃：

①所谓槽铝式中空玻璃是指两片或两片以上的玻璃之间用一定尺寸的内装干燥剂的铝隔条隔开，周边用密封胶按一定工艺黏结起来的一种中空玻璃。槽铝式中空玻璃制作工艺复杂，设备投资大、生产成本相对偏高。槽铝式中空玻璃是中国20世纪90年代各类建筑物上主要采用的产品。

②胶条式中空玻璃是指两片玻璃之间用一种密封胶条通过热压黏结起来的中空玻璃品种。胶条式中空玻璃生产工艺简单、设备投资小、生产成本低，而且容易加工成中空；但胶条式中空玻璃的致命缺点是结构差，寿命短，质量不稳定，胶条首、末结合处很难很好地密封，很容易出现质量问题。

（3）按玻璃原材料品种分

①白玻中空玻璃；

②镀膜中空玻璃；

③钢化中空玻璃。

随着玻璃技术的不断发展，建筑玻璃不仅仅能够满足采光要求，还具有调节光线、隔热保温、艺术装饰、安全措施等特性。随着玻璃需求的不断增长及玻璃的加工工艺新的突破，如今已研发出了夹层、钢化、离子交换等新节能技术玻璃，使建筑玻璃的应用范围越来越广，用量迅速增加，成为仅次于水泥、钢材的第三大建筑材料。受国家建筑节能政策的影响，作为建筑节能的重要载体，节能建筑玻璃也因此受益。未来随着国家相关节能环保政策的颁布和有关节能标准的落实，会更加刺激节能玻璃需求量的增长。节能建筑玻璃市场潜力巨大，发展前景大好。

五、我国建筑节能玻璃的发展动力

（一）国家的大力支持促进节能玻璃的发展

随着国家对建筑节能的重视，《国务院关于加强节能工作的决定》《节能中长期专项规划》《民用建筑节能管理规定》等政策与相关法律法规的相继出台，推动了建筑节能方案的实施，这都将极大地促进建筑节能玻璃的使用。节能的目的是减少能源的无效损失。建筑节能的关键环节之一是采光窗节能，其约占整个建筑节能的50%以上，而采光窗节能主要取决于其所安装的玻璃。要达到国家现有的建筑节能标准，建筑物的采光窗必须应用中空玻璃、Low-E玻璃等节能玻璃。有数据显示，玻璃门窗造成的能耗占建筑总能耗的40%，所以建筑门窗材料的选用对建筑能耗的节约很重要，且节能效果明显。以北京地区南向玻璃为例，与普通玻璃相比透明中空玻璃的节能效果很好，全年能耗比下降到40.35%，冬季Low-E中空玻璃节能效果最好，全年能耗比只有6.86%，达到最低能耗甚至接近零能耗的水平。另外，民用建筑和商业建筑的热损失是造成CO_2污染环境的最主要原因之一。据国外研究所测算，若所有建筑物上都采用低辐射玻璃，仅此一项，英国每年将节约能源费8000万英镑，同时还将减少CO_2的排放量高达1000万t。低辐射节能玻璃不仅具有高效隔热、节能的功能，而且越来越显示出其节能与环保同时奏效的优越性，特别是在降低CO_2和SO_2排放上尤为显著。据统计，目前中国每年新增房屋面积20亿m^2，其中超过80%的房屋都是高能耗建筑，而在中国当前400亿m^2房屋面积当中，95%以上属于高能耗的建筑，使用的是非节能玻璃。相关部门已经对新建房屋加快推行建筑节能标准，实行有利于建筑节能的措施，作为当前及未来房地产建筑的重中之重，今后的公共住宅和民用住宅都将严格遵照《绿色建筑评价标准》，大量使用节能型建筑材料，其中包括中空玻璃及Low-E玻璃等节能玻璃。这一举措将会极大降低中国的建筑能耗，减少CO_2的排放量。国家建筑节能政策的实施，为我国节能玻璃提供了巨大的发展空间。随着国家关于玻璃建筑项目政策力度的加大，节能玻璃必将在未来的建筑中走俏，将在建筑节能领域赢得一席之地。

（二）玻璃产业升级的契机

国家发展改革委办公厅发布了《国家发展改革委办公厅关于开展平板玻璃建设项目专项清理的通知》（发改办产业[2011]2375号）（下称《通知》），要求坚决抑制平板玻璃等行业产能过剩和重复建设，并将其作为结构调整的重点工作抓紧抓好，有力地促进产业健康发展。《通知》要求对国发[2009]38号文出台以后审批建设和拟建平板玻璃生产线项目进行全面清理。业内专家认为，发改委对玻璃项目的清理政策，将有力控制中国玻璃行业产能继续增长，长远来看，该政策将助推玻璃行业整合加快进行。据中国建筑玻璃与工业玻璃协会秘书长周志武介绍，浙江玻璃股份有限公司、沙河玻璃集团有限公司、河北迎新玻璃集团有限公司等第一批 15 家玻璃生产企业的 22 条浮法玻璃生产线已率先响应国家对平板玻璃市场调控政策的号召，主动将建好或冷修好的生产线推迟点火，提前对部分生产线进行冷修。这 22 条浮法玻璃生产线产量约占浮法玻璃总产能的 12%。由于持续的清理政策引导平板玻璃生产企业提升工艺，对于高端玻璃制造以及节能玻璃生产企业来说是一个机遇。目前，中国已经成为世界上生产规模最大的平板玻璃生产国，但实际产量低于有效产能，低附加值的平板玻璃产能过剩压力仍然存在。中低档玻璃产能严重供过于求，而技术含量高的玻璃产品则相对短缺，难以满足国内加工玻璃市场的需求，有较大数量的产品需要从国外进口，产业整合升级亟待加强。玻璃产业的升级发展无疑会推动节能玻璃的发展，产品更新换代是产业升级的必由之路。节能玻璃企业需要抓住这个契机，扩大国内节能玻璃的市场。

（三）国际市场和标准的推动

节能玻璃正在助推美国的玻璃产业复兴。随着绿色建筑的兴起，新兴节能"动力玻璃"窗的制造商已经开始在美国建立工厂。美国 75% 的住宅和三分之一的公共建筑采用 Low-E 镀膜玻璃。欧美发达国家 Low-E 镀膜玻璃的生产能力占世界总量的 90%。此外，与国外相比，我国的建筑设计标准在一些关键技术指标方面，与国外存在差距。就门窗的性能而言，我国的《严寒和寒冷地区居住建筑节能设计标准》规定外窗传热系数限值为 2.8~1.8W/（m²·K），而伦敦为 2.0W/（m²·K），柏林为 1.5W/（m²·K），提高中国新建住宅节能指标重点措施之一就是要采用高性能节能门窗，提高住宅围护结构传热系数。门窗选用建筑节能玻璃在建筑节能方面起着很重要的作用。中国未来也将投资发展节能玻璃。据住建部针对国内节能市场所做的预算，未来 10 年内，国家用于节能补贴和常规消耗及购买节能产品的支出高达 5 万亿元人民币，即使其中 5% 用于购买节能玻璃和门窗，资金投入也达到 2500 亿元人民币。因此，以 Low-E、中空玻璃为代表的节能玻璃将成为未来市场中的最"耀眼"亮点。国内外大型玻璃企业都将眼光瞄准了中国的节能玻璃市场。Low-E 等高档节能玻璃目前主要由信义、耀皮、南玻、格兰特等沿海大型玻璃生产企业生产，但沿海产品内移的趋势日渐明显，高档节能玻璃市场全国化和全面化已初见端倪。针对中国节能玻璃行业日益扩大的市场，国际厂商也纷纷入驻中国，投资建立了离线镀膜玻璃、低辐射镀膜玻璃等生产线。节能玻璃的市场竞争将日趋激烈。

六、发展建筑节能玻璃对策及建议

目前国内节能玻璃在建筑中的使用率低，中空玻璃、Low-E 中空玻璃等节能玻璃在建筑中的使用率不足 10%，一般仅限于公共建筑。在欧美基本普及中空玻璃，Low-E 中空玻璃占全部中空玻璃的比例超 50%；而在中国，节能玻璃的使用量有待扩大，市场占有率有待推广。

（一）完善建筑节能法规体系

完善《节约能源法》《可再生能源法》《民用建筑节能条例》等法律法规的配套措施；建立起规划设计阶段的建筑节能专项审查制度、竣工验收阶段的建筑节能专项验收制度等；建立符合建筑节能标准要求的产品材料及设备的市场准入制度，促进建设行业绿色转型；指导各地建立健全的建筑节能地方性法规，建立符合地方特点的建筑节能法规体系。国内建筑节能法律法规的健全和完善有利于扩大对节能玻璃市场的需求。

（二）构建节能标准体系

修订《绿色建筑评价标准》《绿色建筑技术导则》等标准规范，建立健全既有建筑的节能玻璃评价标准体系；修订《夏热冬暖地区居住建筑节能设计标准》，提出建筑节能玻璃技术要求，率先在夏热冬暖地区推广使用建筑节能玻璃。通过建筑节能标准的制定来提升建筑节能玻璃产品的质量水平，有利于促进建筑节能玻璃市场的产品升级和发展。

（三）完善建筑节能玻璃产品技术支持体系

建立健全建筑节能玻璃新技术的科技成果推广应用机制，加快成果转化，支撑建筑节能玻璃发展。组织相关科研力量加大在建筑节能玻璃新技术上的研究，争取在建筑节能玻璃关键技术、技术集成创新等领域取得突破。引导和发展适合我国国情且具有自主知识产权的建筑节能玻璃的新技术、新体系。加强国际合作，积极引进、消化、吸收国际先进理念和技术，增强建筑节能玻璃新技术方面的自主创新能力。加速跟建筑节能玻璃有关的新技术成果转化和应用，提升建筑节能玻璃的附加值，有利于增大建筑节能玻璃的利润空间。

（四）强制推广建筑节能政策

许多欧美国家在推行建筑节能前，都出台了硬性的法规以及奖励制度。以建筑能耗最高的美国为例，除了很多强制性的政策以外，还推出了很多奖励性政策。如，使用地热采暖、太阳能热水和采暖系统可减免税收；新建节能住宅建筑可获税收减免等，既规范了企业的行为又培养了民众的节能意识。政府可以先以投资的建筑为突破口，包括保障性住房、廉租房、公益性学校、医院、博物馆等建筑，规定必须达到建筑节能标准要求，起到引领示范作用；在部分有积极性、有工作基础的地方试点，强制推广建筑节能标准，要求新开发的城市新区新建建筑必须全部满足建筑节能技术标准要求，将发展建筑节能纳入各级政府节能减排考核体系。研究出台建筑节能产品的财税激励政策，各省市根据当地的实际情况，分别制定了地方节能产品税收减免政策。研究鼓励发展建筑节能产品的税收优惠政策。以鼓励政策来激励建筑节能玻璃的发展和建筑节能玻璃新技术的推广。总之，节能减排对社会可持续发展起着举足轻重的作用，也是当今世界各国所共同面临的任务和挑战。随着城市化率的不断提高、经济的快速发展、人们收入和生活水平的不断改善和提高，能耗总量也将持续增长。因此，降低建筑能耗是节能工作最重要的任务之一。我们应抓住这一历史性机遇，大力发展建筑节能玻璃，为促进我国建筑节能减排和建筑居住环境的不断改善做出更多的努力。

第四节　建筑保温隔热节能材料

建筑保温隔热历年来都是工程关注重点。它围合着我们的居住空间，涉及建筑防火、节能等各方性能，同时关系到人民生命财产安全及使用舒适性。

现如今外墙外保温系统的推广应用正蓬勃发展，在国家政策的推动下，相关标准、规范及工法等逐渐得到完善。

一、政策背景

（一）重大火灾事故致防火政策不断变化

多起重大建筑外墙保温火灾事故的发生使相应的防火政策不断发生变化：

2009年9月，公安部、住建部联合发布《民用建筑外保温系统及外墙装饰防火暂行规定》，民用建筑外保温材料的燃烧性能宜为A级，且不应低于B2级。

2011年3月，公安部发布《关于进一步明确民用建筑外保温材料消防监督管理有关要求的通知》，从严执行《民用建筑外保温系统及外墙装饰防火暂行规定》，民用建筑外保温材料采用燃烧性能为A级的材料。

2012年1月，公安部发布关于认真贯彻落实《国务院关于加强和改进消防工作的意见》的通知：外保温材料一律不得使用易燃材料，严格限制使用可燃材料。

2012年2月，住建部发布《关于贯彻落实国务院关于加强和改进消防工作的意见的通知》，严格执行《民用建筑外保温系统及外墙装饰防火暂行规定》，使用B1级和B2级保温材料时，应按照规定设置防火隔离带。

2012年12月，公安部发布《关于民用建筑外保温材料消防监督管理有关事项的通知》，不再执行《关于进一步明确民用建筑外保温材料消防监督管理有关要求的通知》；至此不再强制要求民用建筑外保温材料采用燃烧性能为A级的材料，只要不低于B2级即可。

政策不断变化的原因，除了受火灾安全事件影响外，还受到节能效果、工艺要求及材料创新影响。根据《建筑材料及制品燃烧性能分级》将建筑材料的燃烧性能分为以下四个等级：

A级	不燃建筑材料
B1级	难燃建筑材料
B2级	可燃建筑材料
B3级	易燃建筑材料

与材料燃烧性能等级有关联的另一个关键指标为氧指数OI，指在规定条件下，材料在氧氮混合气流中进行有焰燃烧所需的最低氧浓度，以氧所占的体积百分数的数值来表示，如下表：

B1级	$OI \geqslant 30\%$
B2级	$OI \geqslant 26\%$

（二）建筑热工设计分区及其需求差异

根据《民用建筑热工设计规范》，我国建筑热工设计分区分为严寒地区、寒冷地区、夏热冬冷地区、夏热冬暖地区、温和地区五类。每个地区对节能保温要求及规定不一样，因此各建筑选材也有区别。

严寒地区和寒冷地区的主要需求是保温；夏热冬冷地区的主要需求是保温隔热，对两种功能均有要求；而夏热冬暖地区和温和地区主要需求是隔热。既然每个地区对保温隔热的需求不同，那么建筑围护结构的保温隔热选材也有所区别。

二、保温材料的选取及优劣势

保温材料主要分为有机材料与无机材料两大类，随着技术创新，出现有机与无机材料的复合材料，两者优势互补。

保温隔热材料以材料性能划分，主要分为以下几类：

（一）保温隔热无机材料

保温隔热市场上无机材料主要以岩棉板和无机保温砂浆为主。

1. 岩棉板

岩棉极的优点是燃烧性能等级高（A级）且导热系数相对较低。岩棉是现有A级材料中应用最广的建筑保温隔热材料，其主要缺陷为抗压强度较低、憎水率低、易开裂、施工难度较大，且对人体有害。

2. 无机保温砂浆

此类材料不燃烧、强度高、和易性好、耐候性佳，可杜绝热冷桥节点，但导热系数较大，主要用于夏热冬冷地区和夏热冬暖地区。夏热冬冷地区是我国一个过渡区域，其外墙保温要求较寒冷地区要低一些，一般情况下，无机保温砂浆的保温隔热功能能够满足这个区域建筑节能的要求，再加上无机保温砂浆施工便利、价格低廉，深受市场欢迎，因此其运用较广。

夏热冬暖地区属于南方区域，因为气温较高，不宜选用线性膨胀系数较大的材料，在此区域运用无机保温砂浆利用其隔热作用。但是无机保温砂浆致命缺陷为材料与普通砂浆类似、辨别度不高、易偷工减料，导致后期建筑达不到节能要求。其间由于恶性竞争的存在，市场对无机保温砂浆一直存疑，市场信心不高，投资方运用情况相对较低。

3. 发泡陶瓷板

发泡陶瓷板属于防火等级及装配式要求下的产物，属不燃材质，装配化程度较高，施工速度较差，一般用于非承重的外墙或隔墙。但其导热系数≤0.1W/（m·K），相比其他保温隔热材料较高，作为单一保温隔热材料性价比不高。

4. 气凝胶真空绝热板

气凝胶真空绝热板属新型A级保温隔热材料，主要由气凝胶气相二氧化硅组成，导热系数只有0.006W/（m·K），保温隔热效果佳，可降低保温隔热墙体厚度，但是该材料强度较低，需复合其他面层材料使用。

（二）有机材料保温隔热

有机材料保温隔热市场主要以EPS板和XPS板为主，冷库项目或少数项目会用到聚氨酯板。

1. EPS板

普通EPS板燃烧性能等级只能做到B2级，导热系数≤0.041W/（m·K），但经过石墨烯、水泥等无机材质复合改性之后可以做到B1级以上。

2. XPS板

XPS板为市场常用材料，其燃烧性能等级不低于B1级，导热系数≤0.030W/（m·K）。

3. 聚氨酯板

聚氨酯板阻燃性好，属难燃的离火自熄材料，且表面会形成碳化层起到阻燃作用；材料闭孔率高，保温隔热效果好，导热系数低 ≤ 0.024W/（m·K），其具有优异的抗腐蚀性和防水效果，整板密度较高且稳定性强，适应基层变形能力较强；但抗压强度相比无机材料及 XPS 板较低，且不宜外露，原材料成本价格较高，除此之外，板材上的聚氨酯粉末对人体皮肤有刺激作用。

上述板材类保温隔热材料在实际运用中有多种构造形式，不同的构造形式其施工工艺系统也不一样。

三、不同施工工艺系统的实际运用

（一）薄抹灰系统

保温隔热板材单独用在建筑外墙，大多采用的是薄抹灰系统，该系统内、外保温均适用。

保温隔热板通过黏结剂黏结在墙体找平层上，XPS 板材基层还需涂刷专用界面剂，增强与基面的黏结强度，同时采用塑料膨胀栓固定后再采用抗裂砂浆，内嵌耐碱玻纤网格布，最后做耐水腻子及饰面层。

薄抹灰系统构造层次繁多、施工复杂、交叉作业面多、质量难以把控；受到温度应力变化影响，面层易出现开裂现象，一旦开裂就容易吸水和渗水，雨水通过裂缝进入到黏结层，黏结强度逐渐降低直至失效，出现外墙保温隔热层脱落情况；更有甚者，因为使用了耐碱玻纤网格布，牵一发而动全身，导致外墙保温隔热层整体垮塌的情况出现。

（二）外墙装饰保温一体化及现浇一体化系统

为了规避薄抹灰系统的脱落风险，行业出现外墙装饰保温一体化系统以及现浇一体化系统，外墙装饰保温一体化系统是采用各种复合工艺（物理黏结与化学黏结）把装饰层与保温隔热层合在一个构造板材上，采用粘锚结合的工艺上墙，与外墙有效黏结面积不小于40%，并采用小龙骨或卡托固定，减少外墙构造层数，简化现场施工工艺，缩短工期的同时，降低工艺风险。

一种工艺两种功能，性价比较高，且外饰面采用工业化生产，材料耐久性及稳定性优异。与传统的幕墙干挂系统相比，其成本优势更大，且不会出现干挂幕墙系统的热桥现象。此系统运用的好坏取决于材料复合工艺，若保温隔热层与装饰面层复合工艺采用普通的胶粘工艺，后期上墙之后会起鼓变形，饰面效果较差。

为了加强保温隔热层与主体结构的黏结强度，让保温隔热层与现浇的钢筋混凝土形成一体化，出现了保温结构一体化系统，保温隔热材料与硅酸钙板等光面板材复合成强度较高的特殊模板，作为外墙主体结构现浇使用，后期此模板无需拆除，后期饰面层直接在硅酸钙板等面层板材上做即可，属于免拆模与保温复合体系。

除此之外，把保温层置于结构墙体中间，形成夹芯层现浇构造体系，保温层两侧都有钢筋网，内侧为墙体主体受力部位，钢筋为主体钢筋设计要求；而外侧相当于抹灰层，为钢筋网片，两部分钢筋网为断桥连接结构，外侧与保温层间距较小，不影响混凝土浇筑质量即可。

实施该类建造技术可大大提高建筑节能保温系统的使用寿命，改变传统后施工保温系统的工期长、易脱落等缺点，保温结构一体化技术保温模板与混凝土黏结面积可达到100%，而传统保温黏结面积一般不到 50%，因此保温结构一体化技术使保温更加安全可靠，实现保温与建筑同寿命的目标，远远超过传统保温设计的使用周期，环保节能。

该类建造技术自身也有缺陷：免拆模与保温复合体系对外固定及支撑体系要求较高，否则外墙饰面层的基层不平整，需要再次对基层进行找平，有违该系统的初衷；夹芯层现浇构造体系混凝土浇筑时要求较高，避免造成保温隔热板破损。

建筑外墙保温隔热做法，除了要符合我国强制防火条文和节能要求之外，还要考虑其耐久性及安全性，避免因设计、成本及工艺等因素而导致后期维保成本增加，或出现安全性事故。建筑外墙保温隔热质量关乎外墙饰面层感观效果及业主居住使用体验感，对于提高建筑质量及舒适性而言，不可或缺。

四、建筑节能保温材料

建筑节能，在发达国家被普遍称为"提高建筑中的能源利用率"，起初是为减少建筑中能量的散失，在保证提高建筑舒适性的条件下，合理使用能源，不断提高能源利用效率。房屋住宅是人们的硬性需求，是生活、生产和工作中的必需品，也是能源消耗量比较大的一项工程。为了降低能源消耗，在每项建筑设计中都会伴有相应的建筑节能设计。

（一）节约能源是经济发展永恒的主题

我国需要资源，尤其是能源。预计到 2050 年我国的能源需求量将是现在的 3 倍左右。自 2005 年以来，国家在能源方面的投入超过其他行业，10 年间，投入约 4000 亿美元用于保障 14 亿人的能源供应。开源是一方面，还必须节流。建筑能耗占社会总能耗的 23%。今后，我国农村集中居住、撤并村庄力度加大，夏热冬冷地区开始发展集中供热，大型公建占公建比例越来越大。这些新趋势将对建筑能耗产生显著影响，必须进一步节约能源。

（二）当前市场空间

1. 我国房地产业仍存在发展空间

从宏观讲，我国与发达国家相比，经济尚处于发展阶段，增长潜力巨大。国务院发布的《国家新型城镇化规划（2014—2020 年）》表明我国工业化、城镇化正处于快速发展时期，"三个 1 亿人"（促进约 1 亿农业转移人口落户城镇，改造约 1 亿人居住的城镇棚户区和城中村，引导约 1 亿人在中西部地区就近城镇化）将产生较大的住房需求。初次住房和改善性住房需求依旧旺盛，居民改善家庭居住环境的愿望仍然比较强烈。

从房地产行业来看，政府出台多项政策，推动住房消费。房地产行业发展趋稳，国家需要维持房地产业相对平稳的运行状况，也仍然需要建设符合节能标准的建筑，这也要使用保温材料。

2. 新建建筑节能设计标准提高

人民对生活质量要求不断提高，对建筑服务品质提出更高要求。当前建筑节能强制性标准水平低。为了加快节能减排的步伐，必须尽快全面推行新的节能设计标准。北京、天津已出台了居住建筑节能率 75%、公共建筑节能率 65% 的节能设计标准。以天津市居住建筑节能设计标准为例简单估算，9 层以上的住宅外墙传热系数限值从 $0.70W/(m^2 \cdot K)$ 降为 $0.45W/(m^2 \cdot K)$，降幅 36%，如采用模塑聚苯板做保温层则其厚度从 70mm 增加到 100mm，建筑保温材料的市场需求迅速扩大。

3. 既有建筑节能改造任务繁重

目前，我国既有建筑面积约 460 亿平方米，其中北方城镇既有建筑面积约 80 亿平方米，有大量的既有建筑需要进行节能改造。《既有居住建筑节能改造技术规程》（JGJ/T 129—2012）已于 2013 年 3 月实施，要求严寒和寒冷地区围护结构传热系数应符合现行行业标准《严寒和寒冷地区居住建筑节能设计标准》（JGJ 26—2018）的有关规定。

此外，20 世纪 90 年代以来建设的节能住宅已使用多年，相当一批住宅将进入维修期。预计对外墙外保温质量及耐久性的大检查将会进行。届时新一轮的既有建筑节能改造仍需大量的保温材料。

（三）绿色建筑和绿色建材发展迅速

2013 年，国务院办公厅以国办发 [2013]1 号文件转发了国家发改委和住建部制定的《绿色建筑行动方案》，要求"全面推动绿色建筑的发展"。其中第七条就是要大力发展绿色建材，要研究建立绿色建材认证制度，编制绿色建材产品目录，引导规范市场消费，还提出了推动建筑工业化、推动建筑废弃物资源化利用的要求。2014 年 5 月，住建部与工信部联合发布《绿色建材评价标识管理办法》。

2014 年底，我国修编并颁布了《绿色建筑评价标准》。北京、天津也出台了地方标准。同时，北京、天津、上海拟要求所有民用建筑设计全部达到绿色建筑一星级标准。《绿色建材评价技术导则（试行）》对保温材料的绿色化提出了更高的要求，其主要性能如燃烧性能、尺寸稳定性、导热系数等按其优劣规定了得分的多少。2015 年 8 月，工信部、住建部联合发布《促进绿色建材生产和应用行动方案》，提出绿色建材在行业主营业务收入中占比提高到 20%；新建建筑中绿色建材应用比例达到 30%；绿色建筑应用比例达到 50%；试点示范工程应用比例达到 70%；既有建筑改造应用比例提高到 80%。保温材料的发展不能脱离绿色，只有顺势而为，才有希望。综上所述，建筑保温材料的发展前景依然看好。

第五节　绿色建筑防水材料

防水材料是建筑材料中的一大类别，绿色防水材料应该是：合理利用资源，少用不可再生资源，提倡使用废物和再生资源；节约能源，少用煤、石油和天然气等有限能源；保护环境，减少有害气体的排放，少用或不用对环境和人体健康有害的材料，禁用有毒材料；产品性能好，耐久、长寿命，可减少更换次数；可回收使用，从而减轻制造和废料处理可能对环境产生的影响。在绿色防水材料的研发、设计、生产和施工中，应多方面考虑，如尽可能水性化、高固化、粉状化和生态化；原料尽可能不用或少用沥青、有机溶剂、重金属和有毒助剂；生产和施工场地尽可能做到无废水、废气、废渣、废物；产品应无毒、无害、无味、无污染，并尽可能兼有防水、保温、隔热、反射热等多种功能；施工要简便安全、工期短。

近些年，在生态文明理念的指引下中国做出了一系列新的重大环保决策部署，进一步加速了污染治理进程。在全面推进大气、水和土壤污染治理方面，实施了《大气污染防治行动计划》，采取调整产业和能源结构、推进重点行业综合整治、加强区域联防联控等措施应对大气污染。目前新的《环境保护法》也已经实施，国家将加大力度形成完善的环境法治体系；完善环境保护标准体系，实施环境治理重大工程，大力发展环保事业。

《环境保护法》规定，"对已经造成的环境污染和其他公害，必须作出规划，有计划、有步骤地加以解决，已建成的要限期治理、调整或搬迁。"所谓限期治理，就是各级政府为了保护和改善环境，对所辖区内已经对环境造成了污染损害的企事业单位发布命令，采取强制措施限定其在某个时期内，把污染问题解决到规定程度。显然，采取这种强制措施将重污染防水材料企业推到了风口浪尖。

高速发展的中国建筑行业，也引来了不少非议，如：建筑垃圾、建筑污染等，摒弃传统污染严重的建筑建材及防水材料也是必然现象，继部分省市限制使用 SBS 以来，环保问题引起了防水企业的重视，新型环保防水材料逐渐赢得了市场的青睐，而绿色防水材料也势必会成为未来防水材料的中坚力量。

如今市场上的防水材料种类繁多，用途、性能和质量各异。传统的防水材料主要以石油、沥青的衍生物为主要原料，这类材料气味浓、毒性大，在施工后仍有很强烈的气味，即使贴上瓷砖也掩盖不了。因此对家居环境和人体健康都有极大的影响，尤其是抵抗力弱的老人、小孩和孕妇，生活在这样的环境里，大大增加了患病的风险。因此无毒、无味的绿色防水材料在工程中的应用显得尤为重要。

目前我国绿色建筑防水材料正朝着利于节能、无毒环保、利废的方向发展。随着国家对节能减排和环保政策措施的大力推动，消费者对生态环境保护意识的逐步提高，对绿色建筑和绿色建材的认知度也越来越高，节能、环保、性能优良的绿色建筑防水材料的应用范围也必将越来越广，推广和应用绿色建筑材料已是必然趋势。构建节约型社会，发展绿色建材、建设节能建筑，将是全社会的共同目标。

第六节　再生骨料混凝土材料

一、再生骨料混凝土力学概述

伴随经济快速发展，城市面貌发生了翻天覆地的变化。由于城市不断地扩建大量旧建筑被拆毁，大量的建筑垃圾被迅速排出。城市空间不断扩展的同时，建筑垃圾所带来的烦恼也不断增加，以宁夏地区为例，建筑垃圾约占城市固体垃圾总量的 30%~40%，根据现有统计资料显示，在建筑施工过程中，仅建筑垃圾就会产生 500~600t/ 万 m²，而拆除旧建筑将产生 7000~12000t/万 m² 建筑垃圾。以我国现有的建筑 400 亿 m² 来计算，年均建筑拆除 4 亿 m² 左右，年均产生建筑垃圾 4 亿 ~5 亿 t,加上建筑施工、建筑装修过程产生的建筑垃圾合计每年 5 亿 ~6 亿 t 左右。

一般建筑物在设计阶段考虑使用周期 100 年来计算，但实际上由于城市扩建、建筑物性能改变、建筑本身所属变更等各种原因，建筑往往达不到使用周期 100 年即被拆除。另外，目前我国基本建设速度不断加快，建筑面积不断扩大，今后我国建筑垃圾产生量年均将突破 6 亿 t。因此，如何有效处理建筑垃圾、如何有效利用建筑垃圾及建筑垃圾资源化就成了各级建设主管部门的重要议题，同时各高校、各科研单位也将研究课题集中于此。

对于再生骨料混凝土力学性能来说，影响因素有很多。原材料的性能特征、水灰比、骨料性能、砂率、强度等级、养护条件和龄期等均会影响再生骨料混凝土的力学性能。大量研究结果表明，由于再生骨料不同于天然骨料，在普通混凝土中掺入再生骨料混凝土会对其物理力学性能产生不利影响，其损伤过程也有别于天然骨料，辅助性胶凝材料的适当加入会对再生骨料混凝土内部结构、损伤机理产生良性影响，如粉煤灰单掺、粉煤灰与矿渣双掺等。但目前总体对建筑垃圾的研究处在初步阶段，对再生骨料混凝土物理力学性能影响规律的研究文献还较少。大量研究期望通过辅助性材料对再生骨料混凝土进行改性，改善其界面过渡区性能，提高其力学性能及耐久性，以满足其工艺、环境要求并降低成本造价，使之向高强高性能化方向发展。同时，在人类跨入 21 世纪以后，人口膨胀、自然资源短缺、环境恶化等问题接踵而至。混凝土作为土木工程建设最重要和用量最广泛的材料，而且在混凝土的原材料中骨料用量占总量的3/4 左右，这就使我们不得不想到能否以其他资源来代替部分骨料。随着基本建设速度的不断加快，混凝土用量则不断增加，天然砂、石、骨料等资源消耗也越来越大，原生混凝土对自然资源的占用及对环境造成的负面影响已经是非常严重的。全世界每年大量解体、拆除旧的建筑物和道路翻新改造产生的废弃混凝土以及在新建过程中产生的建筑垃圾数量巨大，但这些垃圾从组成成分上看完全具备被利用、被资源化条件。混凝土材料用量巨大，造成资源和能源的大量消耗，同时还会造成环境污染，还直接影响着人类的可持续发展，因此，再生骨料混凝土的研究开发不仅可以从源头解决废弃混凝土的处理问题，同时还节约了天然骨料资源，大量缓解了供需矛盾，并且具有显著的社会效益、经济效益和环保效益，这极大满足了社会可持续发展要求。同时还节省了大量废弃混凝土的清运费用和处理费用，并能综合利用粉煤灰、矿渣等工业废渣，保护了耕地，保护了人类的生存环境；减少了混凝土制造过程中对天然砂石料的开采，保护了生态环境，保证了人类社会的可持续发展；具有良好的环保效益和社会效益。再生骨料混凝土除了具有很好的环保效益外，它还具有很好的经济价值；目前我国对再生骨料混凝土的研究尚处于起步阶段，相关研究甚少。建筑垃圾绿色化、可持续化，再生资源有效利用将成为未来的主要发展趋势，如何改善再生骨料混凝土性能也已成为学术界当前研究的热点；研究将辅助性胶凝材料应用于再生骨料混凝土中，通过改性，改善其界面过渡区性能，提高其力学性能及耐久性，以满足其工艺、环境要求并降低成本造价，使之向高强高性能化方向发展。分析表明：利用废弃混凝土做再生骨料生产再生混凝土时，可达到有效节省石灰石资源 61%，同时可减少 15%~20% 的 CO_2 排放量。

二、国内研究现状

我国对再生混凝土的研究目前尚处于初始阶段，废弃混凝土的回收利用、资源化还未被人们足够重视，但一些关注这一领域的科研机构已经开始了研究，并对再生骨料混凝土的物理化学性质和实际应用做了初步理论研究。重点研究内容集中在再生骨料混凝土的强度大小、和易性好坏、表观密度大小、弹性模量大小、极限拉伸以及高强高性能化等方面。孙跃东、肖建庄等研究集中在再生骨料混凝土的定义、分类、加工方法、筛分工艺、来源及再生骨料混凝土的性能，经过研究得出再生骨料混凝土属于有发展潜力的材料，经过合理适宜的加工处理完全能够得到符合规范要求的再生骨料以用来配制混凝土。清华大学的冯乃谦、邢锋等在总结日本再生骨料研究成果的基础上，提出了用30%以下再生骨料等量取代普通混凝土骨料时，再生混凝土的性能与普通混凝土基本相同的观点。华中科技大学杜婷从改善再生骨料表面孔隙多、吸水率大角度出发，提出通过高活性超细矿物掺合料的浆液进行骨料表面强化试验，通过表面裹含高效抗渗防水剂的Kim粉改善了再生骨料混凝土的孔隙多、吸水率大等问题。华中科技大学吴贤国则从经济角度对再生骨料混凝土的可行性进行了经济分析，并在此基础上进一步提出建筑废料的组成及对废弃混凝土综合回收利用的途径，同时还对再生骨料的破碎、分离生产工艺流程提出了建设性意见。瞿尔仁等的研究是通过研究废弃混凝土性质和来源，提出掺入适当外加剂来改善其耐久性及其他力学性能，以解决再生骨料混凝土用水量较大、干缩率较高问题，使其达到一般结构使用要求。柯国军等人把公路路面维修所得废弃混凝土作为再生骨料来源，对再生骨料和再生混凝土的基本性能进行了基础研究。屈志中通过研究提出利用浓度较小的盐酸来改善再生混凝土性能，效果明显，通过添加膨胀剂可配制达到C50的补偿收缩再生混凝土。以建筑废渣作为再生骨料，研究再生骨料混凝土的基本性能，张晏清在这一研究中提出原材料的强度越高，再生骨料的强度越高，所制备的再生骨料混凝土强度就越高；如使用的建筑废渣为砖块时，还需考虑吸水率问题；通过添加磨细矿渣来节约水泥用量并增加再生骨料混凝土强度。在同配合比下再生骨料混凝土流动性、保水性、黏聚性比较研究由王健等做出，他们研究了再生骨料混凝土的施工性能和力学性能，得出在相同配合比下，再生骨料混凝土流动性略为降低，保水性、黏聚性较好，立方体抗压强度略高于同配合比天然骨料混凝土，这一研究结果也验证了用废弃混凝土做骨料代替粗骨料配制再生混凝土是可行的结论。戈雪良的研究是利用普通高强混凝土的生产工艺结合当地原材料研制高强再生骨料混凝土，研制结果是配制成功了强度达60MPa的再生骨料混凝土，这一研究为再生骨料混凝土的实际应用打下了基础。选取水胶比、砂率、硅灰及减水剂掺量四个因素，师金锋等人通过正交试验研究了这四个因素对再生骨料的影响，通过人工破碎工艺，配制出了强度50MPa的再生骨料混凝土。粗骨料强度及水灰比是否能影响混凝土强度，再生骨料影响是否更大？这一研究由孔德玉提出，研究结果提出：水灰比、粗骨料压碎指标在一般情况下与混凝土强度紧密相关，并提出了鲍罗米公式，这一公式指出了天然粗骨料混凝土、再生粗骨料混凝土28d抗压强度与水灰比、粗骨料压碎指标之间的关系，试验验证出实测值与计算值相差不大，这说明当水泥和用水量条件不变时，鲍罗米公式可用来估计不同粗骨料混凝土的28d抗压强度。从以上研究成果可得出再生骨料混凝土的物化性能会随着再生骨料物化性能改变而改变，而再生骨料的性能又会随不同地域、不同生产条件、不同自然气候条件、不同来源等因素的影响而有所不同，这增加了研究和实际应用难度。

三、国外研究现状

关于废弃混凝土的合理有效利用，其他国家研究远早于我国，二战之后苏联、德国、法国、意大利、美国、澳大利亚、日本都陆续开展了相关研究，废弃混凝土资源化成为各个国家重要课题之一，并在研究基础上不同程度投入实践应用。对再生骨料混凝土的研究主要是对再生混凝土骨料的研究。到目前为止，国际材料与结构研究实验联合会（RILEM）已在不同国家多次召开过关于废弃混凝土再利用的国际专题会议，会议主旨为"混凝土必须绿色化"。1976年 RILEM 设立了"混凝土的拆除与再利用技术委员会"，着手研究废弃混凝土的合理处理与再生利用技术。1988 年 11 月召开了"混凝土的拆除与再利用第二届 RILEM 国际会议"，会上发表混凝土再生利用论文 29 篇。1998 年在英国召开"可持续建筑——再生混凝土集料的应用"。2004 年在西班牙召开"再生集料在建筑和结构中的应用"会议。

苏联学者早在 1946 年就开始研究将废弃混凝土制作集料的可能性。在 20 世纪 70 年代末已经利用废弃混凝土 4000 万 t。美国每年根据再生骨料规范将 1 亿 t 混凝土废弃物加工成骨料投入工程建设，并通过这种使用途径实现了建筑垃圾再利用。据悉，再生骨料占美国建筑骨料使用总量的 5%。在美国，68% 的再生骨料被用于道路基础建设，美国现在已有超过 20 个州在公路建设中采用再生骨料混凝土。

许多发达国家很早开始对再生骨料、再生混凝土进行研究，他们把城市建筑垃圾资源化利用作为环境保护和社会发展的重要目标。第二次世界大战后，德国面临大规模建设，这对原材料需求量很大；同时，很多建筑垃圾要从被战争摧毁的城市中运走。一边急需原材料，一边是大量建筑垃圾需清理，建筑垃圾资源化被提上议程。1955 年至今，德国的建筑垃圾再生工厂仅柏林就有 20 多个，已加工了约 1150 万 m³ 再生骨料，这些再生骨料被用来建造了约 17.5 万套住房。与此同时，德国通过征收建筑垃圾处理费来减少建筑垃圾产生，对未处理的建筑废弃物按 500 欧元 /t 的标准征收处理费。目前，世界上生产规模最大的建筑垃圾处理厂就在德国，每小时可生产 1200 t 建筑垃圾再生材料。德国约有 200 家建筑垃圾消纳企业，年营业额达 20 亿欧元。奥地利最大的特点是对建筑垃圾收取高额的处理费，提高资源消耗成本；另外，要求所有生成建筑垃圾的企业购置建筑垃圾移动处理设备。法国则通过分离建筑固体废弃物中的碎混凝土和碎砖石块生产符合标准的砖石混凝土砌块。比利时和荷兰利用建筑垃圾中废弃的混凝土做骨料原材料来生产再生混凝土，同时对再生骨料混凝土抗压抗拉强度、吸水率、收缩耐久性等指标进行了系统研究。丹麦、芬兰、冰岛、挪威、瑞典等国家则通过统一的北欧环境标准来控制建筑垃圾产生量。荷兰的代尔夫特理工大学在无结合料基层中掺入再生骨料混凝土来观测其物化性能、颗粒级配、混合料组成几个因素间关系。意大利的两位学者则研究再生混凝土与钢筋间的黏结，以及利用再生混凝土做结构的梁柱节点如何在反复荷载作用下进行抗震试验，同时将再生混凝土与天然骨料混凝土进行分析比较。澳大利亚的格里菲斯大学的研究结果则表明，只要生产出的再生骨料性能上完全满足使用质量标准，则作为一种基层或底基层材料再生骨料完全有可能取代原有天然骨料，从这一点来说再生骨料在性能上完全可以取代天然骨料。

四、再生骨料混凝土未来发展趋势

再生骨料混凝土与天然骨料混凝土在物化性能上相比，再生骨料混凝土孔隙率高，吸水性比普通混凝土略有增强，再生骨料强度略低，而且由于再生骨料混凝土各组分间界面复杂，部分利用再生骨料代替天然骨料所做的再生骨料混凝土的工作性能、破坏形态都与天然骨料混凝土有着很大区别，这必然导致再生骨料混凝土与天然骨料混凝土的物理化学特性相差较大，也因此导致再生骨料混凝土的实际应用过程中存在了一些问题。到目前为止，关于再生骨料混凝土的研究主要集中在材料的物化性能上。如果想有效利用这部分可利用资源，还需进一步深入系统研究，这也是再生混凝土未来发展趋势。

（一）进一步完善再生骨料混凝土配合比设计方法

需通过大量试验研究来确定与再生骨料相适宜的配合比，通过借鉴普通混凝土配合比研究步骤，进一步研究再生骨料混凝土配合比，完善再生骨料混凝土系统的基础理论研究，同时需考虑解决再生骨料混凝土强度低、收缩量大、实际施工性能差等问题，以及如何提高再生骨料耐久性和破坏损伤机理等问题。大量基础问题研究不够系统就会导致应用的技术规程无法进行，使研究内容无法应用于实践，这极大地阻碍再生骨料混凝土的实际应用。

（二）如何促进再生骨料混凝土向高性能化发展

国外发达国家对废混凝土的处理与再生循环利用研究较早，目前利用率可达90%以上，而我国不到5%，且随着高强和高性能再生骨料混凝土技术的发展，各项性能不断完善，C40~C60均已试配成功，未来将废弃混凝土大量应用于商品混凝土，使再生骨料混凝土具有实际应用价值且具备环保、绿色、可持续、高性能化发展前景。

（三）如何提高再生骨料混凝土组合结构的发展研究

再生与普通混凝土相比，在物理、力学性能、强度、耐久性等方面均有不同程度降低，这必然导致再生骨料混凝土组合结构性能差，如何将再生骨料混凝土应用于组合结构来扬长避短对再生骨料混凝土未来发展尤为重要。到目前为止，对于再生骨料混凝土组合结构的研究基本上都只局限于室内分析和试验阶段，未能结合生产形成整套分离、破碎、生产工艺流程及再生骨料混凝土组合结构的实际开发应用的整套技术。这些技术的不成熟也在不同程度上阻碍了再生骨料混凝土组合结构在土木结构工程领域的开发应用。

再生骨料混凝土从长远发展角度来看是有效解决城市固体废弃物之一——建筑垃圾的有效途径，也是绿色建筑、环境保护、可持续化发展的必然要求，同时带来巨大的社会、环境、经济效益，未来具有良好的发展前景。

第七节　建筑节能门窗材料

在建筑围护结构四大围护部件中，门窗的绝热性能最差，是影响室内热环境质量和建筑节能的主要因素之一。就我国目前的围护部件而言，门窗的能耗约为墙体的 4 倍、屋面的 5 倍、地面的 20 多倍，占建筑围护部件总能耗的 40%~50%。

建筑门窗一般由门窗框材料、镶嵌材料和密封材料构成。门窗材料的选择对建筑节能的影响很大。

一、门窗框材料

目前，我国常用的门窗框材料有木材、钢材、铝合金、塑料和复合材料等。

可以看出，木材、塑料的保温隔热性优于钢材、铝合金，但钢材、铝合金经隔热处理后，如进行喷塑处理、与 PVC 塑料或木材复合，则可显著减低其热导率。这些新型的复合材料也是目前使用的品种。

门窗框可用不同材料制作，其所占门窗洞的面积比例为 15%~30%。由于框材料型材不同，门窗的隔热性能特点有相当大的差别。

长期以来，世界各国普遍适用木窗。木材强度高，保温隔热性能优良，容易形成复杂断面，但耐燃和耐潮湿能力很差。由于木材资源的短缺和对木材资源的保护，加上对新材料的研发不断取得进展，世界上木窗采用的比例已大幅度降低。

钢窗强度高、防火能力强、抗风压、防盗能力好，但热工性能很差，保温隔热不良，不易形成复杂断面。

1980 年以后，塑料窗迅速发展，保温性能突出，节能效果好，容易挤塑形成复杂断面，耐潮湿能力极佳，耐化学腐蚀性能优越，装饰性、气密性都可以做得很好；但强度、刚度、耐冲击力、抗风压能力较差，断面较粗大，对光线遮挡较多，不耐燃烧，存在光热老化问题，防火、防盗难以满足要求。

铝合金窗强度、刚度高，抗风压能力极佳，耐久性和耐腐蚀性较好，色彩丰富，容易形成复杂断面，耐燃烧、耐潮湿性能好，但耐化学腐蚀性能不如塑料窗，保温隔热性能差。

还有一些玻璃钢窗以及一些复合材料窗，如铝塑复合、木塑复合等。不同材料的复合，有助于取长补短，提高门框的综合性能。例如，铝合金与高性能工程塑料复合的铝合金型材，经粉末喷涂、氟碳喷涂等表面处理，可制成高档门窗产品。

二、节能门窗

节能门窗是为了增大采光通风面积或表现现代建筑特征的门窗。节能门窗会提高材料的光学性能、热工性能和密封性，改善门窗的构造来达到预计效果。

节能门窗应该从以下几个方面进行考量：门窗材质；玻璃；门窗节能是整体的节能。总而言之，门窗的节能不仅取决于材质，还取决于玻璃，更取决于门窗的工艺。

（一）发展方向

为了增大采光通风面积或表现现代建筑特征，建筑物的门窗面积越来越大，更有全玻璃的幕墙建筑，以至门窗的热损失占建筑的总热损失的 40% 以上，门窗节能是建筑节能的关键，门窗既是能源得失的敏感部位，又关系到采光、通风、隔声、立面造型。这就对门窗的节能提出了更高的要求，其节能处理主要是改善材料的保温隔热性能和提高门窗的密闭性能。

在窗的发展上，阳台窗向落地推拉式发展，开发新型中悬和上悬式窗；卫生间主要发展通气窗，具有防视线和通风两种功能；厨房窗向长条窗发展，设在厨房吊柜和操作台之间；门窗遮阳技术则适合在夏热冬暖地区广泛推广。

（二）材料种类

从门窗材料来看，有铝合金断热型材、铝木复合型材、钢塑整体挤出型材以及 UPVC 塑料型材等一些技术含量较高的节能产品，其中使用较广的是 UPVC 塑料型材，它所使用的原料是高分子材料——硬聚氯乙烯。

为了解决大面积玻璃造成能量损失过大的问题，将普通玻璃加工成中空玻璃、镀膜玻璃、高强度 LOW-E 防火玻璃、采用磁控真空溅射法镀制含金属层的玻璃以及最特别的智能玻璃。

（三）节能措施

1. 提高材料（玻璃、窗框材料）的光学性能、热工性能和密封性。
2. 改善门窗的构造（双层、多层玻璃，内外遮阳系统，控制各朝向的窗墙比，加保温窗帘）。

（四）采用技术

1. 建筑门窗和建筑幕墙全周边高性能密封技术。降低空气渗透热损失，提高气密、水密、隔声、保温、隔热等主要物理性能。

2. 高性能中空玻璃和经济型双玻系列产品工艺技术和产品性能上要有较大突破。重点解决热反射和低辐射中空玻璃、高性能安全中空玻璃以及经济型双玻的结露温度及耐冲击性能和安装技术，实现隔热与有效利用太阳能的科学结合。

3. 铝合金专用型材及镀锌彩板专用异型材断热技术。重点解决断热材料国产化和耐火、防有害窒息气体安全问题，降低材料成本，扩大推广面。

4. 复合型门窗专用材料开发和推广应用技术。重点开发铝塑、钢塑、木塑复合型门窗专用材料和复合型配套附件及密封材料。

5. 门窗窗型及幕墙保温隔热技术。要以建筑节能技术为动力，对我国住宅窗型结构、开启形式和窗体构造进行技术改造和创新。改变单一的推拉窗型，发展平开，特别是复合内开窗及多功能窗。改善高密封窗的换气功能和安全性能，发展断热高效节能豪华型铝合金窗和豪华型多功能门类产品。

6. 门窗和幕墙成套技术。开发多功能系列化，各具地域特色的成套产品；要在提高配套附件质量、品种、性能上有较大突破；要树立名牌产品、精品市场优势；发展多元化、多层次节能产品产业化生产体系。

7. 太阳能开发及利用技术。建筑门窗和建筑幕墙要改变消极的保温隔热单一节能的技术观念，要把节能和合理利用太阳能、地下热（水）能、风能结合起来，开发节能和用能（利用太阳能、冷能、风能、地热能）相结合的门窗及幕墙产品。

8. 改进门窗及幕墙安装技术。提高门窗及幕墙结构与围护结构的一体化节能技术水平，改善墙体总体节能效果。重点解决门窗、幕墙锚固及填充技术和利用太阳能、空气动力节能技术。

（五）检验标准

1. 看制作质量。门窗装饰表面不应有明显的损伤，指门窗表面的保护膜不应有擦伤、划伤的痕迹。门窗上相邻构件着色表面不应有明显的色差。门窗表面不应有铝屑、毛刺、油斑或其他污迹，装配连接处不应有外溢的胶黏剂。

2. 看材质。是否是断桥隔热铝型材，主型材壁厚要大于 1.4mm；同一根铝合金型材色泽应一致，如色差明显，即不宜选购；检查铝合金型材表面，应无凹陷或鼓出；铝合金门窗避免选购表面有开口气泡（白点）和灰渣（黑点），以及裂纹、毛刺、起皮等明显缺陷的型材；氧化膜厚度应达到 10 微米，选购时可在型材表面轻划一下，看其表面的氧化膜是否可以划掉。

3. 看装配质量。反复开关多次，查看开关是否过重；密封条是否牢固；五金件装配是否齐全；窗扇窗框搭接量是否符合要求（标准要求平开窗不小于 6mm，推拉窗不于 8mm）。

4. 看玻璃。是否是中空玻璃，有没有镀膜。

（六）配件选用

1. 五金配件性能

五金配件在系统化节能门窗设计中占有非常重要的位置。五金配件质量的好坏直接影响门窗的各项性能指标。门窗的反复开启性就是由五金配件来实现的，因此选择质量上乘的五金配件是关键，五金配件的质量直接关系到门窗的加工质量。

某门窗企业负责人表示："我们在设计系统化节能门窗时完全采用欧洲标准槽口，与专用五金件接合，连接贴切，五金件在型材通道内运行流畅、自如且启闭灵活。既能使用进口五金配件，又能使用国产配件，能满足不同层次的需求。"

2. 隔热铝型材的设计

在系统化节能门窗的设计中，隔热铝型材的设计是整个设计的核心部分，型材断面设计的质量决定了门窗的性能和质量。隔热的原理是用机械辊压的方法将非金属隔热条与两个断面的铝合金型材巧妙地结合为一种隔热型材。

型材断面设计过程中主要考虑风荷载作用，综合强度、刚度及稳定性各方面的要求，进行优化设计，在最经济的断面面积条件下，使断面的惯性矩和截面抵抗矩尽可能增大。在镶嵌隔热条后的型腔中灌注具有"隔热王"之称的 PU 树脂，阻止了热量的对流传导节能效果更加显著。

3. 缝隙防风雨设计

为了获得较好的水密性，利用等压原理设计等压胶，并在窗框料上设排水槽对雨水进行疏导；为了获得较好的气密性，设有密封胶条，以防空气渗透。

4. 中空玻璃的运用

系统化节能门窗的隔音性能是由中空玻璃来实现的，同时门窗的节能也是由中空玻璃阻断热辐射来实现的。

5. 胶条的设计

胶条的材料选择为三元乙丙橡胶，其优点是：耐候性好、耐热性好、密封性好。造型设计主要考虑：安全方便可靠，水密和气密可靠。

（七）绿色建筑要求

门窗作为建筑围护结构中的重要组成部分，其担任了节能的重要任务。门窗面积占房屋建筑总面积的比例约为七分之一，而门窗耗能却占据了建筑耗能的二分之一以上。门窗的合理应用对于绿色建筑的推广工作具有举足轻重的意义。因此《绿色建筑评价标准》对于建筑与门窗相关的应用条款如下：

1. 住宅建筑

（1）住宅围护结构热工性能指标符合国家和地方居住建筑节能标准的规定。（控制项）

（2）利用场地自然条件，合理设计建筑体形、朝向、楼距和窗墙面积比，采取有效的遮阳措施，充分利用自然通风和天然采光。（一般项）

（3）采暖和（或）空调能耗不高于国家和地方建筑节能标准规定值的 80%。（优选项目）

（4）可再生能源的使用占建筑总能耗的比例大于 10%。（优选项目）

（5）将建筑施工、旧建筑拆除和场地清理时产生的固体废弃物中可循环利用、可再生利用的建筑材料分离回收和再利用。在保证安全和不污染环境的情况下，可再利用的材料（按价值计）占总建筑材料的 5%；可再循环材料（按价值计）占所用总建筑材料的 10%。（一般项）

（6）在保证性能的前提下，优先使用利用工业或生活废弃物生产的建筑材料。

（7）采用高性能、低材耗、耐久性好的新型建筑结构体系。

（8）每套住宅至少有 1 个居住空间满足日照标准的要求。当有 4 个以上居住空间时，至少有 2 个居住空间满足日照标准的要求。

（9）卧室、起居室（厅）、厨房设置外窗，窗地面积比不小于 1/7。当一套住宅设有 1 个以上卫生间时，至少有 1 个卫生间设有外窗。

（10）对建筑围护结构采取有效的隔声、减噪措施，卧室、起居室的允许噪声级在关窗状态下白天不大于 45dB(A 声级)，夜间不大于 35dB(A 声级)。楼板和分户墙的空气声计权隔声量不小于 45dB，楼板的计权标准化撞击声压级不大于 70dB。外窗和户门的空气声计权隔声量不小于 30dB。

（11）居住空间能自然通风，通风开口面积不小于该房间地板面积的 1/20。

（12）采用可调节外遮阳，防止夏季太阳辐射透过窗户玻璃直接进入室内。

2. 公共建筑

（1）围护结构热工性能指标符合国家和地方公共建筑节能标准的有关规定。

（2）建筑外窗可开启面积不小于外窗总面积的 30%，透明幕墙具有可开启部分或设有通风换气装置。

（3）建筑外窗的气密性不低于《建筑外门窗气密、水密、抗风压性能分级及检测方法》规定的 4 级要求。

（4）可再生能源的使用占建筑总能耗的比例大于 5%。（优选项）

（5）在保证性能的前提下，优先使用工业或生活废弃物生产的建筑材料。

（6）从全寿命周期（包括材料的生产、运输、使用、维护、废弃、再生利用等）评价并优选所用建筑材料。

（7）采用高性能、低材耗、耐久性好的新型建筑结构体系。

（8）建筑外窗的隔声性能达到《建筑门窗空气声隔声性能分级及检测方法》中Ⅱ级以上要求。

（9）建筑室内采光满足《建筑采光设计标准》的要求。

三、节能门窗的节能设计

（一）合理控制窗户挑檐

窗户挑檐的设计，会直接影响到建筑物的室内光照效果。我们在设计的时候，一定要因地制宜，根据地区日照特点和室内光照要求，选择合适的设计方案。比如在北方地区，基本为取暖建筑，要增加光照保证室内温度的需要，就需要减小挑檐；而在南方，日照充足，气温高，就需要增加挑檐，以此来达到遮挡日照的目的，降低室内空调的能耗来达到节能。

（二）针对寒冷地区，要增加保温措施

目前我们的门窗框架还是采用金属材料居多，当室内外温差大时，热量很容易通过门窗框架散失，所以在寒冷地区，特别是玻璃门窗设计成大面积时，一定要增加必要的保温措施，在框架格内填充热绝缘材料，要杜绝门窗的位置成为热桥，避免出现热量散失的情况。

（三）其他节能措施的应用

1. 在对建筑物进行规划设计时，要提倡节能规划理念，要合理采取节能措施。从选址到后期的结构设计、朝向设计，都要体现节能理念。

2. 建筑物的照明需要消耗大量的能源，所以在设计时，一要考虑到建筑物室内的采光效果，二要在灯源的选择上使用节能型的灯源。设计时要做到对照明路线的优化，提高自然光线的利用率，尽可能降低灯光照明，达到节能的效果。

3. 设计时，要考虑到室内的通风效果，以降低空调能耗。

4. 作为现代建筑的节能设计，一定要注重可再生资源的应用，包括地热能、太阳能、风能等资源。比如太阳能，不仅仅可以转化为热能，提供热水，而且可以通过设计运用，将其转化为电能，给照明系统供电。可再生资源的合理利用，进一步凸显了现代建筑设计的节能设计理念。

作为建筑设计人员，一定要明确自身职责和责任，一定要具有绿色、环保、节能的意识，并且将其融入到产品设计中去，全面提升建筑物的节能环保效果，以推动建筑行业持续健康发展。

四、现代建筑进行门窗节能设计的策略

（一）做到对窗墙比例的合理控制

窗墙比例的合理控制是做好现代建筑的节能性能设计十分重要的举措。我们所指的窗墙比例，指的是外窗面积和墙面积的比值。如果比值过大，就会严重影响到建筑物的保温热性能，热量在传输途中，会出现大量的损耗，违背节能的理念；比值过小，又会影响采光性能。所以，

我们在进行建筑物的节能设计的时候，一定要精确计算建筑结构的外部传热系数，并结合建筑物的使用功能和性质以及当地的气候环境条件，做好科学分析，对窗墙比例进行合理的设计，在没有特殊要求的情况下，控制在 0.3 左右比较适宜。

（二）节能门窗的设计要点分析

第一，在设计的时候要充分考虑到建筑项目周边的环境因素、地理特征以及当地气候条件，并结合建筑物以及门窗的高度，进行综合分析之后再进行设计，这样能更好地保证节能门窗在设计上的科学合理性。第二，要做好材料的选择。选择材料时一定要符合因地制宜的原则，在材料性能的选择上要考虑到使用地一年四季的温差变化，要选择热导系数小的材料。第三，要对窗框和门窗做好隔热处理，要充分利用窗框的良好性能，更好地控制门窗的节能性。第四，门窗的气密性选择也是很关键的。要结合建筑物的实际情况适当地进行调整，以提高采光性和通风性为目的。为了能够有效地把建筑物的能耗降低，减少热量损失，提升保温性能，要在建筑体外墙使用保温材料做夹层，以便更好地实现节能目标。

（三）针对性地选择不同性能的材料

设计节能门窗，其主要的设计内容就是门窗的框架材料和门窗所使用的玻璃材料。在门窗的设计中，玻璃占据了很大面积比例，门窗的传热系数、采光效果都和玻璃材料的选择有直接的关系。我们要选择节能玻璃。目前市场上的节能玻璃材料主要以太阳能反射玻璃和中空玻璃为主。现在我们一般都采用中空玻璃作为节能门窗的材料，它不仅能够隔音降噪、降低辐射，而且有很好的保温隔热功效，可以说既符合环保要求，又能起到节能的目的。门窗的框架材料选择，要根据节能设计的具体要求而定。目前，我们在建筑中常用到的框架材料有塑料材质、金属材质，还有木质和玻璃钢等。金属和塑料是目前工程中用得最普遍的门窗框架。而且我们在选择门窗框架材料时，要考虑一个重要的原则，就是保温性能。保温性能和材料的传热系数有直接的关系，所以只有选择传热系数低的环保材料，才能达到更好的保温性能。

五、现代建筑门窗环保材料的具体应用

（一）镶嵌材料的应用

当前建筑业，在选用门窗材料时，主要会选择几种节能性比较强的材料，例如吸热玻璃、镀膜玻璃或是夹层玻璃，其中吸热玻璃的好处就在于它可以吸收自然界中较多的紫外线和太阳可见光，阻挡冷气，使室内冬暖夏凉，而且还能够提升门窗的透光性能。

其实将建筑业中常见的平板玻璃、磨光玻璃进行加压、粘合等步骤，直到最后形成一种复合型的玻璃制品，就能够体现出夹层玻璃的节能属性，并且经过这一系列程序之后铸造的夹层玻璃，会具有很好的透光性，在高温照射的情况下还能够具备耐光、耐热的性能。镀膜玻璃的优势也主要体现在良好的透光和热阻隔性能方面，能够充分满足采光的需要。

（二）隔热断桥铝合金门窗

隔热断桥铝合金门窗也是比较节能的门窗。它的独特性在于可以通过在门窗内部添加尼龙格条，把门窗阻隔成内外两个部分，来阻止铝合金的高热传导过程，保障隔热断桥铝合金门窗

保温隔热的性能得以发挥。这种材质的门窗还具有强度高、防火性能好等优势，在实际应用过程中具有较长的使用寿命。其中的隔热条还能够实现对于建筑物内外热源的阻挡，从而降低门窗材料在使用中的能耗，发挥节能环保的属性。

（三）平开多腔室塑料门窗

平开多腔室塑料门窗的节能属性主要体现在它的独特构造上。这种门窗的设计主要运用了"三密封"式的密封方式，其在门窗内设置了一个中间层，增加了焊接角的强度，从而充分提升了门窗的气密性和水密性。塑料门窗在应用中常会出现冷桥现象，而平开多腔室塑料门窗内部所具有的型材腔室，可以实现对于冷桥的阻隔，促使门窗的保温隔热性能得以正常发挥。

第八节　绿色装饰材料

一、绿色装饰材料特点

随着经济和科技的发展，消费者对建筑装饰提出更高的要求，在已有的需求外，绿色节能环保已经成消费者另一装饰需求。随着绿色节能环保成为建筑装饰行业的主流，带动了新型节能环保绿色装饰材料的发展，为建筑装饰工程提供了更多的选择。以建筑装饰来说，装饰材料是指用于建筑美化的相关材料，通常包括外墙装饰、屋面装饰等材料。节能环保绿色装饰材料因其能够降低对人体的伤害性、降低环境污染，已经成为建筑装饰施工中被广泛应用的材料。

由于国家相关建筑装饰规范的要求以及建筑装饰行业自身发展的方向，节能环保绿色材料的选用都是符合企业自身发展需要的。节能环保绿色材料通常科技含量更高、更加低耗能，因此从长远来看也更加节约成本。以涂料为例，涂料中常常含有一些挥发性有害气体，对周围环境造成污染，尤其是室内不透风的环境，影响更加严重。在过去，为了减少这类涂料挥发性有害气体的危害，装饰后房子闲置一段时间再入住的现象非常普遍，不仅危害消费者健康还浪费了消费者时间。然而当下，绿色节能环保的装饰涂料正在被广泛推广。例如，水性木器漆、墙面漆之类。此类漆无毒无味，被广泛运用。

随着社会经济的发展，消费者对建筑装饰材料的需求也朝着绿色环保节能的方向发展，科技的不断发展也能够满足这种多样化的需求。当下建筑装饰材料市场的发展也符合消费者的需求，即石料绿色化、木料无甲醛、涂料环保化。在使用建筑材料时需要注意因地制宜、材料应用度的把控以及总体的协调性，在实际运用中也有多样性的运用。

二、绿色装饰材料的选择

（一）人造板、饰面人造板类材料

购买人造板时要注意应选择正规的厂家生产的产品，具有质量检验部门鉴定证明的。购买细木工板时注意观察细木工板背面或板边30毫米处，是否有清晰、不褪色的号印，杂木芯板不要用，这些板用小块杂木拼合起来，含胶水量最多，大部分不达标。

（二）木制品涂装材料

进口品牌的质量和环保性能都比较有保证，国产漆中的精品效果也不错。在选购油漆时，将油桶提起来，晃一晃，如果有稀里的声音，说明固体成分少，稀释剂过多，有害成分多；鼻嗅有无特殊刺鼻异味。

（三）石材

采购时向商家索取放射性和有害气体指标证明，要注意查看石材包装上标明的是 A 类、B 类哪一类产品，检验报告是否有 CMA 的标志或请专业检验机构进行检验。听石材的敲击声音清脆悦耳，说明石材内部结构均匀无显微裂隙，所含的镭等有害物质相对较少。

（四）辅料

外包装有清晰、不褪色的号印，内容包括类别、生产日期、执行标准等，质量应符合国家标规定，并且要索取检测报告。107 胶内含有害物质，国家有关条例已经明令禁止在家庭装修中使用 107 胶。

第六章 绿色节能建筑施工管理

第一节 绿色建筑施工管理

随着我国城市建设发展脚步的不断加快，建筑节能工作进展十分迅速，绿色建筑必将成为日后建筑领域发展的主流。大力推行绿色建筑和绿色施工的环境已经具备，而且迫在眉睫，绿色建筑工程管理也逐渐成为建筑行业的新热点。现结合现场施工管理的经验，分析当前绿色建筑施工管理中存在的问题，阐述绿色建设施工管理要点及绿色建筑施工管理的重要作用。

一、绿色施工管理的内涵

绿色施工管理指建筑工程施工的过程中，在保证安全、质量等基本要求的前提下，通过科学管理，最大限度地节约资源与减少对环境有负面影响的施工活动。绿色施工管理作为建筑全寿命周期中的一个重要阶段，是实现建筑领域资源节约和节能减排的关键环节。首先是实施绿色施工管理的原则：一是要进行总体方案优化，在规划、设计阶段，充分考虑绿色施工的总体要求，为绿色施工提供基础条件。二是对施工策划、材料采购、现场施工、工程验收等阶段进行控制，加强整个施工过程的管理和监督。

二、当前绿色建筑施工管理存在问题分析

（一）绿色建筑施工环保意识不强

环境保护的重要性众人皆知，然而在一些工程施工过程中，我们看到的往往是急功近利、破坏环境的行为。当前，我国建筑施工企业或施工人员普遍存在绿色建筑施工意识淡薄问题。究其原因无非以下几点：一是建筑施工企业或施工人员对于绿色建筑施工没有一个正确的认识，这表明我国在绿色建筑理念的推广和宣传上还有待进一步加强。二是由于建筑施工的特点，从事一线施工的人员受教育水平比较低，施工人员对施工过程的环境保护和能源节约不够重视。此外，许多承包商错误认为采用绿色施工技术和方法会增加工程造价，所以在实施的过程中比较被动和消极，对施工方法不予改进，对施工管理不予重视。殊不知，绿色施工是一个科学的施工组织设计过程，在此过程中同样可以产生节约的效果。三是受经济体制和相关政策影响，传统思维模式的建筑工程施工根深蒂固，致使建筑施工企业很难做出改变，即便知道绿色建筑带来的好处，仍然没有引起足够的重视。

（二）绿色建筑评价标准体系与法律规章制度不健全

现行绿色建筑评价标准的覆盖面并不是很全面，部分指标的设置不是很合理，在绿色施工管理过程中缺乏绿色建筑相关的工程定额标准，难以有效引导和约束绿色建筑实践工作。我国绿色建筑法规制度体系的系统性不足，特别是《能源法》《建筑法》《节约能源法》等没有明确绿色建筑的定位，政府对绿色建筑的行政监管环节力度较弱。

（三）发展绿色建筑的激励政策不足

推动绿色建筑发展的财政、金融、税收等经济激励政策不健全，相关主体发展绿色建筑的内生动力不足。虽有一些与建筑节能、节水、环保等相关的财税激励政策，但还没有专门针对绿色建筑的税收、金融优惠政策。其他方面比如说房地产开发商还有消费者方面，因为没有相应的激励措施，所以绿色建筑发展比较缓慢。

（四）技术支撑能力不强

绿色建筑基础研究薄弱，绿色建筑重点和难点技术尚待突破，没有形成符合地域特色和建筑功能的适宜技术体系。绿色建筑设计、咨询、评估、规划、建设、测评等专业人才和机构不足。建材与建筑产业融合度偏低，各类建材产品质量良莠不齐；建筑工业化刚刚起步，导致了产业支撑力不强。

三、绿色建筑施工管理要点

绿色建筑施工管理的理念不仅仅局限于施工的质量、安全、工期和成本，还涉及绿色化，采用信息化技术、新工艺、新设备、新材料，进行定量、动态的施工管理，达到节能环保、绿色建筑的目标。

（一）绿色建筑施工管理的环境保护

绿色建筑施工管理的环境保护主要包括以下几个方面常见问题：对扬尘的控制、对噪声以及振动控制、光污染的控制、水污染的控制、土壤控制、建筑垃圾控制以及地下设施、文物和资源保护。扬尘控制方面，建筑施工所需的土方、垃圾等运输时经常散落、飞扬，应对其采取有效的控制方法，对运输车辆以及施工现场加强封闭、密网覆盖等。对于噪声以及振动，采取隔音及隔震方法，加强对建筑施工现场噪声以及振动的监测控制。对于水污染，对废水进行水质检验，对污染的水进行严格的隔水层设计，比如采取边坡支护技术。对于光污染，电焊操作做好防护，防止弧光伤眼，夜间施工做好灯光透光范围的控制。土壤方面，对于施工造成的裸露要及时绿化，防止土壤侵蚀。地表易于水土流失的，可采取稳定斜坡、地表排水等措施。相关垃圾、排污做到不能污染土壤。施工完成后，及时恢复因为建筑施工而破坏的植被。

（二）绿色建筑施工节材管理

建筑材料在整个工程成本中一般占有过半的比重，所以，做好建筑材料的管理有助于减少污染、提高工程效率。首先要设立专门的工程材料回收点，对建筑材料进行分类回收，并妥善地储存好，以备不时之需。要随时清楚施工的成本范围，仔细核对材料成本，减少包装复杂的材料使用，尽量选用有可再生成分的材料，尽力将材料控制在预算范围之内，避免浪费。根据建筑施工的进度，合理安排材料的采购、使用，减少库存，提高使用率。尽量降低建筑完成后的材料剩余率。建筑模板与脚手架、防护网、电焊机、切割机等建筑设备可多次利用，而实际施工中，建筑模板与脚手架的使用次数比较低，有的仅仅使用几次。因此，应采取优化技术体系与管理措施。如选择维护方便、拆卸不易损坏的机具材料；引进专业的队伍进行安装、拆除；选择定型钢模、竹胶板等替换木模板；选择整体提升、分段悬挑的外脚手架技术方案。

（三）绿色建筑施工节水管理

水是建筑工程中不可或缺的资源，合理安排施工过程中水资源的运用和管理是减少资源浪费、保护环境的必要手段。为防止施工过程中跑、滴、冒、漏等现象，减少施工过程中的用水量和水资源浪费情况，有必要购进节水型的流水设备，定期对施工现场的各种水管进行检查，一旦发现问题，要及时予以调整和维修，减少水资源滴漏的浪费现状。如我们可以采用以下措施：混凝土节水，此部分用水量最大，我国当前混凝土使用数量达到 20 亿立方米，而每立方米搅拌用水约为 175 千克，总计用水超过 3 亿吨，而养护用水是搅拌用水的几倍。用水量巨大，因此可采用基坑抽取的地下水优先进行混凝土搅拌与养护。充分利用雨水、中水等，在建筑工地建设其他水资源搜集利用系统，使用中水进行搅拌、养护，降水量充沛的地区适合建立雨水搜集系统。对于建筑工地上的设备、机具，建立用水循环装置，优先使用雨水清洗，路面喷洒，绿化灌溉亦是如此。

（四）绿色建筑施工节地管理

建筑施工应按照施工的具体规模与地理条件等合理布局，科学规划占地指标。尽量降低建筑废弃地面，临时设施占地使用率应当不小于 90%，临时场所采用可动态调整的多层轻钢活动板房、钢骨架水泥活动板房等。生活区与施工区进行标准分隔，建筑工地围墙为了减少建筑垃圾的产生，可选择轻钢结构制作围挡，而不使用砖结构围墙。

四、绿色建筑施工管理的重要作用

建筑工程项目施工过程会对环境、资源造成严重的影响，在许多情况下，建造和清除扰乱了场地上现存的自然资源（野生植物和动物、天然排水系统以及其他自然特征），代之以非自然的人造系统。建造和拆除所产生的废弃物占填埋废物总量的比重较大，建造过程中的灰尘、微粒和空气污染物等会造成健康问题。另外，尽管一些再生的、重复利用的、重新整修的材料足以满足使用要求，但现在的施工项目大多数仍使用新的原始材料，绿色建筑施工管理则能够显著减少对场地环境的干扰。为了使绿色建筑能够经受其可持续发展的考验，真正实现"以人为本"，使"人、建筑、自然"三者和谐统一，除了进行总体方案优化，在规划、设计阶段充分考虑绿色施工的总体要求，为绿色施工提供基础条件外，最关键的还是把好施工管理控制关，实现绿色建筑过程中的重要作用。绿色建筑施工管理实质上是以保持生态环境和节约资源为目标，对工程项目施工采用的管理方案进行优化，并严格实施，做到"节能、节地、节水、节材和环境保护"，使施工过程成为绿色建筑的绿色通道。

近些年来，我国建筑行业得到长足的发展与进步，但是随着其发展，很多问题不断涌现，特别是在建筑施工的管理方面，问题尤为显著。在保证建筑质量的前提下，实现建筑的经济效益最大化，必须要积极开发与引进更先进的施工管理理念与方法。鉴于全球能源紧缺，在这个前提之下，绿色施工成为社会经济发展的必然选择。

第二节　绿色建筑工程管理存在的问题及优化对策

一、我国绿色建筑工程管理存在的主要问题

（一）建筑工程管理部门缺少奖惩权，无法真正对工程进行有效制约

我国绿色建筑工程管理的地方性配套法规只注重强制性，且多数相对滞后，同时缺乏激励性政策。减免固定资产投资方向调节税，曾经是我国有过的绿色建筑相关的唯一的节能优惠政策，但此税种后来也于2001年1月1日起停止执行；此外，2002年国家财政部和经贸委联合发文，对于新型墙体材料专项基金做出了新的规定，其新用途内不再包括建筑节能，而这个专项基金原来一直是用于墙改和建筑节能的。由于建筑节能的经济效益更多地体现在国家和社会的宏观层面，而体现于个体行为的效益并不明显，导致个体追求建筑节能不主动不积极，严重阻碍绿色建筑的发展应用。

（二）缺少绿色建筑评估体系

在借鉴国外先进的绿色建筑评价体系基础之上，我国也先后推出了一系列具有中国特色的绿色建筑评价体系。主要有：《绿色奥运建筑评估体系》《绿色建筑评价标准》《中国生态住宅技术评估手册》《绿色生态住宅小区建设要点与技术导则》等。总体上看，我国目前的绿色建筑评价体系具有较大的局限性和片面性，技术评价仅适用于住宅建筑、奥运建筑、公共建筑等单体，缺乏适用于不同建筑类型的全面又系统的综合性绿色建筑评价体系。评价的主要内容也仅限于环境保护方面，缺乏对社会、经济、健康价值等系统的全面评价。

（三）相关管理部门缺乏协调，存在管理上的扯皮现象

在绿色建筑的推进过程当中，除建设系统外，财政、劳动、民政、人力等多个部门都插手相关事务，由于"婆婆多"，在许多事情的处理上，大家都来管，但在关键问题的处置上又没有一个能够牵头担责的主角，造成管理上的扯皮现象。另外，建筑工程管理从业管理人员专业化程度不高，尤其是对绿色建筑相关理论和实践知识掌握不足，导致建筑工程管理能力偏低，绿色建筑工程管理工作难度大、效率低。

二、改进我国绿色建筑工程管理的对策

（一）建立完善奖惩机制，发挥行政监督作用

有效的激励和优惠措施是绿色建筑推广的根本保证。通过经济激励政策调节市场，主动解决市场中存在的绿色建筑管理问题。经济激励政策与法律法规等强制性政策相比，有着低成本、

高效率的明显特征，更能有效地促进绿色建筑技术的创新及普遍推广。

由于绿色建筑的特殊性质，尽管经济激励的措施可以有效推进绿色建筑进程，但是我们也应该根据绿色建筑发展的不同阶段，制定并采取相应的经济激励措施，如政府财政补贴、税收优惠、设立绿色建筑专项资金、推出绿色建筑节能新技术开发政策等，真正实现与时俱进。

（二）构建绿色建筑评价体系，严格绿色建筑认证审核

1. 严把准入关

建议对绿色建筑的评估实行准入制度，制定核心评估指标。从入口上把好关，对一些存在明显缺陷的建筑物，若某一方面或某些方面根本不符合可持续发展的原则，直接取消下一步的评估，从根本上坚决杜绝非绿色项目。

2. 操作简单化

我们应该看到，我国绿色建筑还处于刚刚起步的研究阶段，对于如何进行可持续发展还不是很清楚。现阶段的绿色建筑评估体系，应当简单易懂，深扣主题，易于被人们理解和接受。反之，如果评估指标体系过于复杂，则会影响人们的理解和运用。当然，随着各方面条件的不断发展和成熟，适时地给评估体系增添新的内容。

3. 加强过程管控

绿色建筑是一项系统工程，贯穿立项、规划、设计、施工以及后期的全过程。我国现阶段的开发、规划设计、施工、运营阶段划分明显，职责细化到各单位，特别是建筑设计单位与施工单位互相独立，各负其责。当前，我国对绿色建筑的概念以及绿色建筑设计方法还处于起步阶段，而关于绿色建筑的施工和运营阶段也同样是刚起步，存在着不少问题。因此，我们应当加大绿色建筑实施过程监管，并根据监管反馈信息不断对监管过程进行调整和完善。

4. 用法规统筹全局和局部利益

绿色建筑既要考虑对整个大自然生态环境的影响，比如碳排量、水资源消耗、建筑能源消耗等，又要考虑其对开发商的吸引力，并对建筑使用者有利。但我们要看到，当前经济体制情况下，由于开发绿色建筑前期需要资金大量投入，开发商的利益回收又非常缓慢，回报可能需要较长时间才能真正实现，特别是生态方面的利益回报多是由社会分得，因此在一定程度上打击开发商的积极性和主动性。

因此，要以可持续发展原则为基础，进行政策调整，建立良好的经济、社会和道德方面的激励体制，以此来激励开发商对绿色建筑进行额外投入，加强绿色建筑推广和落实。

（三）增强统筹协调，建立以建筑工程管理部门为主的监管体系

当前国家权威部门颁发了一个又一个的建筑节能标准，但是在一些地方高耗能建筑依然很多，甚至处于失控状态。如何解决这个问题，就必须要建立一个专门的绿色建筑管理机构来协调各方机关部门，形成强有力的监管体系。

1. 成立专门的绿色建筑组织。

2. 改革建设管理和运作模式。

3. 建立绿色建筑交流平台，推进绿色建筑交流与合作。

第三节 绿色节能建筑施工技术质量控制与管理分析

一、绿色节能建筑施工技术质量控制与管理的主要内容

节能环保技术对建筑的整体质量有着很大的影响。在建筑节能中，可以减少粉尘对环境的污染。此外，可以在周围土壤中种植速生草，减少土壤侵蚀。在设计方案中采用生态节能建筑，能够有效缩短施工时间，保证了整体通风。在设计过程中，通过模拟阳光和风的环境来增加整个建筑的空间，避免施工楼层遮挡，接收不到阳光。在绿色节能建筑施工前，在建筑周围设计大面积的水景观区，改善建筑周围的水流，使气候更接近自然，居住环境更舒适。如果这些建筑采用传统建筑设计，就会消耗大量的能源，但节能环保建筑所使用的资源可以最接近建筑环境，而且建筑的整个寿命周期比传统建筑要长。

二、应用绿色节能建筑施工技术的重要性

在施工过程中，相关技术人员应采用绿色节能技术，能够确保预期施工目标的实现。有利于改善生态环境。在施工过程中，相关技术人员能够根据绿色、节能、环保技术全面提高建筑采暖系统设计的效率，及时发现环境污染问题并采取行动。改善生活环境是绿色节能建设的主要目的。在建设项目的前期，道路开挖会给当地居民带来不便，施工中使用的泥土也会污染周边地区，因此，建设项目应高度重视绿色节能的建设和管理，以改善整个生活环境。符合可持续发展的理念。为了适应和实施可持续发展理念，必须合理使用建筑材料，优化建筑设计。建立高水平的科学建设污水处理系统。污水经过净化，符合相关法规和标准，还可以用来灌溉树木，促进周围植物的生长，创造更好的生活环境。在绿色节能建筑技术的基础上，我们可以更好地回收能源，促进施工企业稳定发展。绿色节能建筑的施工可以减少整个施工过程中能源和资源的浪费，同时，可以维护环境，减少资源浪费，促进施工企业稳定发展。

三、绿色节能建筑施工技术质量管理现状

目前，能源短缺、环境恶化越来越严重，人们对节能、健康的要求也逐渐提高。绿色发展的理念逐渐成为建筑业发展的新要求。随着生态文明建设重要性的不断提高，绿色节能建筑的发展受到越来越多的关注。目前，有的施工单位不注意在建筑中储存环保节能材料。建筑材料在施工现场被随意放置，没有特殊照顾；大量环保节能材料堆放在户外，日晒雨淋；放置在场地低洼地区的环保节能材料，在雨天浸没在低洼地区的水中，容易变形损坏，影响其正常使用。在建材质量控制方面，质量控制较差。质量控制是环保节能建设成功的关键，一些施工单位也制定了一些施工质量要求，但在实践中，由于各种原因，质量控制薄弱，质量要求不能充分落实。特别是一些重要的环保节能程序在施工过程中没有得到监控，严重影响了环保节能施工的质量，

同时，施工人员工作能力也比较低。近年来，越来越多的环保节能工程竣工，建筑企业对劳动力的需求急剧增加。许多建筑企业雇用了大量的施工人员，建设单位并没有对这些施工人员进行环保节能的职业培训，因此，在环保节能施工中，不合规现象时有发生，造成质量问题。

四、绿色节能建筑施工技术的质量控制与管理策略

（一）强调管理服务的质量和责任

绿色节能建筑施工单位要按照绿色建筑节能建筑技术标准的要求，采取措施规范、量化施工过程，完善建筑节能环保的技术手段，避免测量误差造成的事故风险，继续研究和开发引进施工技术的高科技测量工具，派专业人员科学阅读和绘制建筑图纸。施工单位应不断加大施工队伍的施工力度，提高施工人员的整体素质和技术能力。施工人员除了掌握实践和理论知识外，还应更好地丰富绿色节能的知识，为今后绿色建筑施工技术的质量和管理打下基础。

（二）创新施工工艺，减少资源浪费

科学技术的进步促进了建筑工程的技术创新，创新技术的应用不仅提高了建设项目的质量和进度，而且给建设单位带来了更大的经济效益。相关人员应积极学习先进的施工技术和管理，研究社会资源的利用，比较建筑材料的环境功能，并结合自身特点，在实施创新产业的同时，实现节能环保的目标。

（三）优化工作计划

绿色节能环保的理念适用于重大建设项目，是建筑工程发展的新趋势。在施工过程中，必须将节能理念、节能技术应用到建筑的每一个环节。只有这样，整个建设项目才能体现节能技术的影响。建筑施工需要提高节能意识，规划科学优化的施工方案，提高工作效率，避免材料浪费。

（四）完善绿色节能建筑施工管理制度

在施工管理过程中，完善的管理制度是环境保护的重要依据。在施工过程中，绿色节能建筑施工管理制度必须严格遵守相关认证要求和规范。另外，要根据建设单位和建设项目的实际特点，建立合理的施工管理制度。同时，政府应加强建筑节能标准的制定，对建筑节能技术进行监督检查，鼓励建筑企业在施工过程中使用节能环保建材。

（五）严格把控建材管理

首先，在选择建筑材料时，必须用基础材料，而不用混凝土或其他材料。在整个施工过程中，尽量选用商用材料。观察整体供应情况，例如供应速度、设备采购等详细数据，数据信息的生成和动态控制。在选用钢材、混凝土等材料时，应以高性能、高强度为基本标准，减少能源浪费。为了实现合理的优化，确保合理有效的包装方案，在施工前必须对材料进行检验，确保施工时材料合格。材料养护管理主要是指施工过程中对材料与周围、屋顶或外墙的保护。在选材的过程中，一定要选择耐用的材料，以保证其密封性。

（六）资源保护

木材和钢是非常重要的建筑材料。绿色建筑技术就是利用现代新技术和新材料减少所需材

料的数量，同时不降低施工的质量和水平，从而减少建筑工程中垃圾的产生。在实际施工中，材料本身就是一种污染物，因此，在施工过程中以及竣工后，一定要加强对材料的回收管理，实现材料的回收利用，减少环境污染，提高建筑节能水平，实现绿色建筑的理念。

（七）有效利用水资源和节水措施

建筑过程中会使用大量的水，因此，绿色建筑技术应贯彻节水理念。建筑业用水量大，而国内水资源相对稀缺。如果不能使用有效的节水方法来控制水资源的使用，就会造成水资源短缺加剧，绿色节能建筑就会失去其意义，生态建筑技术在施工过程中也没有得到有效的应用。在建筑的功能设计和实际施工中，为了保证水的储存和有效利用必须建立废水回收系统，实现真正的水资源回收，节约水资源，实现节水的基本目标。

（八）节能技术

在一个建筑的屋顶、外墙和灯具上设计太阳能电池板，然后将太阳能用于照明、热水和节能灯泡，这些都是节能技术，可以在一定程度上节约能源。从保温系统的角度来看，经常采用外窗和外保温技术可以有效提高建筑物的保温性能。建筑节能技术推广采用政府和市场模式建立机制，政府在资本投入和政策支持方面提供关键支持。积极推进改革，完善建筑节能技术推广体系，修改不合理的法律法规，营造良好的政治环境。推进科学研究和体制改革。我国的科技推广机构没有充分发挥作用，部门较多，但效率不是很理想。为了充分发挥科研机构的巨大价值，应该设置一个综合性的建筑节能技术研究和推广机构。

随着环境保护和人民生活水平的不断提高，我国正处于高速发展阶段，城市化进程正在逐步加快。施工企业要坚持可持续发展和节能的基本理念，将生态建设理念和生态建设融入企业文化，努力为企业营造绿色节能的环境和氛围，最大限度地减少损失，确保建设项目的整体绩效符合相关规范的要求。

第四节　绿色节能技术在建筑工程施工中的应用

一、绿色节能技术在建筑工程施工中的应用价值

（一）有利于降低资源消耗率

在各种基础设施建设不断完善过程中，必须加强建筑工程施工建设。在建筑工程项目施工过程中，要想避免对周围环境产生影响，必须将资源利用效率提升上来，所以绿色节能技术发挥的作用越来越显著。将建筑工程项目施工和绿色环保有机整合在一起，能够将资源消耗率控制在合理范围内，减轻建筑工程施工对环境的污染。

（二）有利于提升建筑工程质量

建筑工程质量与广大人民群众是紧密联系、密不可分的，而且对于国家建设事业的发展也具有极大的促进作用。因此，建筑工程项目质量在整个工程建设中发挥着决定性作用，是整个

建筑工程的关键所在。但是在经济社会不断发展的过程中，传统的建筑工程施工技术存在着较多缺陷，极容易出现环境问题，如水污染、空气污染及噪声污染等，也对建筑工程项目施工技术水平的提升产生了极大的影响，导致建筑工程项目质量始终难以提高。因此，要加强绿色节能施工技术的应用，以此有效提高建筑工程项目质量。

（三）实现更显著的环保效果

在当前建筑施工过程中，经常出现光污染、扬尘污染、水污染及噪声污染等，会对当前的社会发展及环境保护造成影响。长此以往，还会对建筑周围生态环境产生不可逆的影响。采用绿色节能技术，能够切实降低施工过程对周围环境的破坏程度，有效实现控制工作和管理工作的全面结合，体现出环境保护的作用和意义。

二、绿色节能技术在建筑工程施工中的实施路径

（一）大力推广绿色低碳生产方式

实施建筑节能减排目标是一项长期、复杂而艰巨的任务，需坚持系统观念，加强顶层设计，多方参与、多措并举，才能确保战略目标如期实现。于建筑业而言，首先要开展碳排放定量化研究，确定碳排放总量及约束强度，制定投资、设计、生产、施工、建材和部品、运营等碳排放总量控制指标，建立量化实施机制，推广减量化措施，分阶段制定减量化目标和能效提升目标。其次，加强减碳技术的应用与研发，建立绿色低碳建造技术体系。聚焦"双碳"战略目标，发挥科技创新的战略支撑作用，瞄准国际前沿，抓紧部署低碳、零碳关键核心技术研究，围绕新型建造方式、清洁能源、节能环保、碳捕集封存利用、绿色施工等领域，着力突破一批前瞻性、战略性和应用性技术。

（二）营造新型建造应用环境

建立健全科学、实用、前瞻性强的新型建造方式标准和应用实施体系，完善绿色建造、智慧建造、工业化建造技术体系和建筑产品，强化新型建造方式下建筑产品理念。保障新型建造方式资源投入，加快对数字科技、智能装备、建筑垃圾、低碳建材、绿色建筑等重点领域的技术、产品、装备和产业的战略布局。建立新型建造方式平台体系，打造创新研究平台、产业集成平台、成果应用推广平台。

（三）推进全产业链协同发展

形成涵盖科研、设计、加工、施工、运营等全产业链融合的"新型建造服务平台"。加快发展现代产业体系，发展先进适用技术，打造新型产业链，优化产业链发展环境，加强国际产业合作，形成全产业链体系。做强"平台＋服务"模式，通过投资平台、产业平台、技术平台，把绿色低碳等统筹起来，推进产业链现代化。关注超低能耗建筑和近零能耗建筑、新型建材等新兴产业。

（四）推动数字化转型

大力发展数字化产业，开拓智慧建造新产业，实现智慧建筑、智慧园区和智慧城市的设计、

施工、运营、运维等全寿命周期数字化、智慧化管理和持续迭代升级。探索研究 BIM 与 CIM 技术融合及数字技术,加强数据资产的建设与管理,建立可存、可取、可用的工程项目大数据系统,实现数据的互联互通。依托项目探索研究"互联网+"环境下建筑师负责制、全过程咨询和工程总承包协同工作机制,建立相应的组织方式、工作流程和管理模式,加快数字化新技术与主营业务深度融合。

(五)推动工业化发展

加大投入,形成差异化竞争优势,实现由"服务商"到"产品+服务"的升级。创新"伙伴产业链模式",建立相关评价指标,形成长期稳定的企业协同创新链条。在装配式建筑的基础上,基于标准化技术平台将设计、生产、施工、采购、物流等全部环节整合,形成多个项目间协同发展的经营模式,实现规模化效益。加快产业工人培育,重点培育掌握数字化和智能化设备及专业技术的技术人员。

第七章 绿色建筑节能工程质量控制与运营管理

第一节 绿色建筑节能工程质量控制概述

一、建筑节能工程基本规定

（一）承担建筑节能工程的施工企业应具备相应的资质；施工现场应建立、健全相应的质量管理体系、施工质量控制和检验制度，并具有与施工项目相适应的施工技术标准。

（二）施工图纸及设计变更必须符合建筑节能要求，任何人和单位不得降低建筑节能效果。

（三）节能工程应选用经过技术鉴定并推广应用的建筑节能技术和产品以及其他性能可靠的建筑材料和产品，严禁采用明令淘汰的建筑材料和产品。

（四）建筑节能材料进场验收时，必须进行外观检查和见证取样送检及复验，检验的项目应按《建筑节能工程施工质量验收规范》的要求进行。

（五）建筑节能工程应单独组卷；建筑节能分部工程质量验收应符合《建筑节能工程施工质量验收规范》的规定。

二、施工准备阶段质量控制

（一）资质审查：承担建筑节能工程的施工单位须具有相应的专业资质和安全生产许可证。

（二）施工图审查：建筑节能工程的施工图纸必须通过施工图审查单位审查；检查节能使用的材料和设备是否符合现行国家规范的规定，是否符合建筑节能规范规定和强制性标准条文要求。

（三）建筑节能专项施工方案审查：施工单位应编制建筑节能工程施工技术方案并经质量管控（建设）单位审查批准。

（四）材料进场验收：建筑节能工程的材料进场验收必须按《建筑节能工程施工质量验收规范》各章及附录 A 提出的进场材料和设备的复验项目，实施见证取样和送检，以验证其质量是否符合要求。

（五）隐蔽验收：建筑节能工程的隐蔽验收应按《建筑节能工程施工质量验收规范》各章要求进行。对与节能有关的隐蔽部位或内容应有详细的文字记录和必要的图像资料。

三、施工过程质量控制要点

（一）材料、构配件和设备质量控制

1.检查主要材料的规格、型号、性能与设计文件要求是否相符。

2.检查主要材料的合格证、形式检验报告、进场验收记录、见证取样送检复试报告的核查情况等。

3.检查对材料、构配件和设备的进场验收签认情况。

（二）墙体节能工程质量控制要点

1.基层表面空鼓、开裂、松动、风化、平整度及妨碍黏结的附着物的处理。

2.保温层重点对保温、牢固、开裂、渗漏、耐久性、防火等性能进行检查。

3.雨水管卡具、女儿墙、分隔缝、挑梁、连梁、壁柱、空调板、空调管洞、门窗洞口等易产生热桥部位的保温措施。

4.施工产生的墙体缺陷（如穿墙套管、脚手架眼、孔洞等）处理。

5.不同材料基体交接处、容易碰撞的阳角及门窗洞口转角处等特殊部位的保温层防止开裂和破损的加强措施。

6.隔汽层构造处理，穿透隔汽层处密封措施，隔汽层冷凝水排水构造处理。

（三）幕墙节能工程质量控制要点

1.幕墙工程热桥部位的隔断热桥措施。

2.幕墙与周边墙体间的缝隙处理。

3.建筑伸缩缝、沉降缝、抗震缝等变形缝的保温密封处理。

4.遮阳设施的安装。

（四）门窗节能工程质量控制要点

1.外门窗框或副框与洞口、外门窗框之间的间隙处理。

2.金属外门窗隔断热桥措施及金属副框隔断热桥措施。

3.严寒、寒冷、夏热冬冷地区建筑外窗气密性现场实体检验情况。

4.严寒、寒冷地区的外门安装及特种门安装的节能措施。

5.外门窗遮阳设施的安装。

6.天窗安装位置、坡度、密封节能措施。

7.天窗扇密封条的安装、镶嵌、接头处理。

8.门窗镀（贴）膜玻璃的安装方向及中空玻璃均压管密封和中空玻璃露点复检情况。

（五）屋面节能工程

1.屋面保温、隔热层铺设质量、厚度控制。

2.屋面保温、隔热层的平整度、坡向、细部及屋面热桥部位的保温隔热措施。

3.屋面隔汽层位置、铺设方式及密封措施。

（六）地面节能工程

1. 基层处理的质量。

2. 地面保温层、隔离层、防潮层、保护层等各层的设置和构造做法以及保温层的厚度。

3. 地面节能工程的保温板与基层之间、各构造层的黏结及缝隙处理。

4. 穿越地面直接接触室外空气的各种金属管道的隔断热桥保温措施。

5. 严寒、寒冷地区的建筑首层直接与土壤接触的地面、采暖地下室与土壤接触的外墙、毗邻不采暖空间的地面及底面直接接触室外空气的地面等隔断热桥保温措施。

（七）采暖节能工程

1. 采暖系统安装应检查以下内容：

（1）采暖系统的制式及安装；

（2）散热设备、阀门与过滤器、温度计及仪表安装；

（3）系统各分支管路水力平衡装置安装及调试的情况；

（4）分室（区）热量计量设施安装和调试的情况；

（5）散热器恒温阀的安装。

2. 采暖系统热力入口装置的安装应检查以下内容：

（1）热力入口装置的选型；

（2）热计量装置的安装和调试的情况；

（3）水力平衡装置的安装及调试的情况；

（4）过滤器、压力表、温度计及各种阀门的安装；

（5）采暖管道的保温层、防水层施工；

（6）采暖系统安装完成后的系统试运转和调试。

（八）通风与空调节能工程

1. 通风与空调节能工程中的送排风系统、空调风系统、空调水系统的安装应检查以下内容：

（1）各系统的制式及其安装；

（2）各种设备、自控阀门与仪表安装；

（3）水系统各分支管路水力平衡装置安装及调试的情况；

（4）空调系统分栋、分户、分室（区）冷、热计量设备安装。

2. 通风与空调系统安装完毕后的通风机和空调机组等设备的单机试运转和调试及通风空调系统无生产负荷下的联合试运转和调试检测。

（九）空调与采暖系统冷热源及管网节能工程

1. 空调与采暖系统冷热源设备和辅助设备及其管网系统的安装。

2. 空调冷热源水系统管道及配件绝热层和防潮层的施工情况。

3. 空调与采暖系统冷热源和辅助设备及其管道和管网系统安装完毕后的系统试运转及调试情况。

四、竣工验收阶段质量控制要点

（一）建筑节能工程验收应满足以下条件

1. 施工单位出具的建筑节能工程分部质量验收报告，建筑围护结构的外墙节能构造实体检验，严寒、寒冷和夏热冬冷地区的外窗气密性现场实体检测，采暖、通风与空调、照明系统检测资料等合格证明文件，以及施工过程中发现的质量问题整改报告等；

2. 检查建筑节能分部工程重点部位隐蔽验收记录和相关图像资料；

3. 检查相关节能分部工程检验批分项工程、子分部工程验收合格标准及合格依据，以及检验批和分项工程的划分；

4. 设计单位出具的建筑节能工程质量检查报告；

5. 质量管控单位出具的建筑节能工程质量评估报告。

（二）验收组成员组成及节能验收程序是否符合规定。

（三）对节能工程实体质量进行抽测，对观感质量进行检查。

（四）对节能工程竣工资料进行核查。

（五）确认程序合法、质量合格后，参建各方在《建筑节能分部工程质量验收表》上签字。

第二节　绿色建筑节能质量控制策划

近年来我国城市建设进程不断加快，大量的房屋建筑有效地保障了人们的安居乐业。但由于建筑能耗较大，也导致大量高能耗建筑的建设给我国本就紧张的能源带来了更大的危机。这使大家对节能更为重视，而且建筑节能工程也得以不断落实。业主、设计单位、施工单位及质量管控单位几方的共同努力提高和加快了节能建筑工程的推进，而其中质量管控单位对于节能目标的实现具有极为重要的作用。因此需要做好建筑节能工程施工质量控制，充分地发挥出质量管控工作的重要性，确保建筑节能目标的实现。

一、建筑节能工程质量管控的现状

随着能源危机的不断加剧，当前我国加大了对节能建筑的建设力度，通过建设资源节约型及环境友好型社会来有效地保障经济和社会的可持续性发展。建筑节能工程施工过程中对技术具有较强的要求。我国在工程施工过程中，节能工程实施的时间较短，还存在着许多不足之处。特别是在建筑节能工程施工质量管控方面，不仅质量管控人员专业水平不高，而且对节能标准及相关规范不熟悉，对节能技术和产品缺乏有效的了解，在具体施工过程中没有严格依照各种规章文件进行实施，质量管控工作缺乏积极性和主动性，这必然会对管控质量带来较大的影响，不利于建筑节能工程整体施工质量的提升。

二、施工阶段建筑节能的质量管控工作

在建筑节能工程质量管控工作中，施工阶段是质量管控工作的关键。在具体质量管控工作中，需要从质量管控要点、施工质量控制及验收等多方面有效地控制好管控的质量，确保施工质量能够得到有效的保障。

（一）质量控制的主要内容

1. 在建筑节能工程过程中，质量管控单位需要指派专人对节能施工进行质量管控。在质量管控工作开始之前，需要对质量管控人员进行节能标准和技术等内容的专业培训，使其对节能施工技术、产品、质量控制等充分了解，这样在质量管控过程中才能把握好质量管控要点，确保管控质量的提升。

2. 质量管控单位不仅要严格执行具体的质量管控规范要求，同时还要与节能建筑施工特点进行有效的结合，从而制定详细的节能质量管控实施细则，在施工质量管控过程中严格按照具体的实施细则来进行操作。

3. 在工程开工之前，需要组织质量管控人员详细了解设计文件，对本工程建筑节能设计要求进行明确，并参与设计交底工作，及时对一些不明确的问题进行释疑。在质量管控过程中需要严格按照具体的设计要求来对施工进行监管。

4. 在日常工作中注意对节能建筑的相关文件进行收集，对于一些强制性质量标准条文需要认真学习并掌握，注意相关建筑节能法律法规及标准的出台，并在实际工作中进行落实和执行。

5. 承建施工单位需要编制节能施工组织设计，在上级主管部门审核签字后，需要上报质量管控单位进行审核，由专业质量管控工程师对施工组织设计的针对性、保证性和合理性进行审核，并签署审核意见，对于需要修改的地方在做好落实工作的同时还要附有书面整改资料。

6. 质量管控人员需要合理划分节能工程各分项工程，做好隐蔽工程项目的检验工作，进一步对质量验收标准进行明确，经施工单位认可后才能进行具体实施。

7. 认真落实好设计单位施工图纸，进一步完善各项检验制度和抽样送样制度，把好工程材料审核关，确保材料的品种、规格及性能与具体的设计要求相符，同时还要具备产品合格证及权威机构的检验报告。

8. 采取旁站式质量管控，并做好相关的记录。特别是在外墙及屋顶隔热材料施工过程中，由于工程具有较强的隐蔽性特点，因此需要加强质量管控并对隐蔽工程施工进行有效记录。

9. 在施工过程中，需要施工单位先进行自检，在自检合格后，对自检资料进行完善，然后填报验收申请，验收合格后，质量管控单位予以签认。质量管控核查合格后才能进入下一道工序。

（二）建筑节能施工阶段的质量管控要点

1. 施工准备阶段的质量管控工作

在施工准备阶段，需要对参与建筑节能工程质量管控的人员进行节能标准和技术等相关知识的培训，同时需要在施工现场将关于节能工程施工的一些法律法规及强制性标准进行准备，留做备用。在质量管控开始之前，质量管控人员需要对施工设计文件及施工图和设计技术进行

熟悉，参与交底工作。然后进行节能质量管控实施细则的编制，严格按照节能施工的强制性标准及设计文件，再与节能工程的实际特点进行结合来编制质量管控实施细则。另外，在开工前，质量管控人员还需要对施工单位报送的节能施工方案和技术措施进行审查，并提出具体的审查意见。

2.施工阶段的质量管控工作

在施工阶段，质量管控人员需要对施工单位报送的拟进场的建筑节能材料进行审核。施工单位的新型节能材料、工艺、技术和设备，则需要施工前将具体的施工工艺措施和证明材料进行报送，质量管控人员做好审查工作。在具体过程中，质量管控人员监督检查施工单位的施工规范性，重点监管隐蔽性工程项目的施工。对于建筑节能分部工程要进行现场检查，对节能施工质量验评资料进行审核和检查，确保其与具体的要求相符。检查过程中发现的质量问题，施工单位需要立即进行整改，质量管控人员需要对整改结果进行检查。

（三）质量验收程序及要求

在节能工程施工完成后，施工单位需要进行自查及复验，在合格的情况下才能提交验收申请。由建设单位来组建验收小组，验收小组成员由设计单位、施工单位及质量管控单位的专业技术人员来担任，共同完成验收工作，并提出具体的验收意见。而且在具体验收过程中，需要针对节能质量进行验收，并形成评估报告，提出具体的意见。在具体验收工作中，总质量管控工程师组织各质量管控工程师进行质量验收，及时发现质量问题，并提出具体的整改意见。然后由质量管控工程师进行复验，在合格后才能上报验收小组进行具体的验收检查。另外，还需要对建筑节能质量相关资料进行收集和整理，并对其进行完善，做好归档工作。

近年来建筑节能工程项目越来越多，因此在当前节能工程实施过程中，需要强化质量控制工作，努力提高管控质量。但当前我国质量控制还存在许多不完善的地方，而且缺乏实践经验，这给质量管控人员带来了严峻的挑战。因此需要质量管控人员在实际工作中要不断充实自身的知识，并积极实践，进一步强化建筑节能工程的施工质量控制，确保建筑行业节能、环保目标的实现。随着我国建筑业的飞速发展，建筑业的高能耗对我国经济的持续发展已产生不可忽视的影响，建筑节能技术的应用是国家当前节能减排发展战略的一部分，是一门新兴的技术，其内容主要包括屋面工程、外墙、外窗、阳台、楼地面、楼梯间、电梯厅地面、厨房、卫生间等节能技术的应用。

三、节能建筑的主要内容及节能理念

（一）建筑设计

依照相关规定，建筑设计必须包含节能设计专项，并且必须经审图部门的审查确认。这对设计人员提出了要求，即必须具备节能意识，并且发挥其在建筑节能工作中的基础性和决定性的作用，从源头上杜绝浪费，对节约投资起到保证作用。

（二）自然资源的综合利用

太阳能、风能、地热的利用。这些自然资源基本上是取之不尽、用之不竭的。无污染、取用方便、使用效果好，在改善城市环境上厥功至伟。目前有许多城市已强制要求在建筑工程中使用这些新技术，如太阳能热水循环系统、地热利用循环系统等，取得了很好的效果。

（三）改善围护结构

目前各地正陆续出台各项政策，即使用各种轻质保温隔热和容重低的砌体材料来代替黏土砖；应选用断桥隔热型材作为金属门窗的材料；运用外墙保温技术和外遮阳系统；填充惰性气体的中空玻璃和低辐射玻璃的运用。这些措施是目前建筑节能的主要措施，使建筑节能效果显著提高。

（四）选择低能耗的设备

目前在建筑的总能耗中空调和照明设备的消耗占比很高，因而也是节能的重点。目前国内有些建筑已采用地泵系统来替代传统的通风空调系统，节约了大量的能源。

四、建筑节能质量管控的现状分析

建筑节能工作作为技术性和政策性很强的系统工程，其全面实施在我国时间不长，整体发展水平不高，存在着这样那样的问题。几年来，国家及各级地方政府出台了大量相关的文件、规范、管理办法等，对质量管控在建筑节能中应做的工作也做出了相应规定：

（一）审查建筑节能施工技术方案，编制建筑节能质量管控实施细则。

（二）审查建筑节能设计图纸是否经过施工图设计审查，并按照审查合格的设计文件和建筑节能标准的要求实施质量管控。

（三）对易产生热桥和热工缺陷等部位及墙体、屋面保温的施工采取旁站。

（四）加强工程竣工验收时节能专项验收。

目前，施工阶段的建筑节能质量管控存在很多问题，主要表现在三个方面：一是质量管控人员专业技术水平有待提高，大部分质量管控人员对节能标准、规范的熟悉程度不够；二是对节能技术和产品的熟悉程度不足；三是从政府颁布的各种文件的层面上看，质量管控人员难以发挥出主动性和积极性。

五、建筑节能施工质量管控分析

（一）施工准备阶段的质量管控工作

质量管控单位应当对从事建筑节能工程质量管控的相关从业人员进行建筑节能标准与技术等专业知识的培训；质量管控机构在建筑节能工程施工现场，应备有国家、省、市有关建筑节能法规文件及本工程相关的建筑节能强制性标准；建筑节能工程施工前，总质量管控工程师应组织质量管控人员熟悉设计文件、参加施工图会审和设计技术交底；建筑节能工程施工前，总质量管控工程师应组织编制建筑节能质量管控实施细则。建筑节能工程施工前，总质量管控工程师应组织专业质量管控工程师审查施工单位报送建筑节能专项施工方案和技术措施，提出审查意见。

（二）建筑材料和建筑设备

建筑材料和建筑设备的环保健康和节能，是绿色建筑中的关键技术。例如合理使用经济适用的节能技术可在满足舒适要求的同时使建筑节约 1/3 左右的能源费用。低能耗高效能的建材、先进的绝热技术、充分考虑遮阳和日光利用的高性能集成窗系统、建筑气密性的处理、新能源和可再生能源系统的使用、高能效设备和用具的使用、区域热电冷联技术等在建筑中的使用，将是绿色建筑中的关键技术和关键设备。

（三）加强建筑节能设计和施工图审查的管理

施工图审查机构审查合格的建筑节能施工图纸、审查意见及合格证，是建筑节能施工的法律依据。监管部门要参加设计交底和图纸会审。工程项目施工前，设计文件在图审的基础上需组织设计交底和图纸会审，提出疑点和需要解决的问题，形成会审纪要，经参会各方签字认可后执行。

设计单位不得随意变更节能设计，凡是涉及节能项目的变更，必须经原建筑师签字认可，并报原图审中心进行重新审查。施工图审查机构要加强对建筑节能的审查，对涉及外墙镶贴面砖和采用新型节能材料的工程，以及没有国家相应技术标准的节能工程，要认真审查把关，对擅自变更节能设计、降低节能设计标准和效果的工程，一律不得通过审查，确保建筑节能标准真正落到实处。

（四）加强施工队伍建筑节能施工技术培训，组织节能建筑专业施工队伍

节能建筑墙体、屋面、地面及门窗等的构造、材料和施工方法有严格要求，不少施工人员由于不理解节能设计意图，往往施工不到位，影响了节能建筑质量。因此，对施工队伍加强建筑节能施工技术培训十分必要，有条件的还可组建节能建筑专业施工队伍。

（五）施工单位要对建筑节能工程制定专项的施工方案

质量管控工程师重点审核施工方案是否符合节能标准、规范和工程建设强制性标准的要求；审核施工方案在技术上是否可行，施工工艺是否先进合理、能否指导施工、是否切实可行保证工程质量，尤其对易出现问题的保温细部详图进行审查，如按相关标准图集设计出的门窗框外侧洞口、女儿墙、填充墙、封闭阳台、凸窗、伸缩缝、沉降缝等。

六、质量验收程序及要求

（一）验收小组由建设单位牵头组织。由设计、施工、质量管控单位专业技术负责人参加共同检查验收，并形成验收意见。

（二）节能工程施工完成后施工单位事先自查与复验合格后，提出质量验收申请，报质量管控单位验收。

（三）建筑节能质量验收作为单位工程的组成部分，在单位工程质量评估报告中应有建筑节能部分的专题性质量评估意见。

（四）总质量管控工程师组织各专业质量管控工程师进行质量验收，对质量问题提出书面整改通知单，施工单位整改合格回复后，由各专业质量管控工程师进行复验，达到合格要求后，

报建设单位组织验收小组进行检查验收。

（五）做好建筑节能质量管控资料的完善和归档工作。

建筑节能工程作为建设领域的一个新分部工程已成为我们既定的基本国策。需要我们在实践中不断完善和总结经验，随时充实自己，做好建筑节能工程质量的控制工作，为我国的可持续发展和科学发展贡献力量。

第三节　质量检测与节能控制方式

一、检测与控制节能工程质量管控工作范围

建筑节能工程的检测与控制是针对建筑耗能设备（包括供冷、供暖、通风、生活热水、照明、电器耗能、电梯、给排水）所采取的节能措施。它的一个重要功能是对建筑能源系统进行科学管理，确保能耗系统经济运行。其内容包括参数检测、参数与设备状态显示、自动调节与控制、工况自动转换、能量计量等。检测与控制系统验收的主要对象为采暖、通风、空调、配电、照明。建筑能源回收利用以及其他与节能有关的建筑设备监控部分也在验收之列。检测与控制节能工程涵盖的主要范围：供冷系统，含冷源设备、冷冻和冷却水系统的检测与控制；供热系统，含热源设备和热交换系统的检测与控制；通风与空调风系统的检测与控制；供配电系统的检测；照明节能系统的检测与控制；现场检测与控制元器件和设备安装质量控制；检测与控制系统中央工作站及操作分站监控质量检验；监控系统实时性、可靠性、可维护性检验。检测与控制节能工程，是智能建筑的一个功能部分，包括在智能建筑的"建筑设备监控系统"和"智能化系统集成"之中。其施工质量管控和质量验收应以智能建筑的"建筑设备监控系统"为基础，按检测验收流程进行。

二、建筑节能检测的主要内容与检测技术

（一）检测建筑能耗

想要全面了解建筑物的能耗，最佳方法是安排专人监督能源的使用情况。这样不仅可以检测建筑工程在施工中的能源消耗，而且可以检测建筑工程局部的能耗具体情况。为了更好地分析能源消耗情况，可以对其进行分项计量，既可以增加信息的准确性和可信性，又能够加强检测数据的真实性。

（二）检测节能产品的验收

节能测试是建筑工程施工中重要的组成部分，主要包括测试依据、节能产品各方面性能等。在一定程度上，现场检测建筑工程节能材料和施工设备可以保证建筑工程施工质量。作为检测人员，在检测中要严格按照《建筑节能工程施工质量验收规范》的相关标准进行，整个检测过程中的操作流程都要按照该规定的有关要求执行。

（三）检测建筑工程施工现场

在建筑工程建设中进行节能检测，施工现场检测是重要的检测方法之一，主要是为了完成节能评估和分项验收工作。检测范围包括建筑工程内部构件、建筑材料以及保温隔热材料等。因为我国工程现场检测技术起步相对较晚，技术和经验严重不足，施工现场条件较为复杂，因此，当前工程现场检测工作难度相当大。

三、建筑节能检测的常见方法

（一）热流计法

热流计的主要作用是测定建筑的热量消耗，对建筑单位时间内通过截面的热流量进行测量，然后结合整个建筑的结构、保温材料的热量和物理性能等，确定整个建筑的热量消耗。目前我国很多建筑在进行节能检测时，都会采用热流计法，通过对被测对象的热流、极端温度和冷端温度的测量，结合相应的计算公式，测出被测对象的热阻和传热系数，从而得到对整个建筑热量使用和消耗情况的科学分析。

（二）热箱法

热箱法是根据维稳态传热的原理，给定所需温度和风速辐射条件，在状态稳定之后，对空气的温度和输入到计量箱中功率，及饰件壁的表面温度进行测量，然后按照公式计算出试件中的热传递属性。这种方法的测量过程比较复杂，而且对于周围的环境等要素的要求比较高，所以不能应用于大范围的户外建筑检测，只能在实验室内进行检测。

（三）红外热像仪法

红外热像仪法在使用的过程中，主要利用了红外热像仪的热成像理论，对于建筑物体的表面温度进行测量，不需要进行接触就可以得到相应的热量情况，而且利用这种方法检测出的结果，由于是通过图像颜色深浅的形式表现出来的，比较直观，测量的速度也比较快，可以实现快速测量。

（四）常功率平面热源法

这种方法主要是为了测试建筑材料和隔热材料的物理性能，是一种非稳态法，在应用的过程中需要通过人为的方式，在墙体的内部设置平面恒定热源，然后对墙体持续加热，通过计算整个墙体温度的提升情况，计算出墙体的传热系数。

四、工程建设中进行建筑节能检测的注意事项

（一）结合工程实际情况，选择合适的节能检测方式

现如今，我国建筑工程中建筑节能检测方式是多元化的，包括现场检测、实验室检测等。不同的节能检测方式，其检测结果、采用的检测设备是不同的。因此。作为一名专业的检测人员，对工程进行节能检测的时候，必须要提前了解工程的实际情况，比如：建筑材料、施工工艺以及施工设备等。只有选择合适的检测方式，才可以准确检测工程各方面的节能效果。

（二）配备完善的检测设备

检测设备的好坏直接影响建筑节能检测效果。如果检测机构拥有完善的检测设备，在某种意义上，可以保证节能检测结果的准确性；反之，如果检测机构自身的检测设备是不完善的，就会对检测结果产生不良影响。因此，对于检测机构而言，对建筑工程进行节能检测时，必须要保证其检测设备是完善的。检测设备即使出现微小的问题，也要引起检测人员的高度重视，及时将其更换，以免检测结果出现失误。

五、工程建设中建筑节能检测的重要性

工程建设中建筑节能检测发挥着重要的作用，主要是指建筑工程在规划、扩建、设计以及使用过程中，从节能减排的角度出发，选择可以降低能耗的建筑材料、节能技术、节能施工工艺以及节能设备等，加强建筑工程的保温热性效果，不断提升建筑工程空调制冷系统和供热系统、采暖供热系统的运行效率。采用适当的方式，建立完善的建筑功能能耗系统运行管理体制，积极倡导采用可再生能源，比如：风能、水能以及太阳能等，在确保建筑工程室内质量和环境的基础上，有效降低各方面的能源消耗，比如：供暖、热水损耗、室内照明系统、空调制冷系统和制热系统等。这样既可以合理利用资源，实现能源利用最大化，又可以提高建筑工程给人带来的舒适感。建筑节能检测在工程建设中的主要作用就是减少能耗、提高能源有效利用率。

（一）认真做好施工工作

在实际施工过程中，结合工程的特征，选择合适的施工方式，采用先进的施工工艺、优质的施工材料进行施工，确保每道工序都可以真正实现标准化。施工中，现场施工人员应该严格按照施工图纸施工，选用配备围护结构的保温材料，需要做好两个方面的工作。一方面是选择合适的阳台门和外窗，其关键在于气密性。而气密性的指数由实验得出，实验方式根据《建筑外窗空气渗透性能分级及其检测方法》的相关要求进行。另一方面是选择合适的保温材料。建筑工程施工过程中，施工人员应该根据设计方案的要求，选择适合的外围护结构保温材料，采取适当的方法，确保保温材料质量符合相关规定。通常，保温材料必须要具备出厂产品合格证、材料指标实验报告以及生产许可证等。如果缺少这些文件，施工人员可以采取抽样检查的方法，对保温材料进行检查，以免劣质产品投入到建筑工程中。

（二）高度重视见证取样

在建筑工程施工单位或者质量管控工程师的见证下，负责取样的工作人员根据规定对工程施工现场的建筑材料进行取样，征得施工单位、质量管控工程师以及业主同意后，由专业的检测机构安排检测人员检测建筑材料。作为取样和见证工作人员，务必对样品负责。确保材料检测结果的真实性和可靠性，见证取样是重要环节，可以使材料符合有关部门在工程方面建立的节能标准，提高整体工程质量。

六、施工准备阶段的质量管控工作

（一）组织质量管控人员与承包商按照《智能建筑工程质量验收规范》《建筑节能工程施工

质量验收规范》和现行国家标准的相关规定，对原设计中的监测与控制功能的符合性进行复核，如复核结果不能满足节能规范要求，则向原设计单位提出修改建议，由设计单位进行设计变更，并经原节能设计审查机构批准。

（二）组织质量管控人员熟悉各专业节能设计施工图和监测与控制深化设计图纸及承包施工合同，掌握和了解主要设备及材料功能要求、技术参数与品牌、产地、价位等。复核管线、桥架走向和布设是否合理，现场控制器、监控点、系统配线规格是否满足系统要求。

（三）参加设计交底，了解设计意图、采用的设计规范、技术质量标准，选用的主要设备、材料技术要求，采用的新技术、新设备、新工艺等。

（四）审查施工组织设计：

1. 审查承担该项任务的施工队伍及人员资质与条件是否符合要求；

2. 审查施工组织设计和施工技术方案；

3. 施工单位应根据设计文件制定系统质量控制和调试流程图及节能工程施工验收大纲；

4. 监测与控制系统的验收分为工程实施和系统检测两个阶段，在施工组织设计中应有两个阶段的工作内容。

七、监测与控制节能工程工程实施阶段质量管控要点

（一）设备及材料的质量控制

1. 按照合同技术文件和工程设计文件的要求，对设备、材料和软件进行进场验收，进场验收应有书面记录和参加人员签字。未经进场验收合格的设备、材料和软件不得在工程上使用和安装。经进场验收合格的设备和材料应按产品的技术要求妥善保管。

2. 设备及材料的进场验收应填写设备材料进场检验表，具体要求如下：

（1）保证外观完好，产品无损伤、无瑕疵，品种、数量、产地符合要求；

（2）设备和软件产品的质量检查应执行以下规定：

①产品应为列入《中华人民共和国实施强制性产品认证的产品目录》或实施生产许可证和上网许可证管理的产品，未列入强制性认证产品目录或未实施生产许可证和上网许可证管理的产品，应按规定程序通过产品检测后方可使用。

②产品功能、性能等项目的检测应按相应的现行国家产品标准进行；供需双方有特殊要求的产品，可按合同规定或设计要求进行。

③对不具备现场检测条件的产品，可要求进行检测并出具检测报告。

④硬件设备及材料的质量检查重点应包括安全性、可靠性及电磁兼容性等项目，可靠性检测可参考生产厂家出具的可靠性检测报告。

⑤软件产品质量应按下列内容检查：

a. 商业化的软件，如操作系统、数据库管理系统、应用系统软件、信息安全软件和网管软件等应做好使用许可证及使用范围的检查。

b. 由系统承包商编制的用户软件、用户组态软件及接口软件等应用软件，除进行功能测试和系统测试之外，还应根据需要进行容量、可靠性、安全性、可恢复性、兼容可靠性、自诊断等多项功能测试，并保证软件的可维护性。

c.所有自编软件均应提供完整的文档（包括软件资料、程序结构说明、安装调试说明、使用和维护说明书等）。

⑥系统接口的质量应按下列要求检查：

a.系统承包商应提交接口规范，接口规范应在合同签订时由合同签订机构负责审定。

b.系统承包商应根据接口规范制定接口测试方案，接口测试方案经检测机构批准后实施。系统接口测试应保证接口性能符合设计要求，实现接口规范中规定的各项功能，不发生兼容性及通信瓶颈问题，并保证系统接口的制造和安装质量。

c.依规定程序获得批准使用的新材料和新产品除符合本条规定外，尚应提供主管部门规定的相关证明文件。

d.进口产品除应符合相关的规定外，尚应提供原产地证明和商检证明，配套提供的质量合格证明、检测报告，安装、使用、维护说明书等文件资料应为中文文本（或附中文译文）。

3.设备及材料的进场验收

除按上述规定执行外，还应符合下列要求：

（1）电气设备、材料、成品和半成品的进场验收应按《建筑电气工程施工质量验收规范》有关规定执行。

（2）各类传感器、变送器、电动阀门及执行器、现场控制器等的进场验收要求：

①查验合格证和随带的技术文件，实行产品许可证和强制性产品认证标志的产品应有产品许可证和强制性产品认证标志。

②外观检查：铭牌、附件齐全，电气接线端子完好，设备表面无缺损，涂层完整。

③传感器进场应检查下列主要性能参数：测量范围（量程）、线性度、不重复性、滞后、精确度、灵敏度（传感器系数）、零点时间漂移、零点温度漂移、灵敏度漂移、响应速度。检查方法：进行外观检查，对照设计要求核查质量证明文件和相关技术资料。检查数量：全数检查。

（二）现场检测控制

建筑设备的监测与控制系统主要由输入装置和输出装置组成。输入装置主要包括：温度变送器、湿度变送器、压力变送器、压差变送器、压差开关、流量计、流量变送器、空气质量变送器以及其他检测现场各类参数的变送器等。输出装置主要有各类执行器，如电磁阀、电动调节阀、电动风阀执行器、变频器等。

1.传感器、变送器、阀门及执行器、现场控制器等定位和安装

（1）一般规定

①现场检测与控制元器件不应安装在阳光直射的位置，应远离有较强振动、电磁干扰的区域，其位置不能破坏建筑物的外观与完整性，室外型温、湿度传感器应有防风雨的防护罩；

②应尽可能远离门、窗和出风口的位置，若无法避开，则与之距离不应小于2m；

③并列安装的传感器，距地高度应一致，高度差不应大于1mm，同一区域高度差不应大于5mm。

（2）温度传感器至DDC之间的连接应符合设计要求，应尽量减少因接线引起的误差，对于镍温度传感器的接线电阻应小于3Ω，铂温度传感器的接线电阻应小于1Ω。

2.风管式温、湿度传感器的安装

（1）传感器应安装在风速平稳且能反映风温的位置；

（2）传感器的安装应在风管保温层完成后，安装在风管直管段的下游并避开风管死角的位置；

（3）传感器应安装在便于调试、维修的地方。

3.水管温度传感器的安装

（1）水管温度传感器的开孔与焊接，必须在工艺管道的防腐、衬里、吹扫和压力试验前进行。

（2）水管温度传感器的安装位置应在水流温度变化灵敏和具有代表性的地方，不宜选择在阀门等阻力部件附近，以及介质流动呈死角和振动较大的位置。

（3）水管温度传感器的感温段大于管道口径的1/2时，可安装在管道的顶部。若感温段小于管道口径的1/2，应安装在管道的侧面或底部。

（4）水管温度传感器不宜在焊缝及其边缘上开孔和焊接。

4.压力、压差传感器和压差开关、水流开关的安装

（1）传感器应安装在便于调试、维修的位置。

（2）压力、压差传感器应安装在温、湿度传感器的上游侧。

（3）风管型压力、压差传感器应在风管的直管段，若不能安装在直管段则应避开风管内死角位置。

（4）管道型蒸汽压力与压差传感器的安装：其开孔与焊接工作必须在工艺管道的防腐、衬里、吹扫和压力试验前进行。

（5）管道型蒸汽压力与压差传感器不宜在管道焊缝及其边缘处开孔及焊接安装。

（6）压力取源部件的端部不应超出设备或管道的内壁。

（7）安装压差开关时，宜将薄膜处于垂直于平面的位置；风压压差开关安装距地面高度不应小于0.5m；

（8）水流开关应安装在水平管段上，不应安装垂直管段上，水流开关应安装在便于试调、维修的地方。水流开关的叶片长度应与水管管径相匹配，应避免安装在侧流孔、直角弯头或阀门附近。

5.流量传感器的安装：流量仪表的型号和参数、仪表前后的直管段长度等应符合产品要求。

（1）电磁流量计的安装

①电磁流量计应避免安装在有较强的交直流磁场或有剧烈振动的场所；

②电磁流量计、被测介质及管道连接法兰三者之间应连接成等电位，并接地；

③电磁流量计应安装在流量调节阀的上游，流量计的上游应有一定的直管段，长度为10D（D为管径），下游段应有（4～5）D的直管段；

④在垂直的工艺管道上安装时，液体流向应自下而上，以保证导管内充满被测液体且不产生气泡；在水平管道上安装时必须使电极处在水平方向，以保证测量精度。

（2）涡轮式流量传感器的安装

①涡轮式流量传感器应安装在便于维修并避免管道振动、强磁场及热辐射的场所。

②涡轮式流量传感器安装时应水平，流体的流动方向必须与传感器壳体上所示的流向标志一致。

③当可能产生逆流时，流量变送器后面应装设逆止阀。流量变送器应安装在测压点上游，距测压点（3.5～5.5）D 的位置，测温应设置在下游侧，距流量传感器（6～8)D 的位置。

④流量传感器需安装在一定长度的直管上，以确保管道内流速平稳。流量传感器上游应留有 10D 的直管，下游应留有 5D 的直管。如传感器前后的管道中安装有阀门、管道缩径、弯管等影响流量平稳的管路附件，则直管段的长度还需相应增加。

⑤信号的传输线宜采用屏蔽和有绝缘保护层的电缆，宜在 DDC 侧一点接地。

⑥为了避免流体中脏物堵塞涡轮叶片和减少轴承磨损，应在流量计前的直管段（20D）前部安装 20～60 目的过滤器，通径小时密，通径大时稀。过滤器应定期清洗。

6. 空气质量传感器的安装

（1）空气质量传感器应安装在便于调试、维修的位置。

（2）空气质量传感器的安装应在风管保温层完成之后进行。

（3）被测气体密度比空气小时，空气质量传感器应安装在风管或房间的上部；被测气体密度比空气大时，空气质量传感器应安装在风管或房间的下部。

（4）空气质量传感器应安装在能反映检测空间的空气质量状况的区域或位置。

7. 空气速度传感器的安装

（1）空气速度传感器应安装在便于调试、维修的位置；

（2）空气速度传感器的安装应在风管保温层完成之后进行；

（3）空气速度传感器应安装在风管的直管段，若不能安装在直管段，应避开风管内通风死角位置；

（4）空气速度传感器的安装应避开蒸汽放空阀。

8. 风机盘管温控器、电动阀的安装

（1）温控开关与其他开关并列安装时，距地面高度应一致，高度差不应大于 1mm，同一区域高度差不应大于 5mm，温控开关外形尺寸与其他开关不一样，以底边齐平为准；

（2）电动阀阀体上箭头的指向应与水流方向一致；

（3）风机盘管电动阀应安装在风机盘管的回水管上；

（4）四管制风机盘管的冷热水管电动阀共用线为零线；

（5）客房风机盘管温控系统应与节能系统连接。

9. 电量变送器的安装

（1）电量变送器通常安装在检测设备内，或者在变配电设备附近装设单独的电量变送器柜，将全部的变送器安装在该柜内。然后将相应的检测设备的 CT、PT 输出端通过电缆接入电量变送器柜，并按设计和产品说明书提供的接线图接线，再将其对应的输出端接入 DDC 控制柜。

（2）变送器接线时，严防其电压输入端短路和电流输入端开路。

（3）必须注意变送器的输入、输出端的范围与设计和 DDC 控制柜所要求的型号相符。

10. 电磁阀的安装

（1）电磁阀阀体上箭头的指向应与水流方向一致；

（2）空调器的电磁阀旁一般应装有旁通管道；

（3）电磁阀的口径与管道通径不一致时，应采用渐缩管件，同时电磁阀的口径一般不应小于管道通径两个等级；

（4）执行机构应固定牢靠，操作手轮应处于便于操作的位置；

（5）执行机构的机械转动应灵活，无松动或卡涩现象；

（6）有阀位指示装置的电磁阀，阀位指示装置应面向便于观察的位置；

（7）电磁阀安装前应按使用说明书的规定检查线圈与阀体之间的电阻；

（8）电磁阀安装前宜进行仿真动作和试压试验；

（9）电磁阀一般安装在回水管上；

（10）电磁阀在管道冲洗前应完全打开。

11. 电动阀的安装

（1）电动阀阀体上箭头的指向应与水流方向一致；

（2）空调器的电动阀旁一般应装有旁通管道；

（3）电动阀的口径与管道通径不一致时，应采用渐缩管件，电动阀的口径一般不应小于管道通径两个等级并满足设计要求；

（4）电动阀执行机构应固定牢靠，手动操作机构应处于便于操作的位置；

（5）电动阀应垂直安装在水平管道上，特别是大口径电动阀不能倾斜；

（6）有阀位指示装置的电动阀，阀位指示装置应面向便于观察的位置；

（7）安装在室外的电动阀应有防晒、防雨措施；

（8）电动阀在安装前宜进行仿真动作和试压试验；

（9）电动阀一般安装在回水管路上；

（10）电动阀在管道冲洗前，应完全打开，清除污物；

（11）检查电动阀的驱动器，其行程、压力和最大关紧力（关阀的压力）必须满足设计和产品说明书的要求；

（12）电动阀的型号、材质必须符合设计要求，其阀体强度、阀芯泄漏试验必须满足产品说明书的有关规定；

（13）安装电动阀时，应避免给电动阀带来附加压力，若电动阀安装在管道较长的地方，应安装支架和采取防振措施。

（14）检查电动阀的输入电压、输出信号和接线方式，应符合产品说明书的要求。

（15）将电动执行器和电动阀进行组装时，应保证执行器的行程和阀的行程大小一致。

12. 风阀控制器的安装

（1）风阀控制器上开闭箭头的指向应与风门开闭方向一致；

（2）风阀控制器与风阀门轴的连接应牢固可靠；

（3）风阀的机械结构开闭应灵活，无松动或卡阻现象；

（4）风阀控制器安装后，风阀控制器的开闭指示位应与风阀实际情况一致，风阀控制器宜面向便于观察的位置；

（5）风阀控制器应与风阀门轴垂直安装；

（6）风阀控制器安装前应按设计和产品说明书的规定检查线圈、阀体之间的电阻、供电电压、控制输入等，应符合说明书的要求。

（7）风阀控制器在安装前宜进行仿真动作试验；

（8）风阀控制器的输出力矩必须与风阀所需的相匹配，且符合设计要求；

（9）风阀控制器不能直接与风门挡板轴相连接时，可通过附件与挡板轴相连，其附件装置必须保证风阀控制器旋转角度有足够的调整范围。

13. 变送器的安装检查

（1）变送器接线时，严禁其电压输入端短路和电流输入端开路。通电时必须检查其通断否。

（2）必须检查变送器输入、输出端的信号范围，应与设计和 DDC 的要求相符合。

14. 变频器的安装位置、电源回路敷设、控制回路敷设应符合设计和产品技术条件要求。

15. 智能化变风量末端装置的温度设定器的安装位置应符合产品和设计要求。

16. 控制元器件安装质量的检查。

（1）检查方法

通过观察和尺量进行现场仪表的安装质量检查。核对相关设计文件复核仪表选型。

（2）检查内容

①电动阀的口径应有设计计算说明书。电动阀应选用等百分比特性的阀门。阀门控制精度应优于 1%，阀的阻力应为系统总阻力的 10% 到 30%。系统断电时阀门位置应保持不变，并具备手动功能，其自动 / 手动状态应能被计算机测出并显示。在安装自动调节阀的回路上不允许同时安装自力式压力调节阀。安装位置正确，阀前阀后直管段长度应符合设计要求。

②压力和压差仪表的取压点应符合设计要求，压力传感器应通过带有缓冲功能的环行管针阀与被测管道连接，压差仪表应带三阀组；同一楼层内的所有压力仪表应安装在同一高度上。

③流量仪表的准确度优于满量程的 1%，量程选择应与该管段最大流量一致；必须满足流量传感器产品要求的安装直管段长度。涡街流量计的口径应小于其安装管道的口径。流量仪表的最大使用温度应高于实际出现的最高热水温度，且其累计值应大于被测管路在一个供暖季的总累计值。保证安装直管段要求，并正确安装测温装置。

④温度传感器的安装位置、插入深度应符合设计要求，管道上安装的温度传感器应保证热桥现象导致的温差小于 0.05 摄氏度，当热电偶直接与计算机监控系统的温度输入模块连接时，其配置的补偿导线应与所用传感器的分度号保持一致，且必须采用铜导线连接，并单独穿管。测量空调系统的温度传感器的安装位置必须严格按设计施工图执行。

⑤变频器在其最大频率下的输出功率应大于此转速下设备的最大功率，转速反馈信号可被监控系统接收并显示，现场可手动调速或与市电切换。

（3）检查数量

每种仪表按 20% 抽检，不足 10 台全部检查。

八、监测与控制节能工程系统检测调试要点

（一）新风机组系统检测与调试

新风机组系统检测调试项目包括送风温度控制、送风相对湿度控制、电气连锁以及防冻连锁控制等。

1. 检查新风机控制柜的全部电气元器件有无损坏，内部与外部接线是否正确无误。

2. 按监控点表要求，检查安装在新风机组上的温、湿度传感器，电动阀，风阀，压差开关等现场设备的位置，接线是否正确，输入 / 输出信号类型、量程是否和设置相一致。

3. 在手动位置，确认风机在手动状态下应运行正常。

4. 确认 DDC 控制器和 I/O 模块的地址码设置是否正确。

5. 编程器检查所有模拟量输入点（送风温度、湿度和风压）的量值，核对其数值是否正确。检查所有开关量输入点（压差开关和防冻开关等）工作状态是否正常。强置所有开关量输出点（启 / 停控制、变风量多档速度控制），检查相关的风机、风门、阀门等是否正常工作。强制所有模拟量输出点、输出信号，检查相关的电动阀（冷热水调节阀）、电动风阀变频器是否正常工作。

6. 确认 DDC 送电并接通主电源开关，观察 DDC 控制器和各元器件状态是否正常。

7. 启动新风机，新风机组应连锁打开，送风温度调节控制应投入运行。

8. 模拟送风温度大于送风温度设定值（一般为 3℃ 左右），热水调节阀应逐渐减小开度直至全部关闭（冬天工况），或者冷水阀逐渐加大开度直至全部打开（夏天工况）。模拟送风温度小于送风温度设定值（一般为 3℃ 左右），确认其冷热水阀运行工况与上述完全相反。

9. 需进行湿度调节时，则模拟送风湿度小于送风湿度设定值，一般为 10%RH 左右，加湿器应按预定要求投入工作，直到送风湿度趋于设定值。

10. 当新风机采用变频调速或高、中、低三速控制器时，应模拟变化风压测量值或其他工艺要求，确认风机转速能相应改变或切换到测量值并稳定在设计值，同时，按设计和产品说明书的要求记录 30%、50%、90% 风机速度时对应低、中、高三速的风压或风量。

11. 停止新风机运转，则新风门、冷热水调节阀、加湿器等应回到全关闭位置。

12. 确认按设计图纸、产品供应商的技术资料、软件功能和调试大纲规定的其他功能，以及连锁、联动都达到规定要求。

13. 单体调试完成时，应按工艺和设计要求在系统中设定其送风温度、湿度和风压的初始状态。

（二）定风量空调机组系统检测与调试

定风量空调机组系统检测与调试项目包括：回风温度（房间温度）控制、回风相对湿度（房间相对湿度）控制、电气连锁控制、阀门开度比例控制功能等。

1. 在现场控制器（DDC）显示终端检查温度、相对湿度测量值，核对其数据是否正确，必要时可用手持式仪表测量回风温度（房间温度）和回风相对湿度（房间相对湿度），比较测量精度；检查风压开关、防冻工作状态是否正常；检查送风机、回风机及相应冷热水调节阀工作状态；检查新风阀、排风阀、回风阀开关状态。

2. 进行温度调节，改变回风温度设定值，使其小于回风温度测量值，一般为 3℃ 左右，冷水阀开度应逐渐加大，热水阀开度应逐渐减小（冬季工况），回风温度测量值应逐步减小并接近设定值；改变回风温度设定值，使其大于回风温度测量值时，观察结果应与上述相反。检测时应注意，回风温度测量值随着回风温度设定值的改变而变化，稳定在回风温度设定值附近的相应时间；系统稳定后，回风温度测量值不应出现明显的波动，其偏差不超过要求范围。要保证系统稳定工作和满足基本的精度要求。

3. 进行湿度调节，改变回风湿度设定值，使其大于回风湿度测量值，一般为 10%RH 左右，观察加湿器应投入工作或加大加湿量，回风相对湿度测量值应逐步趋于设定值。改变回风湿度设定值，使其小于回风相对湿度测量值时，过程与上述相反。相对湿度控制应满足系统稳定性和基本精度的要求。通过以上调节及运行过程，观察运行工况的稳定性、系统响应时间及控制效果。回风温度控制精度以保持设定值为原则。当设计文件有控制精度要求时，应符合设计要求。控制精度设计文件无要求时，一般为温度设定值 ±2℃。相对湿度控制精度应根据加湿控制方式选择，检测工况的相对湿度控制效果。当设计文件有控制精度要求时，应符合设计要求。

4. 改变预定时间表，检测定风量空调机组的自动启停功能。

5. 启动 / 关闭定风量空调机组，检查各设备电气连锁。电气连锁包括送风机、回风机、新风阀、回风阀、排风阀、冷热水调节阀、加湿器等设备。启动空调风机，新风阀、回风阀、排风阀、冷热水调节阀门、加湿器等回到全关闭位置。

6. 防冻连锁功能检测。应依据设计文件要求，在冬季室外气温低于 0℃ 的地区，除电气连锁外，还应限制热盘管电动阀的最小开度，最小开度设置为能保证盘管内水不结冰的最小水量。

7. 检测系统故障报警功能。包括过滤器压差开关报警、风机故障报警、测控点传感器故障报警。

8. 节能优化控制功能检测。节能优化控制功能的检测包括实施节能优化的措施和达到的效果，可进行现场观察和查询历史数据。

（三）变风量空调机组系统检测与调试

变风量空调机组系统检测与调试项目包括：冷水量 / 送风温度控制、风机转速 / 静压点的静压控制、送风量 / 室内温度控制、新风量 / 二氧化碳浓度控制、相对湿度控制、电气连锁控制、阀门开度比例控制功能等。

1. 在现场控制器（DDC）显示终端检查温度、相对湿度测量值，核对其数据是否正确，必要时可用手持式仪表测量回风温度（房间温度）和回风相对湿度（房间相对湿度），比较测量精度；检查风压开关、防冻工作状态是否正常；检查送风机及回风机调速工作状态、冷热水调节阀工作状态；检查新风阀、排风阀、回风阀开关状态。

2. 进行送风温度调节，改变送风温度设定值，使其小于送风温度测量值，一般为 3℃ 左右，冷水阀开度应逐渐加大，热水阀开度应逐渐减小（冬季工况），送风温度测量值应逐步减小并接近设定值；改变送风温度设定值，使其大于送风温度测量值时，观察结果应与上述相反。

3. 静压控制检测，改变静压设定值，使之大于或小于静压测量值，变频风机转速应随之升高或降低，静压测量值应逐步趋于设定值。

4. 室内温度控制功能检测。改变送风量进行室内温度调节。

5. 二氧化碳浓度控制检测。改变二氧化碳浓度设定值，检查新风阀开度变化。

6. 进行湿度调节，改变送风湿度设定值，使其大于送风湿度测量值，一般为 10%RH 左右，观察加湿器应投入工作或加大加湿量，送风相对湿度测量值应逐步趋于设定值。改变送风湿度设定值，使其小于送风相对湿度测量值时，观察结果应相反。相对湿度控制应满足系统稳定性和基本精度的要求。通过以上调节及运行过程，观察运行工况的稳定性、系统响应时间及控制效果。温度控制精度以保持设定值为原则。当设计文件有控制精度要求时，应符合设计要求。

控制精度设计文件无要求时，一般为温度设定值 ±2℃。相对湿度控制精度应根据加湿控制方式选择，检测工况的相对湿度控制效果。当设计文件有控制精度要求时，应符合设计要求。

7. 改变预定时间表，检测变风量空调机组的自动启停功能。

8. 启动／关闭变风量空调机组，检查各设备电气连锁。电气连锁包括送风机、回风机、新风阀、回风阀、排风阀、冷热水调节阀、加湿器等设备。启动空调风机，新风阀、回风阀、排风阀等连锁打开，温度、相对湿度、风机转速调节控制投入运行；关闭空调风机，新风阀、回风阀、排风阀、冷热水调节阀门、加湿器等回到全关闭位置。

9. 防冻连锁功能检测。应依据设计文件要求，在冬季室外气温低于0℃的地区，除电气连锁外，还应限制热盘管电动阀的最小开度，最小开度设置为能保证盘管内水不结冰的最小水量。

10. 检测系统故障报警功能。包括过滤器压差开关报警、风机故障报警、测孔点传感器故障报警。

11. 节能优化控制功能检测。节能优化控制功能的检测包括实施节能优化的措施和达到的效果，可进行现场观察和查询历史数据。

（四）冷源设备监测与控制系统检测与调试

1. 按设计和产品说明书的规定，在确认主机、冷水泵、冷却水泵、冷却塔、风机、电动蝶阀等相关设备单机运行正常的情况下，在 DDC 侧或主机侧检测该设备的全部 AO、AI、DO、DI 点，确认其满足设计和监控点表的要求。启动自动控制方式，确认系统设备按设计和工艺要求顺序投入运行和关闭自动退出运行。

2. 增加或减少空调机运行台数，增减其冷负荷，检验平衡管流量的方向和数值，确认能启动或停止制冷机组的台数，以满足负荷变动需要。

3. 模拟一台设备故障停运以及整个机组停运，检验系统是否能自动启动一个预定的机组投入运行。

4. 按设计和产品技术说明书的规定，模拟冷却水温度的变化，确认冷却水温度旁通控制和冷却塔高、低速控制及冷却风机群控的功能，并检查旁通阀动作方向是否正确。

（五）风机盘管单体调试检测

1. 检查电动阀门和温度控制器安装和接线是否正确；

2. 确认风机和管路已处于正常运行状态；

3. 设置风机高、中、低三速和电动开关阀的状态，观察风机和阀门工作是否正常；

4. 操作温度控制器的温度设定按钮和模拟设定按钮，风机盘管的电动阀应有相应的变化；

5. 若风机盘管控制器与 DDC 控制器相连，应检查主机对全部风机盘管的控制和监测功能（包括设定值修改、温度控制调节和运行参数）。

（六）空调水二次泵及压差平衡阀检测与调试

1. 若压差平衡阀门采用无位置反馈，应做如下测试：打开调节阀驱动器外罩，观察并记录阀门从全关至全开所需时间，取两者较大的作为阀门"全行程时间"参数，输入 DDC 控制器输出点数据区。

2. 压差旁路控制的调节。先在负荷侧全开一定数量的调节阀，其流量应等于一台二次泵额定流量，接着启动一台二次泵运行，然后逐个关闭已开的调节阀，检查压差平衡阀的动作。在上述过程中应同时观察压差测量值是否基本在设定值附近，否则应寻找不稳定的原因，并排除故障。

3. 检查二次泵的台数控制程序，是否能按预定的要求运行。其中负载侧总流量先按设备工艺参数设定，经过一年的负载高峰期可获得实际峰值，结合每台二次泵负荷适当调整。当发生二次泵启 / 停切换时，应注意压差测量值也应基本稳定在设定值附近，否则可适当调整压差旁通控制的 PID 参数，试验是否能缩小压差值的波动。

4. 检验系统的连锁功能。每当有一次机组在运行，二次泵台数控制便应同时投入运行，只要有二次泵在运行，压差旁通控制便应同时工作。

（七）供配电监测系统的检测

1. 模拟量输入信号的精度检测。在变送器输出端测量其输出信号的数值，通过计算机与主机上的显示数值进行比较，其误差应满足设计和产品的技术要求。

2. 检测变配电设备的 BA 系统。监控项目必须全部检测，应全部符合设计要求。

（八）照明控制系统的调试检测

1. 按设计图纸和通信接口的要求，检查强电柜与 DDC 通信方式的接线是否正确，数据通信协议、格式、传输方式、速率应符合设计要求。

2. 系统监控点的测试检查。根据设计图纸和系统监控点表的要求，按有关规定的方式逐点进行测试。确认受 BAS 控制的照明配电箱运行正常情况下，启动顺序、时间或照度控制程序，按照明系统设计和监控要求，按顺序、时间程序或分区方式进行检测。

（九）冷冻和冷却水监测与控制系统检测与调试

1. 冷冻和冷却水系统控制柜中的全部电气元件应无损坏，内部与外部接线应正确无误。严防强电串入 DDC，直流弱电地与交流强电地应分开。

2. 按监控点表要求，检查冷冻和冷却系统的温、湿度传感器，电动阀，压差开关等设备的位置，接线是否正确，输入 / 输出信号类型、量程应和设计相一致。

3. 手动设置时，确认各单机在非 BAS 系统控制状态下运行正常。

4. 确认 DDC 控制器和 I/O 模块的地址码设置正确。

5. 确认 DDC 送电并接通主电源开关，DDC 控制器和各组件状态正常。

6. 对填写的 BAS 监控点记录表进行核查。

7. 按设计和产品技术说明书规定在确认主机、冷冻水泵、冷却泵、风机、电动蝶阀等相关设备单独运行正常的情况下，检查全部 AO、AI、DO、DI 点应满足设计和监控点表要求；确认系统在激活或关闭自动控制两种情况下，各设备按设计和工艺要求顺序投入或退出运行两种方式都正确。

8. 增减空调机运行台数，增减其冷负荷，检验平衡管流量的方向和数值，确认能激活或停止制冷机组的运行台数，以满足负荷变动需要。

9. 模拟一台设备故障停运，或者整个机组停运，检验系统是否自动激活一个预定的机组投入运行；

10. 按设计和产品技术说明规定，模拟冷却水温度的变化，确认冷却水温度旁通控制和冷却塔高、低速控制及冷却风机群控的功能，并检查旁通阀动作方向。

（十）热泵及热交换监测与控制系统的检测与调试

1. 热泵机组控制柜的全部电气元件应无损坏，内部与外部接线应正确。

2. 按监控点表要求，检查热泵机组上的温度传感器、电动阀、风阀、压差开关等设备的位置，接线是否正确，输入／输出信号类型、量程应和设计相一致。

3. 手动位置时，确认各单机在手动状态下运行正常。

4. 确认 DDC 控制器和 I/O 模块的地址码设置正确。

5. 确认 DDC 送电并接通主电源开关，DDC 控制器和各组件状态正常。

6. 对填写的 BA 系统监控点记录表进行核查。

7. 按设计和产品技术说明书规定，在确认主机、热泵机组、电动蝶阀等相关设备单独运行正常下，全部 AI、AO、DI、DO 点应满足设计和监控点表要求。确认系统在启动或关闭两种自动控制情况下，按设计和工艺要求顺序，各设备投入或退出运行两种方式正确。

8. 增减空调机运行台数，增减其热负荷，检验平衡管流量的方向和数值，确定能启动或停止热泵机组的运行台数，以满足负荷变动需要。

9. 模拟一台设备故障停运，或者整个机组停运，检验系统是否自动启动一个备用的机组投入运行。

九、监测与控制系统的功能检验

（一）试运行项目监测与控制系统功能检验

对经过试运行的项目，其系统的投入情况、监控功能、故障报警、连锁控制及数据采集等功能，应符合设计要求。调出试运行中计算机内的全部试运行历史数据：在试运行中，各监控回路分别进行自动控制投入、自动控制稳定性、监测控制各项功能、系统连锁和各种故障报警试验，通过查阅现场试运行记录和对试运行历史数据进行分析，确定监控系统是否符合设计要求。

1. 检验方法与内容：

（1）监测与控制节能工程必须完成 168 小时不间断试运行，因各种原因导致运行间断时，必须在故障排除后重新进行，直到完成为止；

（2）在试运行期间，模拟量控制必须自始至终能投入自动并正常自动运行；

（3）建议在试运行期间进行不少于 3 次的控制稳定性试验，通过人为在输入端输入不少于设定值 105% 的扰动，检验系统是否在检测验收大纲规定的时间内稳定下来；

（4）检验从全部控制回路投入到全系统稳定运行所用的时间是否在检测验收大纲规定的时间间隔范围内；

（5）进行不少于 3 次试验，检查连锁控制功能；

（6）在现场用标准仪表检验运行参数并与计算机控制系统显示值比较，判断是否符合设计要求；

（7）人为设置故障，检验报警功能。

2.检验数量

试运行项目所包含的全部监测与控制回路全部检查。

（二）冷／热源、空调水系统控制与报警功能检测

检验冷／热源、空调水系统的监测控制系统应成功运行，控制及故障报警功能应符合设计要求。冷／热源、空调水系统因季节原因无法进行不间断试运行时，在中央工作站使用检测系统软件，或采用在直接数字控制器或冷／热源系统自带控制器上改变参数设定值和输入参数值，检测控制系统的投入情况及控制功能；在工作站或现场模拟故障，检测故障监视、记录和报警功能。这种测试方法不涉及内部过程，只要求规定的输入得到预定的输出，也可用系统自带模拟仿真程序进行模拟检测。

1.检测方法

（1）通过工作站或现场控制器改变参数设定，检测热源和热交换系统的自动控制功能，预定时间功能等；

（2）在工作站设置或现场模拟故障，进行故障监视、记录与报警功能检测；

（3）核实热源和热交换系统能耗计量与统计资料。

2.检测数量：全部检测。

（三）通风与空调系统控制与报警功能检测

通风与空调监测控制系统的控制功能及故障报警功能应符合设计要求。通风与空调系统因季节原因无法进行不间断试运行时，在中央工作站使用检测系统软件，或直接在数字控制器或通风与空调系统自带控制器上改变参数设定值和输入参数值，检测控制系统的投入情况及控制功能；在中央工作站或现场模拟故障，检测故障监视、记录和报警功能，也可用系统自带模拟仿真程序进行模拟检测。

1.检测方法

（1）在中央工作站或现场控制器（DDC）检测温度、相对湿度测量值，核对其数据是否正确，用便携式或其他类型的温湿度仪器测量温度值、相对湿度值进行比对；检查风压开关、防冻开关工作状态；检查风机及相应冷／热水调节阀工作状态；检查风阀开关状态。

（2）在中央工作站或现场控制器（DDC）改变温度设定值，记录温度控制过程，检查控制效果、系统稳定性，同时检查系统运行历史记录。

（3）在中央工作站或现场控制器（DDC）改变相对湿度设定值，进行相对湿度调节，观察运行工况的稳定性、系统响应时间和控制效果，同时检查系统运行历史记录。

（4）在中央工作站改变预定时间表设定，检查空调系统自动启／停功能。

（5）变风量空调系统送风量控制（静压法、压差法、总风量法）检测：改变设定值，使之大于或小于测量值，变频风机转速应随之升高或降低，测量值应逐步趋于改变后的设定值。

（6）新风量控制检测：通过改变新风量（或风速、空气质量）设定值进行新风量调节，新风量（或风速、空气质量）测量值应随之变化。

（7）启动／关闭新风量空调系统、定风量空调系统、变风量空调系统，检查各设备的连锁功能。

（8）防冻保护功能检测可采用改变防冻开关动作设定值的方法模拟进行。

（9）人为设置故障，在中央工作站检测系统故障报警功能，包括过滤器压差开关报警、风机故障报警、送风温度传感器故障报警。

2.检测数量：按总数的20%抽样检测，不足5台全部检测。

（四）照明自控控制系统功能检测

照明自动控制系统的功能应符合设计要求，当设计无要求时应实现下列控制功能：

1.大型公共建筑的公用照明区应采用集中控制并应按照建筑使用条件和天然采光状况采取分区、分组控制措施，并按需要采取调光或降低照度的控制措施。

2.旅馆的每间（套）客房应设置节能控制型开关。

3.居住建筑有天然采光的楼梯间、走道的一般照明，应采用节能自熄开关。

4.房间或场所设有两列或多列灯具时，应按下列方式控制。

（1）所控灯列与侧窗平行；

（2）电教室、会议室、多功能厅、报告厅等场所，按靠近或远离讲台分组。

5.检测方法：

（1）现场操作检测控制方式；

（2）依据施工图，按回路分组，在中央工作站进行被检回路的开关控制，观察相应回路的动作情况；

（3）在中央工作站改变时间表控制程序的设定，观察相应回路的动作情况；

（4）在中央工作站采用改变光照度设定值、室内人员分布等方式，观察相应回路的控制情况；

（5）在中央工作站改变场景控制方式，观察相应的控制情况。

检测数量：现场操作检测为全数检测，在中央工作站检测按照明控制箱总数的5%检测，不足5台全部检测。

（五）供配电监测与数据采集系统功能检测

主要检测用电量监测计量系统及各种用电参数、谐波情况；功率因数改善控制，自备电源负荷分配控制，变压器台数控制。检测方法：试运行时，监测供配电系统的运行工况，在中央工作站检测运行数据和报警功能。检测数量：全部检测。

（六）建筑能源管理系统数据采集与分析功能检测

建筑能源管理系统的能耗数据采集与分析功能，设备管理和运行管理功能，优化能源调度功能，数据集成功能应符合设计要求。检测方法：对管理软件进行功能检测。检测数量：全部检测。

（七）综合控制系统功能检测

综合控制系统应对以下项目进行功能检测，检测结果应满足设计要求：

1.建筑能源系统的协调控制；

2.采暖、通风与空调系统的优化监控。

建筑能源系统的协调控制是指将整个建筑物看成一个能源系统，综合考虑建筑物中的所有耗能设备和系统，包括建筑内的人员，以建筑物中的环境要求为目标，实现所有建筑设备的协调控制，使所有设备和系统在不同的运行工况下尽可能高效运行，实现节能的目标。因涉及建筑物内的多种系统之间的协调动作，故称之协调控制。

采暖、通风与空调系统的优化监控是根据建筑环境的需求，合理控制系统中的各种设备，使其尽可能运行在设备的高效率区内，实现节能运行。如时间表控制、一次泵变流量控制等控制策略。

检测方法：采用人为输入数据的方法进行模拟测试，按不同的运行工况检测协调控制和优化监控功能。人为输入的数据可以是通过仿真模拟系统产生的数据，也可以是同类建筑运行的历史数据。模拟测试应由施工单位或系统供货厂商提出方案并执行测试。

（八）检测计量数据的准确性

监测与计量装置的检测计数据应准确，并符合系统对测量准确度要求。本条主要适用于监测与控制系统联网的监测与计量仪表的检测。检测方法：用标准仪器仪表在现场实测数据，将此数据分别与数字控制器和中央工作站显示数据进行对比。检测数量：按 20% 抽样检测，不足 10 台全部检测。

（九）检测监测与控制系统的可靠性、实时性、可维护性等系统性能

1. 控制设备的有效性，执行器动作应与控制系统的指令一致，控制系统性能稳定符合设计要求；

2. 控制系统的采样速度、操作响应时间、报警信号响应速度应符合设计要求；

3. 冗余设备的故障检测正确性及其切换时间和切换功能应符合设计要求；

4. 应用软件的在线编程（组态）、参数修改、下载功能、设备及网络通信故障自检测功能应符合设计要求；

5. 控制器的数据储存能力和所占储存容量应符合设计要求；

6. 故障检测与诊断系统的报警和显示功能应符合设计要求；

7. 设备启动和停止功能及状态显示应正确；

8. 被控设备的顺序控制和连锁功能应可靠；

9. 应具备自动 / 远动 / 现场控制模式下的命令冲突检测功能；

10. 人机界面及可视化检查。

本条所列系统性能检测是实现节能的重要保证。这部分检测内容一般已在建筑设备监控系统的验收中完成，进行建筑节能工程检测验收时，以复核已有的检测结果为主，故列为一般项目。这部分主要是对系统进行系统性能检测。检测方法：分别在中央工作站、现场控制器和现场利用参数设定、程序下载、故障设定、数据修改和事件设定等方法，通过与设定的显示要求对照，进行上述系统的性能检测。检测数量：全部检测。

十、旁站与巡视、平行检验

（一）旁站

旁站是指质量管控人员在建筑工程施工阶段中，对关键部位、关键工序的施工质量实施全过程现场跟班的监督活动。

1. 项目质量管控部在编制质量管控规划或质量管控实施细则时，应当制定旁站质量管控方案，明确旁站质量管控范围、内容、程序、质量监控点和旁站质量管控人员职责等。

2. 项目的旁站方案随同项目质量管控规划报建设单位，旁站方案抄送施工单位以便协同配合。

3. 依据施工计划及实际发生的旁站质量管控范围时段，由总质量管控工程师及时安排实施旁站质量管控作业，将质量管控人员落实到位。

4. 在旁站质量管控过程中发现重大的施工质量问题，总质量管控工程师应及时妥善处理，根据情况可召集专题会议协调解决，或立即召见施工单位项目负责人现场协调，必要时可下达局部暂停施工指令并报建设单位。

5. 对于需要旁站质量管控的关键部位、关键工序施工，凡旁站质量管控人员和施工单位现场质检人员未在旁站质量管控记录上签字的，不得进行下一道工序施工；凡没有实施旁站质量管控或没有旁站质量管控记录的，质量管控工程师或总质量管控工程师不得在相应文件及验收资料上签字。

6. 每一项旁站质量管控工作结束后，旁站质量管控人员必须及时整理旁站质量管控记录及相关文件，并及时归入质量管控档案。

7. 旁站质量管控人员的主要职责：

（1）检查施工单位现场质检人员到岗、特殊工种人员持证上岗以及施工机械、建筑材料准备情况；

（2）在现场跟班监督关键部位、关键工序的施工执行施工方案以及工程建设强制性标准情况；

（3）核查进场建筑材料、建筑构配件、设备和商品混凝土的质量检验报告等，并可在现场监督施工单位进行检验或者委托具有资格的第三方进行复检；

（4）及时发现和处理旁站质量管控过程中出现的质量问题，如实准确地做好旁站记录和质量管控日记，保存旁站质量管控原始资料；

（5）在旁站质量管控过程中，发现重大工程质量问题或施工活动可能危及工程质量的，除采取果断应急措施纠正或控制外，应立即报告总质量管控工程师处理。

8. 旁站质量管控范围：

（1）地基及基础工程；

（2）主体结构工程；

（3）隐蔽工程验收后的施工全过程；

（4）屋面防水工程及室内防水部位工程；

（5）装饰工程中一些与安全有关的重要部位，如石材干挂、玻璃幕墙施工作业；

（6）拆除工程、爆破作业等影响到周围建筑及场地安全的范围内作业安全监督管理全过程；

（7）水暖及通风空调工程的系统试压、冲洗、调试全过程（含阀件试压、安全阀及减压阀调试定压、散热器单体试压、雨水及排水管道灌水试验、通风空调风管的严密性试验等）；

（8）电气专业的系统调试及检测全过程；

（9）进场材料的见证取样、送检的全过程；

（10）根据工程项目具体特点在质量管控规划中确定的本工程关键工序以及建设单位特别提出要求实施旁站质量管控的工程部位或工序。

（二）巡视

巡视是质量管控人员对正在施工的部位或工序在现场进行的定期或不定期的监督活动，是质量管控工作的日常程序。

1. 质量管控人员必须做到对正在施工的作业区每日进行巡视检查。总质量管控工程师必须按计划定期组织各专业质量管控人员进行全面的拉网式巡视检查，形成制度化。

2. 现场巡视检查的主要内容如下：

（1）是否按照设计文件、施工规范和批准的施工方案施工；

（2）是否使用合格的材料、构配件和设备；

（3）施工现场管理人员，尤其是质检人员是否到岗到位；

（4）施工操作人员的技术水平、操作条件是否满足工艺操作要求、特种操作人员是否持证上岗；

（5）施工环境是否对工程质量产生不利影响；

（6）已施工部位是否存在质量缺陷。

3. 质量管控人员要将每日的巡视检查情况按实记入当天的质量管控日记中，不得缺、漏，对较大质量问题或质量隐患宜采用照相、摄影等手段予以记录。

4. 对检查出的工程质量或施工安全问题除做记录外，要及时签发"质量管控工程师通知单"至施工单位。对重要问题应同时抄报建设单位。

5. 对检查出的重要问题按有关规定处理，并跟踪监控，记录备案。

（三）平行检验

平行检验是指质量管控人员利用一定的手段，在施工单位自检的基础上，按照一定的比例独立进行的工程质量检验活动。平行检验体现工程质量管控的独立性、工作的科学性，也是管理专业化的要求。

1. 对进场工程材料、构配件、设备的检验和复验按照各专业施工质量验收规范规定的抽样方案和合同约定的方式进行，并依据检验实况及数据编制报告归入质量管控档案。

2. 对分项工程检验批的检验应按各专业施工质量验收规范的内容和标准对工程质量控制的各个环节实施必要的平行检验，并记录归入质量管控档案。检验批抽检数量不得少于该分项工程检验批总数的20%。

3. 对分部工程、单位工程有关结构安全及功能的抽检，工程观感质量的检查、评定等应按

《建筑工程施工质量验收统一标准》及合同约定的要求进行。检验结果形成记录，并归入质量管控档案。

4. 对隐蔽工程的验收应按有关施工图纸及各专业施工质量验收规范的有关条款进行必要的检验，并依实记录，归入质量管控档案。

5. 在平行检验中发现有质量不合格的工程部位，质量管控人员不得对施工单位相应工程部位的质量控制资料审核签字，并通知施工单位不得继续进行下道工序的施工。

6、质量管控人员必须在平行检验记录上签字，并对其真实性负责。

十一、分项工程验收

应检查下列资料，并纳入竣工技术档案：

1. 设计文件、图纸会审记录、设计变更和洽商记录；

2. 主要材料、设备的质量证明文件、进场验收记录、进场核查记录；

3. 隐蔽工程验收记录和相关图像资料；

4. 系统和检验批验收记录；

5. 监测与控制节能工程单机及系统调试记录；

6. 监测与控制节能功能检验记录；

7. 监测与控制系统 168h 不间断试运行记录；

8. 各子系统控制原理图；

9. 系统技术、操作和维护手册；

10. 其他文件。

第四节 建筑节能工程现场检验质量管控控制

建筑行业在国民经济运行中具有十分重要的作用，与此同时，建筑业也是资源能源消耗巨大的行业，其巨大的资源能源消耗引起了人们的注意。在工程建设实践中，为了降低资源能源消耗，加强节能质量控制和节能检测是十分必要的。

一、建筑节能工程质量控制的策略

为了更好地控制建筑节能工程质量，在实际工作中需要采用以下策略。

（一）提高质量管理意识

当前，很多的建设单位、质量管控单位缺乏建筑节能工程质量控制意识，过分强调经济利益，忽视新型产品和节能材料的采用。为了改变这种情况，今后在实际工作中需要提高思想认识，落实建筑节能工程质量控制各项措施，采用新技术和节能材料，严格按照施工流程进行项目工程建设，实现预期的节能目标。

（二）严格控制施工质量

严格控制每道工序的质量，保证每道工序满足质量要求，加强检查和验收。此外，在竣工之后还要对工程进行全面的检查，以保证工程的质量。

二、建筑节能检测的必要性

（一）建筑节能的概念

建筑节能是指在建筑项目工程的规划、设计、改造和使用的过程中，执行相关的节能标准，运用节能技术、节能工艺、节能设备、节能材料和节能产品，以提高建筑物的保温隔热性能、采暖供热效率、空调制冷制热系统效率，并加强对建筑物用能系统的管理，在保证室内热环境质量的前提下，尽可能地减少供热、空调制冷制热、照明、热水供应的能源消耗。简单来说，建筑节能就是在保证建筑结构舒适的条件下，对能源资源进行合理的使用，减少建筑物中能量的散失，提高建筑物中能源的利用效率。

（二）建筑节能检测的必要性

我国建筑节能检测起步比较晚，直到1993年，我国才制定关于建筑节能检测的第一部相关规范——《民用建筑热工设计规范》，该规范对建筑节能做了相应的规定，在指导建筑工程节能实际工作中发挥了重要的作用。随着我国经济社会快速发展，建筑业也取得了飞速的发展，同时，建筑行业的能源消耗也日益增长，并呈现出上升趋势。这种巨大的能源消耗不仅给建筑行业，还给整个国民经济的发展带来不利影响。因此，在工程建设实践中，国家开始重视建筑节能工作，并制定相关的标准和规范，指导建筑节能实际工作，取得了较好的效果。建筑节能主要需从两个方面入手，一方面是做好建筑节能设计工作，严格执行节能设计标准，选择和使用合格的节能产品和节能材料；另一方面，在施工过程中，做好节能材料产品的施工，加强现场管理，做好竣工验收工作，保证工程的节能性能。但是在实际工作，这些工作难以得到真正的贯彻落实，很多设计人员缺乏建筑节能的相关知识，建筑节能的规范和标准有待进一步提高。与此同时，建筑项目工程施工周期长，节能施工包括很多的不同环节，施工方和承包方对建筑节能的认识不够，设计不符合标准的情况时有发生，甚至有些施工单位在利益的驱使下，出现偷工减料的现象，不仅影响了建筑节能工作，还影响了整个项目工程的质量。因此，为了避免这些情况的发生，保证建筑节能工程的质量，必须运用相关的检测技术和检测手段，加强施工质量监督，提高建筑节能工程质量。

三、建筑节能工程检测分类

建筑节能工程检测是提高工程质量，保证工程节能效果的重要手段，就分类来看，建筑节能工程检测主要包括以下几种类别。

（一）实验室检测与现场检测

与一般的建筑工程质量检测一样，建筑节能工程检测也可以分为实验室检测和现场检测。

实验室检测是在实验室内完成所有测试试件的加工工作，并在实验室内测出所有的检测参数。它是节能工程检测的重要方式，在实际运用中发挥着重要作用。现场检测是在施工现场完成所有测试对象或者测试试件的加工工作，并在施工现场检测出相关的参数。该方式的所有工作都在现场完成，便于对出现的问题及时采取相应的措施。

（二）形式检测与抽样检测

从整个施工质量控制过程来看，建筑节能检测又可以分为形式检测与抽样检测两种方式。它们各有自己的特点，在节能检测中发挥着重要的作用。形式检测是建筑节能构件材料、保温隔热节能系统进入施工场地的必要条件，进入现场施工的企业必须具有有效的型式检测报告。由于建筑材料使用量大，施工人员文化素质不尽相同，因此，对节能构件材料、保温隔热节能系统组成材料进行抽样检测是十分必要的。检测人员要提高自己的责任意识，做好检测工作，同时有关部门必须加强监督和管理，保证检测质量。

四、建筑节能检测项目

建筑节能检测项目包含多方面的内容，总的来说，包括以下几个项目。

（一）建筑节能实验室检测项目

包括保温隔热板材料、保温隔热浆体材料、黏结层材料、保护层材料、玻纤网、腹丝、锚固件的检测。在实际工作中，需要按照相应的产品标准和技术规范进行检测。

（二）外墙外保温系统性能试验

包括耐候性试验、抗风压性能试验、抗冲击性能试验、吸水量试验、耐冻融性能试验、热阻试验、抹面层不透水性试验。

（三）建筑外门窗的检测

包括抗风压性能检测、水密性能检测、气密性能检测、外窗保温性能检测。

除此之外，还有建筑节能工程施工质量检测项目，包括保温板系统板材、砂浆的粘贴强度、保温层厚度、锚栓件抗拔强度、外墙面砖的粘贴强度的检测。遇到特殊情况，还要进行检测，包括构件传热阻的测试、自然条件下内表面温度的检测。

总而言之，在工程建设中，采用节能检测技术、加强节能控制具有十分重要的意义。目前，我国建筑节能检测技术还存在着不足之处，一些检测方法不够成熟，一些现场检测技术不够完善，会对施工现场产生不利影响。因此，今后在实际工作中，还需要加强对节能检测技术的研究，进一步提高检测技术和检测手段，同时重视施工经验的总结，分析施工中存在的问题与不足，研究出更适宜的检查技术，不断提高节能检测水平，更好地服务于节能检测的实际工作，促进整个建筑行业节能水平的提高和建筑行业的持续健康发展。

第五节　绿色建筑节能工程运营管理

一、绿色建筑运营管理背景

目前，我国正处在工业化、城镇化快速发展的重要时期，因此必须以绿色可持续发展为主要路线，城市建设中的建筑项目也应以绿色节能理念为主，并以此提升城市的空气质量，进而推动社会、经济的发展，更可成为我国未来发展的重大目标。绿色建筑可以充分地体现人与自然的和谐共存，更是我国建筑行业发展的主要潮流；满足民众的需求，绿色节能建筑的发展在一定程度上提升了我国民众的生活品质，并成为我国民生发展的大事。全面地落实绿色建筑理念，可以使城镇的发展更具科学性，并有效地提升建筑的质量、效益与健康指数。

随着绿色建筑不断增多，我国已经进入绿色建筑时代，随着建筑评价标准的制定与实施，更多的房地产商、建筑设计单位及建筑行业都开始朝着绿色建筑方向发展。相关的调查报告显示：目前我国已经有 2,580 项绿色建筑标识被称为绿色项目，我国绿色建筑的总面积为 2.92 亿平方米；符合绿色建筑标准的项目为 2,379 项，建筑面积达到 2.72 亿平方米；还有 159 个项目使用了绿色建筑标识，建筑总面积达到 0.2 亿平方米。从这些参评的绿色项目来看，已有不少绿色建筑项目在设计阶段就已经得到了高星级的评价，但是到了实际运行阶段时却因运营能力缺乏、数据失真等情况无法真正达到绿色标准。因此，相关管理部门应投入更多的精力与资金到绿色建筑中，真正实现绿色建筑运营管理，推动绿色建筑发展。

绿色建筑运营管理指的是各企业为了进一步适应可持续发展的要求，将资源管理、资源保护、生态与环境的改善、消费者的身心健康理念等方面进行综合，并贯穿整体绿色运营管理的过程中，在此基础上实现社会效益、环保效益及经济效益，确保其呈现出可持续增长的态势。对于我们身边的大多数人工设施而言，通常需要在精细的规划后才可以运行，并实现最初立意的目标与功能、经济效益、非经济效益等，这就是运营管理。绿色建筑运营管理的主要目的是为用户提供科学的服务。绿色建筑的价值应从投入、转换及产出三个方面来实现。绿色建筑理念非常符合我国可持续发展的要求。随着绿色技术与绿色产品的不断出现，绿色建筑工程项目也随之增多，相关实施标准与政策也纷纷出台。可以看出，利用绿色建筑技术并取得绿色建筑标识认证，已经成为我国建筑行业未来发展的主要趋势。

二、绿色建筑运营管理概述

（一）绿色建筑运营管理与传统物业管理的对比

在社会发展的过程中，传统物业管理已被人们熟知，但是相对而言，绿色建筑运营管理理念对人们来说还比较陌生。我们所说的"绿色建筑运营管理"是在建筑投入运营后利用绿色的、先进的、有效的管理方式，在绿色技术的带动下实现建筑绿色管理的预期目标。由此可见，其具备"四节一环保"理念。从绿色建筑全寿命周期理论来看，应在建筑的设计阶段与施工阶段就对绿色运营管理进行综合考虑。在管理方面，绿色建筑运营管理主要是将知识与管理结合形成密集型管理模式，并注重管理的先进性、实用性与智能化。然而绿色建筑运营管理的任务并不只是单纯的物业管理，而是要结合绿色建筑预期的管理目标。因此在将绿色运营管理与物业管理进行比较时，应从管理目标、管理功能、管理方式、管理手段、管理成本、管理涉及的阶段及管理者参与度等方面来比较。

（二）绿色建筑运营管理的主体分析

物业管理方、业主方与政府机构构成了绿色建筑运营管理的主体。物业管理方扮演的角色是管理的主要执行者，也就是绿色建筑运营管理的主体方。物业管理企业在参与运营管理时的动因是多方面的，例如企业的知名度、企业的业务范围，但是，利益仍是主要动力。对于绿色建筑物业管理企业来说，其在进行运营管理时成本相对较高，所以大多数物业管理企业将绿色建筑视为工作中的负担。要想进一步增强绿色建筑运营管理水平，应根据绿色建筑管理企业的需求，构建相应的激励机制，并明确绿色建筑管理体系的责任与地位。

业主方是接受物业管理企业服务的主要对象，是绿色建筑运营管理的直接受益者，在绿色运营管理中发挥着重要作用。业主参与到绿色建筑运营管理中可以为管理工作提供动力，还可以有效地节约能源并提升经济效益与环境效益。因为在节约能源与环境保护的过程中，仅依靠物业管理企业是不够的，更需要业主的参与、配合，以达到最初的预定目标。

在绿色运营管理的过程中，政府机构大多是从宏观的层面进行管理，对绿色运营管理的发展起到引领的作用。政府在进行管理时应建立起完善的法律法规与相关政策，为绿色运营管理创建良好的外部环境，同时还应对绿色建筑物业管理企业的资质、人员的专业水平等进行严格审核，提升绿色建筑运营管理的服务质量。政府机构在进行绿色建筑运营管理的过程中，还应重点关注其社会效益与环保效益，将绿色物业管理模式作为绿色建筑运营管理的基础，推动绿色运营物业管理企业的发展，这样在一定程度上能降低绿色建筑运营管理的推广难度。

三、绿色建筑运营管理现状

（一）节约资源与环境保护的现状

在绿色建筑运行阶段，节约资源并进行环境保护主要是为了实现绿色运营管理的预期目标。从建筑全寿命周期角度来看，绿色建筑在运行阶段的能耗占全寿命周期的 74.7% 左右，而公共建筑能耗达到了 84.7%。建筑行业相关专家通过对绿色建筑运行阶段碳排放量的数据采集、计算后发现，绿色住宅建筑与公共建筑中碳排放总量比较相似，在运行过程中会有 69% ~ 80% 的碳集中排放，但是在进行建筑建造与拆除的过程中碳的总排放量相对较少。在对建筑能耗水平进行评价时，应先提升绿色建筑项目的节能运行效果。

因此，住房和城乡建设部也对绿色建筑运营管理中涉及的内容进行了细致的划分，主要包括建筑暖通空调系统、建筑照明系统、建筑动力系统的节能效率，以及可再生资源的再利用率和节能管理维护等。此外，为了确保获得的节能数据是真实有效的，应配备符合标准的能源计量设备并对各项能耗相对较大的系统进行能耗单独计量，如电梯、照明等。一级水表计量率达到 100%，二级水表计量率达到 90%。

在水资源节约方面，参照国内绿色建筑行业的发展需求与近年来绿色建筑工程的经验，在工程进行阶段应从节水系统、节水设备、非传统水源利用方面进行统一的管理。在管理的过程中，应对水系统规划效果进行考察并对节水设备的安全情况进行检验，同时还应对非传统水源的使用效率等进行管理。在管理的过程中，应对平均日用水量、雨污分流情况、景观水体的补充、节水设备的运行情况、绿化技术效果及非传统水源利用率等指标进行重点管理，还应对实际用水的消耗量进行分析与记录，做好节水定额值的比较，以此判断节水措施的好坏以及节水设备是否可正常运行。可以采取一些有效的节水措施，例如，使用的卫生洁具符合《节水型生活用水器具》（CJ164—2002）的要求；在绿化方面采用喷灌、滴灌等节水器具；将雨水回渗利用，雨水排至室外散水，室外地面雨水一部分经土壤渗透净化后涵养地下水及室外草场和树木灌溉。

环境保护方面，其主要目的是对绿色建筑的室内声光环境进行控制，以及对室外绿化、垃圾的投放与处理进行管理。在控制室内空气质量时，应加强管控手段并结合设备系统进行联动反馈，对其进行专门的调控，做好设备系统的维护工作以保证设备系统可以正常运转并优化设备功能。在进行室外垃圾处理的过程中，应根据建筑的特点与使用功能，制定出垃圾分类、管理与收集制度，做好垃圾站点的清运、清洁与回收记录，为消费者创造良好、舒适的生活工作环境。

（二）绿色建筑运营经济政策方面

在进行绿色建筑运营管理时，政府部门制定了一系列推动绿色建筑运营管理的经济政策。同时，各地区也应根据自身经济发展的要求制定出适合本地区发展的经济激励政策，主要包括政府财政补贴政策、减免费用政策、信贷激励政策及税收优惠政策等相关的鼓励政策。

（三）政府财政补贴政策

从某些城市的绿色建筑运行情况来看，获得绿色建筑运行标识的建筑项目会得到政府财政补贴奖励。相关的建设部门与财政部门应根据地区要求制定出相关的财政制度及管理规定，对取得绿色建筑标识的建筑单位进行评级，制定相应级别（一星级、二星级、三星级）的补贴金额标准。

（四）减免费用政策

目前，我国一部分省市为获得绿色建筑标识的项目制定了减免费用的政策。我国北部某城市规定，一星级绿色建筑可以得到政府 30% 的费用减免，二星级、三星级建筑可获得的减免力度更大，分别为 70% 和 100%。实施减免费用政策可以有效推动绿色建筑运营管理的发展。

（五）信贷激励政策

与普通建筑相比，绿色建筑在建设过程中需要的建设成本、运行成本相对较高，回收投资的时期也相对较长。因此，一些地区为了进一步推动绿色建筑的发展放宽了信贷政策，并根据项目制定出相关的优惠政策。某省根据不同的主体制定出了相应的金融服务政策：开发商在进行绿色建筑项目开发的过程中，可以享受贷款利率低于 1% 的贷款政策；消费者在购买绿色建筑产品后，可享受金融机构利率下调 0.5% 的贷款优惠政策。此地区在该政策的推动下扩大了信贷机构在绿色建筑方面的发展规模，还提升了开发商与消费者建设、购买绿色建筑的积极性。

（六）税收优惠政策

有些地区为了支持鼓励绿色建筑运营管理，制定了相关的评价标准，使绿色建筑管理企业可享受相关的税收优惠政策。为进一步推动绿色建筑运营管理的发展，还可以制定出加快绿色建筑运营管理的制度，规定绿色建筑在投入使用后可以获得代表二星级、三星级标准的绿色建筑运营标识，并根据政策享受税收优惠。

（七）提升绿色建筑运营管理水平的措施

以我国某市建设的生态城为例，此生态城项目属于我国与新加坡政府的战略合作项目，体现了我国与新加坡政府在应对全球变暖、改善环境、节约能源与资源方面的决心，为建筑资源节约型、环境友好型社会提供有力的参考。此生态城作为国家间进行联合开发的第一个生态城项目，在建设初期就拟定了纲领性的指标体系。指标体系包括 22 项控制性指标、4 项引导性指标。在此生态项目方面，最具有代表性的指标为实现绿色建筑比例百分之百。此生态城在设定指标时，以我国《绿色建筑评价标准》与新加坡绿色标准为准，具体的运营管理措施如下：

第一，对绿色建筑运营管理者的任务与职责进行明确。物业管理机构在获得绿色设计认证建筑后，确保绿色建筑的正常运行并明确设计目标责任，在得到绿色运营认证后，应给予物业管理企业相应的精神奖励与经济奖励。

第二，对绿色建筑运营增加的成本进行认定。绿色建筑在建设的过程中会增加一定的成本，同时也会增加其运行的成本。因此，建议已获得绿色运营标识认证的建筑物根据星级标准来收取相应的物业管理费用，并对绿色建筑运行增量成本进行弥补，在机制上使物业管理企业得到相应的回报，提升物业管理企业的经济效益。

第三，建设者应根据成本对绿色建筑进行设计与建设。建设者不能不惜成本地建设绿色建筑，所以应在满足绿色目标与用户需求的基础上尽可能地降低运营成本。

第四，利用信息化、智能化体系做好绿色建筑运营管理数据的分析。构建信息管理平台与智能控制平台后积累的数据信息、成本信息及收益信息等可以有效地反映出绿色建筑的实际效益。

第五，优化设备管理与保养。运行管理应确保其能满足特定的功能要求，并根据设施设备状态建立并实施设备设施运行管理制度；建立并实施上述系统中的主要用能设备的管理制度，宜将经济运行要求纳入相关的管理制度，确保设备处于正常运行状态；建立并保持建筑本体及主要用能系统、主要用能设备的档案以及运行、维护、维修记录；建立并实施能源贮存管理制度；优化维护保养；保护保温层，防止能源传导。

在绿色建筑运营管理的重要阶段，其消耗的总能耗高达 75%。因而，要想真正实现绿色建筑预期的目标与预期的价值应将绿色运营作为重要的阶段。在绿色建筑运用阶段，人是绿色建筑运营管理的核心。但是，在实际管理的过程中，管理的主体却缺乏对建筑绿色性能目标的关注与绿色运营的意识，在一定程度上阻碍了绿色建筑的发展。

要想实现绿色建筑的管理目标，首先，应分析出绿色建筑运营管理的策略。其次，物业管理企业与业主群体也应选择合理的收益策略。但是，从目前的实际情况来看，只有均衡物业管理企业与业主间的关系才能保证绿色运营管理的发展。在引入政府补贴行为后，物业管理企业应提供相关的绿色运营服务策略，业主也应选择合理的绿色运营策略来支持绿色运营管理，以满足绿色运营管理策略的要求。在进行绿色运营管理的过程中，政府应充分发挥调控作用并给予一定的财政补贴、建立市场准入制度与标准等政策；在政策鼓励与经济奖励的作用下，物业管理企业与业主应不断增加环境保护意识，在此基础上提升物业管理企业的收益，还应提升绿色运营管理的力度，为绿色建筑运营管理的发展提供动力，实现绿色运营管理的预期目标与实际价值。

第八章 既有建筑的节能改造

截至 2015 年，我国有建筑面积接近 600 亿 m²，大部分既有建筑都存在能耗高、使用功能不完善等问题。与此同时，我国每年拆除大量的既有建筑。拆除建成时间较短的建筑，不仅会造成生态环境破坏，也是对能源资源的极大浪费。对既有建筑实施绿色改造，不仅可以提升既有建筑的性能，而且对节能减排也有重大意义。

我国各地区在气候、环境、资源、经济与文化等方面都存在较大差异，既有建筑绿色改造应结合自身及所在地区特点，遵循节能、节地、节水、节材和保护环境的理念，采取因地制宜的改造措施。既有建筑绿色改造涉及规划、建筑、结构、材料、暖通空调、给水排水、电气、施工管理、运营管理等各个专业。既有建筑绿色改造评价应综合考虑，统筹兼顾，总体平衡。

第一节 既有建筑节能改造的常见问题分析

一、既有建筑常见问题分析

既有建筑物理环境包括风环境、光环境、热环境、声环境等，主要存在如下问题：

1. 场地风环境舒适度低

城市更新单元老旧建筑群布局设计不合理，如建筑朝向不在春夏季主导风向范围内，建筑群多采用行列排列方式，建筑间距过小，前后建筑形成遮挡，后排建筑处于前排建筑的通风负压区，无法有效组织自然通风。另外，由于高层建筑密集布置，过道之间产生"狭道风"，风过大不仅产生噪声，而且也影响人行区的舒适性。而且，建筑室内平面布局不合理，窗户开口尺寸、开口形式不合理等导致建筑室内无法实现有效的自然通风。

2. 室内光环境较差

在城市用地日益紧张的情况下，为了充分利用土地，建筑开发的密度越来越大，高层建筑不断出现。由于建筑布局设计不合理以及建筑间距过小，建筑间互相遮挡，影响住宅、幼儿园、养老院等建筑的日照，也有很多公共建筑室内光线昏暗，即使在天气晴好的时候，仍然需要开灯加强室内照明，不利建筑节能和室内环境改善。

3. 城市热岛效应严重

随着我国经济的高速发展和城市化进程的加快，许多城市的老旧片区人口急剧增长、建筑物越来越密集，机动交通工具越来越多，加上工业生产等因素，已经造成了城市老旧片区严重的热岛效应。夏季，高热酷暑已经影响到人们的正常生活和工作，成为人们生活质量进一步提高和城市高质量发展的制约因素。

4. 室内外噪声环境不达标

随着经济发展以及人们生活水平的提高，城市与城市之间的高铁、飞机出行日益增多，城市内汽车数量急剧增加，地铁、高架桥也是越修越长。这些设施或工具给人们生活带来便捷的同时，也给城市居民带了环境问题，如城市噪声已经成为社会关注的环境污染问题之一。城市干道或高架旁边的噪声甚至可能超过 70dB，严重影响了城市居民的健康。

此外，室内噪声源也日益增多，如在写字楼、商业建筑中，室内空调送风口或回风口风机，由于隔声减振措施不到位或者风管缺少消声措施，产生空调风口噪声污染；在酒店建筑中，很多洗手间排风扇明显噪声大；住宅建筑中，仍然有较多的既有建筑采用单玻钢窗，特别当建筑临近马路时，室外交通噪声容易传递到室内，影响室内人员休息。另外，住宅建筑楼板普遍存在隔声性能较差的现象，上层居住的人走路或者进行其他活动产生的噪声容易传递到下层居住空间，给下层居住空间的人的生活造成了影响。

5. 围护结构热工性能差

城市更新单元老旧建筑中非节能建筑占很大比重，其围护结构保温隔热性能相对较差，一方面是由于老旧建筑建造的年代新型建筑材料产品较少，材料本身的热工性能相对较差，如我国 20 世纪 80、90 年代的主要使用的建筑材料为黏土砖、多孔砖、加气混凝土、膨胀珍珠岩等，随着绿色节能建材的发展，保温材料品种日渐丰富，如有机类型的有 EPS 板、XPS 板、PU 板、酚醛板、复合板；无机类型的泡沫玻璃、保温砂浆、岩棉等。另一方面是早期国内建筑节能标准还未制定或者节能标准要求较低，如我国 1986 年颁布的《民用建筑节能设计标准（采暖居住建筑部分）》，节能要求仅为 30%。围护结构热工性能差，一方面会大大增加空调能耗，另一方面由于无法有效阻隔室外热量的进入和室内热量的损失，影响室内热舒适度。

6. 内表面结露

由于既有建筑的围护结构保温隔热性能差，在室内供暖或者空调供热的情况下，墙体内表面温度低于室内空气露点温度，导致内表面容易结露，长时间还会发霉，严重影响室内人员身体健康。对于夏热冬冷地区的建筑，梅雨季节室内相对湿度较大，一般在 80% 以上。在室内和地下室区域，由于通风不畅或者未采用其他除湿设备及时进行除湿，湿空气容易在室内通风死角或者低处沉积，从而导致该区域墙面或者家具表面结露，引起墙面或者家具表面发霉，影响室内环境卫生。

二、既有建筑绿色改造诊断流程

进行既有建筑绿色改造诊断时，一定要立足于既有建筑绿色改造目标，从建筑环境、围护结构、暖通空调、给水排水、电气与自控以及运营管理等几方面进行诊断和分析，发现既有建筑存在的问题和提升的空间，从改造的经济性和技术的成熟性两个维度，评估既有建筑的绿色改造潜力，为后续改造项目的实施提供科学的依据。

目前既有建筑性能缺陷分析下来主要包括四大类型：一是设计不合理，即由于先天的设计不足，建筑在后期出现一系列的问题，这些问题可通过后期的调整进行优化和功能提升。如场地规划和建筑设计中，建筑室外场地风环境、光环境、声环境、景观绿化、围护结构热工性能的改善和提升等。二是建筑设备系统硬件故障导致系统无法正常工作，需要更换相关硬件设备才能确保其继续正常工作。这类问题也是最容易发现、最迫切需要解决的问题，常见的如暖通空调系统、给水排水系统、电气与自控系统等。三是建筑设备系统能正常运行，但未达到节能运行水平，可通过改善运行管理方式和系统调试等手段来提升其运行水平，即在现有基础上提升其正常功能。这类问题最常见，但容易被管理人员忽略，导致建筑高能耗，最常见的如暖通空调系统，由于系统初期的调试不到位或者设备运行中的维护保养不到位，如阀门开度未调节到最佳位置或者冷凝器未及时清洗，导致空调系统末端供水量不足或者冷水机组制冷效果不佳，现场再调试和改进运行管理手段可使系统运行水平得到进一步提升。四是设备系统运行正常，但与现有的一些新设备、新技术相比，还有较大的提升空间。最常见的如照明系统、给水排水系统，大部分既有建筑中普遍存在采用低能效照明灯具和高水耗用水器具的现象，可通过更换节能照明灯具和节水器具达到节能节水的目的，整个改造实施过程简单，效果明显。

既有建筑绿色性能诊断应采用基于"问题/现象→原因"以及"整体/局部→原因"相结合的诊断方法，即根据被诊断建筑的实际情况，一方面可以从建筑已有的问题和现象直接出发，分析问题所关联的系统和设备，然后按照可能造成此问题和现象的原因，由表及里，逐层递进的方式进行诊断排查，最终确定问题产生的真正原因。另一方面是在缺乏相关问题/现象的条件下，从建筑的整体性能指标出发，如能耗指标、水耗指标以及室内环境指标，快速判定建筑可能存在问题的方向以及与之关联的系统，然后针对各关联系统以由表及里、逐层递进的方式进行诊断排查，最终确定问题产生的真正原因。

对于既有建筑绿色诊断结果的分析，可以按照下列步骤进行：

1. 进行诊断数据处理

现场获取的诊断数据一般都不是最终所需的诊断指标结果，一般需要做进一步的处理才能得到最终的诊断指标数据。针对数据的处理应根据具体的诊断指标和计算要求进行，可以是一段时间内采集数据的加权平均，也可以是几个测点数据的线性回归，最终要根据具体的指标参数计算要求来处理。

2. 根据处理的诊断数据结果分析诊断指标目前所处的性能水平

诊断结果分析可按以下几种方式进行：

①按照现有的节能标准或者其他能效限值标准的要求进行分析，判定该项指标的诊断结果是否满足标准要求，或者还有多少提升空间，如外墙 K 值、外窗气密性、空调机组能效值、照明灯具能效值等。

②按照《既有建筑改造绿色评价标准》的要求进行分析判定，如透水地面比例指标、可再生能源利用比例指标等；通过最终的现场诊断结果，判定其是否满足标准要求。

③按照现有文献统计的数据进行分析，如单位面积空调能耗指标、水耗指标等，判定其是否高于正常能耗水平。

三、既有建筑绿色改造诊断方法

在实施既有建筑绿色性能诊断过程中，要根据既有建筑现状，依据诊断指标特点和已有的诊断条件，采用短时数据检测和长时数据监测相结合的方式来开展，以提升诊断的效率和质量。具体技术方法概述如下：

1. 检测

指采用检测仪器设备，如温湿度计、电能表以及流量计等，对被评估对象进行直接或者间接的测试，以获取其性能数据的方式。对于有明确量化数据和检测方法的指标参数，如场地环境噪声、围护结构传热系数、室内照度等，应根据已有的国家或行业检测标准中提供的方法进行检测。抽样的数量可不必完全按照标准要求来进行，达到诊断目的即可。对于无国家或者行业检测标准的指标参数，应根据自制的作业指导书或者检验细则进行检测。

2. 核查

指对技术资料的检查及对资料与实物的核对。包括：对技术资料的完整性、内容的正确性、与其他相关资料的一致性及整理归档情况的检查，以及将技术资料中的技术参数等与相应的材料、构件、设备或产品实物进行核对、确认。对于难以量化、无法用仪器设备进行测量的指标参数，如无障碍设施设置、停车位设置等，宜采用核查的方式进行诊断。对于现场核查内容，应制作核查作业指导书，细化核查技术要点，包括抽样数量、核查方法和核查步骤，以规范核查诊断工作，提高诊断质量。

3. 监测

指采用仪器设备对被诊断对象进行长时间监测以获取其运行性能水平数据的方式。在既有建筑绿色改造诊断工作中，对于一些随时间变化较大的诊断指标，采用短时的现场检测或者核查无法达到诊断目的，如场地风环境、单位面积暖通空调能耗等，需采用风速仪或电能表、热量表等监测仪表进行长时间监测以获取其运行数据，并进行最终的诊断分析。

第二节　既有建筑改造绿色低碳技术策略

对既有建筑节能减碳影响较大的技术指标基本一致，以主动式的冷热源机组效率提升、输配系统优化、围护结构热工性能优化和可再生能源的利用为主，以被动式的自然采光、自然通风和遮阳的设计与应用为辅。

绿色建筑碳排放包含三个部分，分别为直接碳排放、间接碳排放和隐含碳排放。其中，直接碳排放主要为建筑采用高性能围护结构、建筑室内环境控制与采用高能效机电设备和建筑全面电气化技术。隐含碳排放主要与建筑结构体系和建筑材料相关，主要包含建筑采用绿色建材、绿色消纳关键技术、采用高强度钢等高性能结构、建筑的工业化技术等。间接碳排放主要与建筑用能有关，能源在输送到建筑前已经产生了碳排放，涉及的技术包含城镇新型低碳清洁供暖系统、光储直柔新型供配电系统等。因此，建筑碳排放涉及多方面的内容。建筑节能减碳需要从多角度发力，今后我国建筑节能减碳的主要方向为以下几点。

1. 建筑可再生能源与围护结构综合利用。建筑运行即存在能源的消耗，因此发展低碳建筑必须要合理利用可再生能源。目前光伏与幕墙结合的技术已经较为成熟，可以通过幕墙的发电将太阳能更好地转化成建筑正常运营的动能，实现太阳能与建筑一体化。

2. 绿色建筑建设涉及采用绿色建材、长寿命的部品和部件、使用本地建材、推荐采用利废建材等，这些均对降低建筑的隐含碳意义重大。数据显示建材生产阶段的碳排放占全国碳排放的比例达到28.3%。有效降低建筑建材量、提升建筑的使用寿命、推广低碳建材是后续建筑降碳持续研究的重点。

3. 建筑运营碳排放是建筑碳排放的核心。智慧建筑管理的兴起和建筑电气化的全面应用为建筑运营碳排放降低提供了新的思路。BIM-IoT 空间实测技术、多维环境/能耗场和人体健康关联的海量数据挖掘技术、健康低碳的 AI 运维技术、基于室内环境参数时空分布特征的环境健康与安全识别诊断及风险预警保障技术等给建筑运营降碳提供了可落地可实施的方案，未来必将在建筑降碳中发挥重要作用。

既有建筑绿色低碳改造的设计工作核心为围护结构的热工性能、充分利用天然光、自然通风优化、可调节外遮阳、冷热源机组能效提升、输配系统效率提升、节水器具、其他电气设备提升、建筑能耗优化、可再生能源和降低热岛效应。

第三节　既有建筑节能改造市场发展特性与核心主体动力

一、既有建筑节能改造市场发展中主体构成及特点

既有建筑的节能改造具有一定的复杂性，除了技术层面的原因之外，更主要的是参与主体相对较多，包括各级政府、节能服务公司、业主、信贷机构、设备供应商、第三方评估机构等多个主体，其中政府、节能服务公司和业主是节能改造发展的主要驱动力。因此，这三个核心主体的行为选择将对节能改造市场的发展产生重要影响。由市场供需理论可大致得出既有建筑节能改造市场的供需关系，政府对于既有建筑节能改造市场的建立及运行具有重要指导和保障作用，节能服务公司与业主作为市场的供需双方，其供求关系直接影响市场的高效运行。试想如果单纯从某一主体的角度出发，会打破主体之间的协同关系，阻碍既有建筑节能改造市场的发展，因此，分析各主体之间的内在联系，加强各主体的协同发展，能够促进市场的有序发展。

（一）政府——市场培育主体

政府是既有建筑节能改造市场的培育主体，其根本职能在于通过政策的制定与执行引导主体形成供需平衡、良性竞争的市场环境，促使市场发展系统良性自组织运行。既有建筑节能改造项目具有准公共物品属性，且在市场发展过程中具有信息不对称性，这些市场运行的客观存在致使市场核心供需主体改造积极性较低，无法形成市场供需均衡状态，更无法实施主体对市场发展的动力作用。根据既有建筑节能改造市场的特点，政府通过相应措施促进市场供需平衡，使既有建筑节能改造形成市场化发展。同时，政府的政策实施也有必要随既有建筑节能改造市

场发展阶段演变而做出动态调整，以契合市场发展程度，并通过对主体采取不同政策释放其活力，保证既有建筑节能改造市场内部形成主体动力来推动市场发展。

（二）节能服务公司——市场供给主体

节能服务公司是既有建筑节能改造市场内部核心供给主体，从市场治理视角出发，其本质功能在于通过提升供给能力及产业竞争能力增强市场供给端的活跃度，并产生对需求端的刺激与承接作用，进而促进既有建筑节能改造市场发展。企业的逐利性本质决定节能服务公司在市场经营活动中以利润最大化为目标导向，而既有建筑节能改造市场客观存在的经济外部性及对市场内部显性需求不足的特性决定短期内节能服务公司无法实现自身效益目标，一旦节能服务公司缺乏参与既有建筑节能改造获利的信心，最直接的表现就是参与积极性降低，自然会抑制既有建筑节能改造市场的发展。因此，如何调整外部环境以使节能服务公司改造积极性提升，以及如何提升节能服务公司自身能力使其在市场活动中获得目标收益，成为需要探讨的核心问题。

（三）业主——市场需求主体

业主是既有建筑节能改造市场内部核心需求主体，基于价值最大化原则，其本质功能在于通过提升自身节能意识提高群体内对既有建筑节能改造的需求以增强需求端活力，进而刺激需求端，形成供需平衡的市场机制。一方面，社会范围内的节能氛围缺失、产权复杂性等因素导致业主的需求不足，这是制约既有建筑节能改造市场发展的根本。另一方面，由于节能服务业的发展还不够完善规范，有节能需求的业主往往很难选择出适当的节能服务公司，此外，还缺乏健全的第三方检测机制以及需求侧的经济激励政策，业主无法切身体会到节能改造带来的效益，业主对于节能改造的需求将大大降低。因此，为实现以主体动力推进既有建筑节能改造市场发展，有必要加强对核心需求端业主节能意识的引导，健全监管机制，增强业主节能改造的需求，从需求端打开既有建筑节能改造市场。

二、既有建筑节能改造市场发展中核心主体动力定位

既有建筑节能改造市场必然有其动力系统。从主体动力视角出发，可将既有建筑节能改造市场发展动力分为政府引擎力、节能服务公司驱动力和业主内源动力，三大主体动力及其协同作用为既有建筑节能改造市场发展提供动力支持，实现既有建筑节能改造市场的高效运行。

（一）既有建筑节能改造市场发展中主体动力——政府引擎力

既有建筑节能改造市场的建立会产生一定的外部性，政府有责任在市场发展中承担一定的宏观调控任务，即对市场发展产生引擎力作用。政府引擎力在推动既有建筑节能改造市场发展过程中的作用主要体现在以下三个方面。第一，制定合理的政策法规并提升宏观管理能力。完善合理的政策法规是保证既有建筑节能改造市场有序发展的基础。政府在制定既有建筑节能改造市场的相关法规时应尽量细化，需要包括技术层面的开发政策支持、市场层面的培育及引导支持、市场运行中的税收支持等。从中央政府角度出发，我国应从宏观层面完善

既有建筑节能改造相关法律法规，从而规范市场行为，优化市场结构，保障市场有序运行。与此同时，应依据不同地区特点制定鼓励政策，目的在于指导地方政府制定相关政策，形成各具优势、统筹协调的发展格局。从地方政府角度出发，各地区应根据自身条件以及发展特点，制定因地制宜的既有建筑节能改造市场发展相关政策，进而与中央政策形成联动作用，并保障地区市场运行有序。第二，政府在发挥自身政策支持作用的同时，更重要的是通过相关的措施引导节能服务公司的积极参与。要想真正盘活既有建筑节能改造市场，必须让节能服务公司主动参与到既有建筑的节能改造中。节能服务公司不同于政府，属于营利性组织，一旦既有建筑节能改造的正外部性及市场中业主的节能改造需求降低，将直接影响节能服务公司的参与积极性。政府需要制定合理的激励政策以提升节能服务公司改造积极性，并强化其履行社会责任意识，主要包括税收优惠、专项资金补贴、示范项目指导、产学研平台构建、优化投融资环境，并且政府应制定合理政策促使节能服务公司逐利行为与履行社会责任行为相容。第三，业主需求是节能服务公司参与节能改造的关键，因此，政府还需要从源头入手，引导业主积极选择节能改造。在政府引擎力系统运行过程中，应主要从市场需求端发力，以合理的激励方式释放市场需求。要想让业主主动参与节能改造，需要让其从参与改造中见到收益，政府需要对节能改造前后的耗能进行衡量，需要细化能耗梯度，从根本上增强业主参与节能改造的意愿；明晰物业产权，避免主体不明导致节能改造行为决策偏差；对于节能举动采取相应经济补贴，进一步强化业主参与既有建筑节能改造意愿。综上，既有建筑节能改造本身的公共物品属性及其市场特性，决定了政府是推动既有建筑节能改造市场发展不可或缺的外在要素——外在引擎力，既有建筑节能改造市场发展不同阶段，政府作用的方式、方法、路径与功能需要随之而转变。

（二）既有建筑节能改造市场发展中主体动力——业主源动力

正所谓有需求就有市场，业主的节能需求会刺激交易的出现，市场中的供给者增多，竞争加大，才会激发节能服务公司提升自我的意识，从而提升节能改造的效率，业主感受到节能改造的效益后，会增加需求，供给者的利益将得到保证，愿意并主动进入既有建筑节能改造的市场，在这个层面上，业主对既有建筑节能改造市场发展产生内源动力作用，其内源动力在推动既有建筑节能改造市场发展过程中的作用主要体现在以下三个方面。第一，需求带动供给。需求对市场的供需关系变化具有一定的引导性，业主节能改造的需求首先会引导节能服务公司企业进入既有建筑节能改造市场中，加大投资，推动既有建筑节能改造市场的良性发展。第二，供给满足需求。供给从一定程度上反映出当前的社会生产能力，业主的需求不断得到满足，不断提升，供给者也会做出自我的调节，改进节能改造的服务，以满足新的需求。第三，供求相互影响。从本质上来讲，市场的作用主要是供求关系的相互影响，即需求能够带动供给的出现，供给的出现又能刺激新的需求，因此，市场的供给者和需求者往往同时存在且相互影响，最终达到相对平衡。

（三）既有建筑节能改造市场发展中主体动力——ESCO 驱动力

ESCO（节能服务公司）作为既有建筑节能改造市场的供给主体，承接业主的节能需求，并通过提高自身的供给能力和竞争能力为市场提供活力，从而带动既有建筑节能改造市场的发展。

综上，ESCO 的驱动力主要表现为以下几个方面。第一，直接驱动。首先需要加强技术、人才、资金等要素投入，提升 ESCO 企业的服务能力与服务质量，待打开市场后，再逐渐拓展相应业务，扩大 ESCO 企业规模，建立产业链完善、辐射带动能力强、具有国际竞争力的产业集群。其次，考虑到既有建筑节能改造的外部性，需要提升企业素养，增强 ESCO 企业参与节能改造的社会责任感，树立正确的 ESCO 企业经营理念。最后，促进生产要素的合理流动，提高市场配置资源的效率，促使既有建筑节能改造市场良性运行。第二，间接驱动。推进新兴科技与节能服务产业的深度融合，促进技术的持续创新，并通过技术创新扩散实现对既有建筑节能改造市场发展的驱动作用。

第四节　数智化技术助力既有建筑绿色节能未来

21 世纪以来，绿色低碳、节能环保、可持续发展已成为世界各国主流的发展趋势，在信息科技革命的时代背景下，生物联网、大数据、云计算、人工智能、BIM、5G 通信等新一代信息化技术加速推动着全球建筑行业的转型升级。绿色建筑、智能建筑、健康建筑的融合发展已成为建筑行业的主要发展趋势。

BIM 技术通过数字化的表达为建筑在全寿命周期的各个阶段提供智慧化的技术支撑。在设计阶段，各专业可利用 BIM 技术进行三维立体数字化建模，对建筑进行各种性能仿真模拟；在建设阶段，可利用 BIM 技术实现数字化、精细化、智慧化的施工管控；而在运营阶段，BIM 技术可实现智慧化的运营和管理，将 BIM 技术与物联网技术、大数据及云计算技术、人工智能技术进行融合，可高效实现对建筑系统的可持续智慧管理。

人工智能技术是综合计算机科学、控制论、信息论、神经生理学、心理学、语言学、哲学等多种学科而发展起来的交叉学科技术，可以运用计算机系统来模拟人类脑力活动。绿色智慧建筑是集物联网、大数据、云计算、BIM 以及人工智能于一体的开放生态系统，其关键在于建筑智慧化，能够自我感知、信息记忆和存储，自适应控制和调节建筑内的机电设备，且在建筑遭遇突发状况时，具有分析能力和判断能力，可以做出智慧决策。因此，BIM 技术与人工智能技术的综合应用是绿色智慧建筑的关键技术手段。

一、数智化技术

既有建筑改造是建筑全寿命周期中（选址、规划、设计、施工、运营维护及拆除）的建设完成后改造的一个特定阶段，属于"已生"到"再生"或"消解"到"重生"的过程。

以数字化检测 +BIM 信息化技术为核心，实现评估、勘测、设计、制造、施工、运维一体化。高效的数据信息采集、信息传输及分析，有效地优化工程设计、预制件和管线排布方案，极大提高了设计和施工的自动化程度和安装的精度，完美还原了建筑的细节效果。同时各阶段的大容量工程数据在信息平台上的集成分流和实时共享，有效地架起了设计和运营沟通的桥梁，方便决策，实现了优于传统手段的服务价值。

《绿色建筑评价标准》(GB/T 50378—2019)将绿色建筑定义为:在全寿命周期内,节约资源、保护环境,为人们提供健康、适用、高效的使用空间,实现人与自然和谐共生的高质量建筑。即利用各种有效方法和措施,减少对邻近地区生态环境的不利影响,提高绿色建筑的能源利用效率,科学地进行能源供给,合理地利用可再生能源。

作为既有建筑需要评测分析哪些内容需要改造提升,通过减碳措施尽量达到绿色建筑评价标准。传统评测有很多方法,通过数字化技术分析信息模型实现精准快速的分析数据,将建筑工程项目转换为包含设计数据的参数化模型,在多个环节和多方参与者之间进行实时共享,以便高效协作并完成目标。根据相关文献可总结出 BIM 技术具有以下特性:

(1) 三维可视化。BIM 技术可以将传统的二维信息立体化,可更直观地进行三维设计和效果观察。

(2) 可模拟性。BIM 技术可以更好地检测对比方案的实施效果,便于选出最优方案。BIM 技术不仅可以进行建筑生态分析,还可以在结构中对设备运行效果和安全疏散等方面进行模拟。

(3) 多专业协调。不合理的建筑设计会引发施工窝工和停顿现象,此时就需要多方面的人员进行分析、研究和更改,将不合理的问题解决后才能继续进行施工,此过程耗费时间长、消耗成本多。BIM 技术具有协同性特点,多部门多专业可通过云端进行协调,共同分析信息数据,提高效率。

(4) 可输出性。BIM 软件可输出二维图纸与三维效果展示动画,还可输出多种文件格式,避免大量的重复性工作。

(5) 信息可持续性。BIM 技术可融入建筑项目整个生命周期,辅助建筑项目进行信息传递和协同工作,可便捷地从上一环节调取可用信息供此环节参考和使用。

(一)数字测绘

现阶段,国内的工程建设节奏逐渐放缓,城市中的既有建筑改造工程逐年增多。常规的改造设计模式较为依赖工程的竣工图纸,但大多数既有建筑存在竣工资料缺失,或有与现状不符的问题,对设计的精度影响较大。如何在既有建筑改造工程中进行详细测绘并实现精细化设计是此类工程的技术难点。

针对既有建筑测绘的难点问题,引入三维扫描技术进行建筑内墙、梁、板、柱与机电管线的全方位测绘,并将三维扫描结果与设计模型相结合,进行设计可实施性的全面检验。

三维扫描技术最早应用于机械行业,用于工业设计和既有产品的模型重制,至今,三维扫描技术在工程行业已逐步成熟,相关设备与配套软件技术也逐渐完善。在未来,三维扫描技术将在工程行业推广普及。

三维扫描技术本身在工程行业中的价值并不凸显,其潜在价值在于为精细化设计提供准确的基础数据,三维扫描技术与 AI 数据提取技术及 BIM 技术的结合是未来这一技术能否产生推广价值的关键。

1. 倾斜摄影测量技术

倾斜摄影是国际测绘领域发展起来的一项高新技术,它颠覆了以往正射影像只能从垂直角度拍摄的局限。通过在同一飞行平台上搭载多台传感器,同时从一个垂直、四个倾斜五个不同角度采集影像，将用户引入了符合人眼视觉的真实直观世界。倾斜摄影测量，以大范围高精度、高清晰的方式全面感知复杂场景，通过高效的数据采集设备及专业的数据处理，为测绘精度提供了保证。传统的航空摄影以获得正射影像为目的，称为竖直航空摄影。这一方式便于后续的正射纠正与立体测图等处理工作，但是会失去地物的侧立面细节。

倾斜摄影测量技术可以快速复原当前既有建筑的现状三维景象，借助于实景模型分辨率高、环境真实、立体呈现等特点，可以快速发现既有建筑的问题，例如通过日照分析来判断楼间距；通过纹理信息判断是否存在诸如墙体开裂等安全隐患；通过测量获取小区内部道路的宽度、长度并分析其通行能力。尤其是老旧小区的屋顶情况，一般扫描受高空采集数据的局限，针对大面积的老旧小区既有建筑测绘信息使用倾斜摄影测量技术是经济、高效的，也很容易获取供决策者审阅的图像数据。

近年来，多镜头航摄仪的发展很好地克服了精度问题，同时实现了对地物顶部和侧立面的建模和纹理采集，使倾斜摄影在大范围三维建模方面表现出了卓越的能力。倾斜摄影可以一次性获取几十平方公里的城市建筑物及地形模型，建模速度快、纹理真实性强，具有非常有冲击力的视觉感受。同时，倾斜摄影也能在建模之余，获得正射影像和数字高程模型。

倾斜摄影由于航摄时航高的因素接近于地表的细节损失相当严重。目前呈现出无人机低空摄影表现优于大飞机高空航摄的趋势，但无人机单次采集区域又过小，依然无法保证地面细节的完美度。未来采用低空倾斜摄影和地面激光扫描结合可能是建筑生成数字模型的最优方案。

2. 贴近摄影测量检测技术

无人机摄影测量变得空前火热，从固定翼到旋翼，从垂直摄影到倾斜摄影，进而到多视摄影，获取的影像越来越丰富多样，利用众多影像信息可以恢复各种目标的三维信息。无人机摄影测量的下一步发展必将是影像信息数据的精细化，贴近摄影测量则可以看作获取精细化影像的一种思路和方法。贴近摄影测量是面向对象的摄影测量，它以物体的"面"为摄影对象，利用旋翼无人机贴近摄影获取超高分辨率影像，进行精细化地理信息提取，因此可高度还原地表和物体的精细结构。更有人称这是"第三种测量方式"，是因为相比较现有的垂直航空摄影测量、倾斜摄影测量是对 XYZ 三维空间（或称 2.5 维——三维空间的表面）进行摄影，贴近摄影测量是针对"面"（三维空间任意坡度、坡向的面）进行摄影。

贴近摄影测量也不简单等同于近景摄影测量，无人机近景摄影测量是贴近摄影测量的一个特例。如果要对一个建筑物实现精细建模，就能看出两者的差异性。其不仅仅实现了对建筑物精细建模，还可以根据贴近摄影测量的 3D 信息绘制高精度的立面图。

应用贴近摄影测量可以形成三维矢量化文件，与传统绘图软件 CAD 对接，可进行精确复尺。贴近摄影测量是计算机视觉、摄影测量的一个技术策略，是时代发展的必然。人们期望对被拍摄物体各个面都能获取厘米甚至毫米级别的影像测量，可为古建筑、既有建筑等数字化重建提供有效的补充手段。贴近摄影测量刚刚开始应用，在既有建筑改造过程中可以应用于初期获取门窗洞口等改造位置的数据，方便统计工程量信息，是一种高效快捷的新测量技术，未来相关测量手段必然有所提升和扩展，能更精确、更好地与智慧城市完成信息对接。

3. 以三维激光扫描为主的建筑结构扫描技术

三维扫描仪的基本工作原理是：结合结构光、相位测量、计算机视觉的复合三维非接触式测量技术。这种测量原理使对物体进行照相测量成为可能。所谓照相测量，就是类似于照相机对视野内的物体进行照相，不同的是照相机摄取的是物体的二维图像，而测量仪获得的是物体的三维信息。与传统的三维扫描仪不同的是，该扫描仪测量时光栅投影装置投影数幅特定编码的结构光到待测物体上，成一定夹角的两个摄像头同步采得相应图像，然后对图像进行解码和相位计算，并利用匹配技术、三角形测量原理，算出两个摄像机公共视区内像素点的三维坐标。

三维激光扫描是 21 世纪测绘领域的一次巨大发展，但是三维激光扫描必须要跟影像配合使用，激光扫描"点云"本身只能得到物体的白模。除此之外，三维激光扫描设备工作成本较高（包括相关设备成本居高不下），而贴近摄影测量成本相对较低。只有在需要精细测绘的时候，激光扫描技术的精度优势才显现出来。

（二）智慧化探测

监测技术应用场景。离线监测，以获取排水长期规律为主；支持短期数据分析或模型参数调整。在线监测，动态了解排水管网运行情况；方便采集在线数据，方便查看调控效果。在线预警预报，智能可变的采集与传输频次，对溢流风险进行预警预报，通过多种方式动态推送。排水规律统计分析，通过海量数据的相关性分析、上下游峰值时间差异分析、典型降雨事件过程分析进行排水规律的统计分析。排水模型动态仿真，将大数据分析技术与排水管网模型进行耦合，实现排水模型的动态仿真模拟。

二、目前在绿色建筑改造中绿色智慧技术存在的问题

（一）数据的获取、处理以及存储问题

基于物联网的各类绿色智慧建筑技术可以有效应用的基础在于各类通过感知层获取的数据，因此数据是信息时代背景下的重要资源。既有建筑领域的各类物联监测数据相比其他领域的数据更为复杂多样，例如涉及室内外环境、用户行为特征、建筑围护结构、机电设备系统等多种信息数据。如何有效获取这些数据，并进行有效清洗、整理、存储，为后期的数据分析奠定基础条件，是该领域亟待研究的关键问题。

（二）楼宇自控系统的标准化问题

各类既有建筑的绿色智慧应用技术大多需要依赖楼宇自控系统进行数据传输以及反馈控制，但当前主流的各类楼宇自控系统品牌各自独立，而楼宇机电系统种类繁多，若要真正实现智慧化运行操作，需要打通各种系统的通信壁垒，建立统一的智慧建筑设备元器件通信协议，从而实现各类物联监测数据的有效传偷以及反馈控制，为各类智慧管理平台的有效应用提供便利。因此，关于楼宇自控系统如何实现标准化也是亟待解决的关键问题。

（三）绿色智慧技术的价值问题

当前，我国既有建筑的绿色智慧技术普及率仍然较低，行业发展还不充分。虽然政府制定了各类推动智慧城市发展的相关政策，但由于各类智慧技术系统的成本造价不透明，投资回收期难以测算，建设单位往往对各类智慧系统的应用价值难以判断，导致其对绿色智慧技术的应

用积极性不高。例如，当前的大型公共建筑能耗监测系统多是由政府买单投资，用于宏观测算区域节能工作的成效，而在单栋楼宇的节能应用方面尚未发挥出应有的作用。因此，关于如何挖掘绿色智慧技术的应用价值，充分挖掘绿色智慧建筑的潜在需求，也是亟待研究的关键问题。

在信息科技革命的时代背景下，绿色建筑、智慧建筑、健康建筑融合发展已成为当前建筑行业的主流趋势，物联网技术、大数据与云计算技术、BIM 与人工智能技术是绿色智慧建筑行业发展的核心驱动力，是当前绿色智慧建筑领域的主要发展方向，且市场潜力巨大。

第九章 城镇绿色建筑节能研究

第一节 城镇住房分析

一、我国城镇住房现状

目前我国政府的各项住房建设、规划、管理的改革仍将全国的住宅发展限定于解决城镇居民住房的增量和扩大住房面积的阶段。我国现有商品房市场中购买力的需求已进入到提高住房质量和整体提高住房水平的阶段。

我国突破了国际上多数国家住房分阶段发展的一般规律，解决房荒、扩大住房面积、提高住房质量及提高生活整体条件的四种阶段的形态和需求同时处于一个市场之中。因此，有效地把握现阶段的发展现状并相应地制定有利于其同步实施和发展的相关政策，已成为政府当前急需解决的问题。为此政府需要进行必要的政策调整，改变过去以国有投资为主，以行政命令约束和控制投资的方式，转为用土地供给、税收等经济手段来调控市场。我国应该并且可以借鉴世界各国发展的历史及其在不同发展阶段所采取的不同政策和手段，找到自己的发展之路。

二、我国城镇住房的主要问题

我国住房问题的主要问题在于住房的供求不能达到平衡，这是由市场潜在需求大于有效需求所引起的。

第一，潜在需求不断增大。潜在需求是指有相当一部分消费者可能对某物有一种强烈的需求，而现成的产品或服务却又无法满足这一需求。同时由于我国现今土地征用的严格要求以及开发商资金来源的不足，现有的住房满足不了消费者日益增长的住房需求。

第二，有效需求不足。商品房的空置并不表示我国居民的潜在需求已经得到满足，而是因为中低收入者支付能力的限制导致的房屋的空置。据有关部门统计，在大量商品房空置的同时，住房特困户仍大量存在。

第二节　城镇建筑绿色节能理念

一、现代化城市的绿色节能建筑的设计标准

（一）作为绿色节能型建筑首先就必须积极顺应和按照资源节约型、环境友好型社会发展理念，最大程度节约资源能源以及提高绿色建筑的利用率。可以利用一些可再生能源，例如在建筑顶层设置太阳能吸收板，实现太阳能庭院灯及太阳能路灯照明系统。墙面在符合规范及使用要求的前提下尽量扩大窗面积，建立良好的建筑内外采光系统，在建筑内部设置中水设施，对各类废水进行综合处理，处理之后的水用于冲厕所或者进行绿化灌溉。

（二）在进行绿色建筑设计时必须尊重自然生态，设计时考虑到建筑周围生态环境的承受程度，尽量做到建筑与自然的和谐共处，最大程度避免建筑物对周围生态平衡的破坏与影响。

（三）绿色建筑在设计时必须能够通过建筑本身传达出一定的独特的建筑艺术以及现代化城市应该具有的生态美，并且应该注重人的身心健康，尽可能地避免破坏环境，给人以健康、舒适、亲切的感觉，还有建筑实体的空间以及本身的使用功能要顺应现代化社会的发展，也就是绿色节能建筑必须有包容性的空间以及综合性的功能。

二、现代化城市绿色节能建筑的设计原则及理念

（一）现代化城市绿色节能建筑设计原则

1. 保持城市当地质能平衡

在进行现代化城市的绿色节能建筑设计时必须减少外部能源的输入对本地能量流的影响，最大程度保持当地能量流的平衡，并且在设计中必须首先考虑太阳能、地源热泵等可再生能源的使用。在建筑设计中必须控制建筑材料产地，尽量使用建筑城市本地的建筑材料，尽量减少因建筑材料的流动对本地物质流的影响。所以绿色节能建筑设计时必须遵守保持当地城市质能平衡这个原则。

2. 资源利用效率达到最高原则

现代化城市的绿色节能建筑设计的基本原则就是资源利用效率要达到最高，对涉及建筑的各种资源，包括能源、土地、水、各种建筑材料等，都要高效率地利用，尽可能地节约能源。同时还要防止建筑对城市土壤、空气和水的污染；在建筑选材时，要考虑材料的可循环使用，鼓励建筑材料的回收利用。

3. 整体设计原则

绿色节能建筑还强调建筑整体设计思想，结合当地城市气候、文化、经济等诸多因素进行综合分析，不能盲目照搬那些所谓的先进绿色节能技术，同时也不能仅仅着眼于局部而不顾整体，既要重视建筑设计的局部，又要从整体出发。例如一些寒冷的城市，如果窗户的热工性能

不是很好，那么用再昂贵的墙体保温材料也不会达到节能的效果。由此可见，整体设计的优劣，将直接影响绿色建筑的性能和成本。

4. 以人为本原则

绿色节能建筑在注重节能环保的同时还应给使用者以足够的关注，也就是以人为本原则，尽可能地利用自然的方法创造宜人的温度、湿度环境，在尽量减少能耗的同时提高建筑的舒适性，并且要创造良好的声环境氛围、合理的空间布局、宜人的空间环境、完善的通信交通，给绿色节能建筑使用者提供一个比较安静、和谐、宜人的居住环境。

（二）现代化城市绿色节能建筑设计理念

1. 节约能源和资源

这个理念的具体表现为充分利用那些清洁可再生能源，例如太阳能、风能等自然能源，在建筑实体的前期设计、中期建造过程中的材料的使用要充分考虑资源的最大限度利用，尽可能地保证资源的重复和再生利用。

2. 顺应和回归自然

现代化城市绿色节能建筑应该和周围环境最大限度融合，争取建立一种和谐共存、动静互补的舒适环境，同时要做到保护周边的生态环境。再有就是建筑实体中不能含有那些对人体有危害的建筑原料或者装修材料，保证使用清洁、无害、无污染的建筑材料。

三、现代化城市绿色节能建筑的设计方法

（一）绿色节能建筑总体规划布局

首先必须综合考虑当地城市的地理环境、自然气候的类型与特征，优化建筑选址，合理确定绿色节能建筑的规模、密度、间距、高度、绿化等基本参数，使之与自然气候、地形地貌、河湖水面及自然植被等相适应，例如利用建筑周围现有的树木或者其他的一些植物来减少建筑物的热负荷，还可以根据当地城市的纬度与主要风向，对绿色节能建筑朝向进行优化，进而可以在一定程度上利用太阳能与风能等自然资源，进而减少建筑的能源消耗。

（二）绿色节能建筑形体设计

建筑形体与建筑空间系统不仅仅是构成节能建筑的必要条件，还是现代化城市地域性建筑特色最本质的体现，建筑体形系数小，则绿色建筑比较规整，就可以在很大程度上减少冬季供暖与夏季制冷通过外界面的热工损耗，但是体形系数大又方便建筑组织自然通风，因此合理把握建筑的体形系数是绿色节能建筑节能设计的重要环节。在建筑单体设计中，利用别墅建筑造型中屋顶、阳台、线角、建筑饰面肌理丰富多样，与完美地与自然山水环境结合的特点，能够表达出人与环境和谐相处的和谐原则，应该打破那些传统住宅建筑给人以单一的行列式的印象，利用变化的坡屋面争取阳光，应该结合当地城市季节长短的特点，运用不同的色彩吸收太阳能，从绿色建筑理念出发建构人与环境可持续发展。

（三）加强建筑周围环境的绿化建设

在社会发展的大步伐下，人们开始感受到环境对自身身心健康发展的重要性，因此在设计

时应该加强绿色建筑周围环境的绿化建设。城市小区周围的绿化工作要尽量减少不必要的硬质的铺地，要尽可能地扩大小区内部以及周边的绿化草坪的面积，同时尽可能多地种植一些绿化效果比较好的树木，同时周边的绿化建设还要强调立体的绿化理念，具体包括墙面的绿化、屋顶的绿化设计以及阳台的简单且必要的绿化。

绿色节能建筑是一个新兴产物，对环保、节能的要求值得探索、研究和尝试。虽然这条道路是漫长而又艰辛的，但是随着社会的发展，绿色节能建筑理论的发展将导致建筑学技术内容的极大丰富与建筑艺术创造的相应发展，绿色节能建筑必将与生态环境融为一体。

第三节　城镇建筑节能技术分析

一、绿色建筑技术实践应用中的内涵及特征分析

（一）绿色建筑技术实践应用中的内涵分析

作为一种可持续建筑，绿色建筑的市场应用前景良好，具有很大的发展潜力。所谓的绿色建筑，是指在建筑物长期使用中对自然资源的有效利用率高、对生态环境破坏少的建筑，且在建筑选址、设计、技术等方面体现了节能理念。结合当前城镇建设的实际情况，为了发挥绿色建筑技术实践应用中的优势，需要加强其内涵分析。具体表现在：绿色建筑技术在绿色建筑建设中发挥着重要作用，体现了"绿色、可持续"理念，促使建筑技术实践应用中能够实现自然资源的高效利用，且能够最大限度地减少对生态环境的破坏影响。同时，相比一般的建筑技术，绿色建筑技术的理念更为先进，体现了建筑技术使用中的设计及人文理念进步，提升了现代建筑技术的潜在应用价值。

（二）绿色建筑技术实践应用中的特征分析

为了提高城镇建设中绿色建筑技术的利用效率，增强其实践应用效果，需要加强其应用过程中的特征分析。这些特征包括：

1. 环境方面的特征。绿色建筑技术实践应用中注重环境保护、资源的合理利用，在为人们提供健康生活空间方面发挥着重要作用。同时，绿色建筑技术在生产制造、施工等方面可能会对生态环境产生一定的影响，应予以关注。

2. 经济方面的特征。绿色建筑能否得到可持续发展，其技术效能的发挥是否充分，需要考虑绿色建筑技术作用下的建筑物经济性，并在区域经济环境及政策的作用下确保该技术实际应用范围的不断扩大。

3. 社会方面的特征。绿色建筑技术使用中考虑了建筑与环境、建筑与人彼此之间的关系，需要在加强生态环境保护的同时为人们提供舒适的环境，并引导人们能够在实践中注重健康生活方式的合理运用。

二、城镇建设中绿色建筑技术的应用要点分析

（一）基于绿色建筑材料的应用分析

为了确保城镇建设项目的顺利开展，突出其城镇建设中的"绿色、可持续"理念，需要在绿色建筑技术支持下加强绿色建筑材料使用。具体表现在：

1. 为了降低城镇建设中的建筑能耗，应重视绿色建筑的推广使用，在确保建设成本良好经济性的基础上，以保护生态环境及为人们提供舒适居住环境作为最终的目的。将绿色建筑材料应用于建筑工程建设中，确保建筑能耗控制有效性，体现出城镇建设中的人文价值观。

2. 城镇建设中应考虑可持续发展战略实施要求，对建筑材料进行不断改进，避免材料使用中产生环境污染问题，并在绿色建筑技术作用下为城镇建设中的建筑材料应用提供技术支持。

3. 结合城镇建设的实际情况，因地制宜地使用绿色建筑材料，并根据绿色建筑技术内涵，在建筑材料使用中突出节能理念。

（二）基于降耗材料及技术的应用分析

城镇建设中建筑能耗问题能否得到有效处理，关系着建筑的能耗效果。因此，城镇建设中应注重绿色建筑技术的引入，在其指导下扩大降耗材料及技术应用范围，实现城镇建设中的建筑节能降耗。实践过程中应从这些方面入手：

1. 城市建设中相关部门应把好建筑质量关，对建筑施工中的能源消耗量充分考虑，在科学监督及管理机制作用下，强化建筑施工单位的节能降耗意识，从而选择性价比良好的材料实现工程建设，并在实践过程中做到节约资源。

2. 城镇建设中开展建筑项目施工作业时，应加强外墙保温材料、变频技术作用下的空调及风热回收技术的使用，促使建筑能耗能够控制在合理的范围内，保持城镇建设中建筑物良好的节能降耗效果。

3. 实施城镇建设中的建筑施工作业计划时，工程建设单位、施工单位等应强化节能降耗意识，选择降耗显著的材料及技术完成项目施工计划，为城镇建设中绿色建筑应用范围创造出有利的条件，并突出建筑设计中的人文理念。

（三）基于室内设计的应用分析

绿色建筑技术使用中应使居住环境舒适健康，且能保护居住场所周围的自然环境，促进城镇建设中的建筑可持续性发展。因此，应关注城镇建设中室内设计合理性、舒适性、经济适用性。实践过程中应结合绿色建筑评价标准，优化建筑室内设计。而基于绿色建筑技术的室内设计，应从这些方面入手：1.对于室内照明设计，应该结合建筑的遮阳反光板对其进行区分控制，促使照明系统能够实现电能资源的高效利用；2.通过环境模拟的方式进行室内通风设计的模拟运行，确定建筑房屋内部的通风条件；3.加强对周围环境状况的深入分析，找出其中的噪声源头，并对噪声功能区进行合理设置，确保人们居住环境的良好舒适性；4.应根据绿色建筑技术优势，注重室内空气质量评估，构建出可靠的监控系统，加强室内空气流通过程监督，确保建筑室内居住环境适宜性。

　　根据当前的形势变化，将环境适应性良好的绿色建筑技术应用于城镇建设中，有利于实现其建设过程中的能耗问题处理，增强城镇建设的节能效果。因此，未来城镇建设中应根据资源高效利用要求，给予绿色建筑技术必要的关注，促使城镇建设中这类技术的实际作用能够充分发挥，为新形势下城镇建设水平的不断提升提供技术支持。

第十章　农村绿色建筑节能研究

第一节　农村住宅用能分析

中共中央、国务院在 2005 年 12 月 31 日正式发布了《中共中央、国务院关于推进社会主义新农村建设的若干意见》，其中正式提出了建设社会主义新农村的概念。随后我国又相继出台了一些政策措施主要涉及的是新能源在新农村建设中的运用，此后对城镇新农村住宅建筑能耗与节能的研究一直没有停止。

一、城镇新农村住宅建筑能耗

（一）我国城镇新农村建筑能耗发展趋势

在我国的城镇新农村建设过程中，住宅能耗消耗最大的就是北方城镇建筑采暖和农村生活用煤。就现有资料看来，我国的建筑总能耗约占社会终端能耗的 20%。而我国北方地区的供暖能耗大约为每年 1.6 亿吨标准煤，大约占我国煤炭产量的 11%，除此以外，建筑用电和炊事、家电、生活热水、照明等折合为电力，大约为每年 5500 亿度电，这项耗能就占到了我国社会终端能耗的 30% 左右。

（二）新农村住宅建筑中采暖能耗

我国新农村建设中采暖耗能是比较大的，特别是北方地区，北方城镇新农村建设采暖能耗占全国建筑总能耗的 36%，为建筑能源消耗的最大组成部分。不仅如此，我国北方地区单位面积采暖平均能耗与同纬度条件下的北欧地区相比，能耗是它们的三到四倍。我国北方城镇新农村建筑住宅能耗高的主要原因有以下几点，首先，新农村建筑住宅的围护结构保温效果不佳，建筑房屋的质量比较低。其次，供热系统在配送热量的过程中，由于供热系统的效率不高，会产生大量的热量损失。最后，我国存在大量的小型燃煤锅炉，这些锅炉的热源效率不高，在热源环节我国可以节能 15%~20%。

（三）非采暖及新农村住宅生活能耗

我国农村建筑面积大约为 240 亿平方米，总耗电约 900 亿度 / 年，生活用标准煤 0.3 亿吨 / 年。就目前的调查情况看来，我国农村的煤炭、电力等商品能源消耗量很低，不仅如此，农村建筑使用初级生物质能源的效率也不高，并在陆续被燃煤等常规商品能源替代。如果这类非商品能源完全被常规商品能源替代，则我国建筑能耗将增加一倍。

我国城镇新农村住宅建筑的能耗水平普遍低于发达国家，主要原因是我国新农村住宅建筑所提供的服务水平不高，再加上我国的能源费用与新农村住宅建筑中的居民收入相比明显偏高，而很大部分的城镇新农村住宅的用电水平也很低，所以生活能耗如生活热水的用量也明显低于发达国家水平。

二、当前城镇新农村建筑住宅节能存在的问题

长久以来，农村盖房大多数使用的是黏土砖。我国政府推动新农村建设的工作逐步展开。由于农村人民生活水平的不断提高，农民对自家房子的翻新或者盖房子的愿望越来越强烈。这种翻新或盖房的行为又会大量使用黏土砖，而黏土砖是靠毁田烧砖得来的，不仅增加了能耗还破坏了生态平衡。除此之外，农民的自建房很少使用科学的保温技术，冬季就算供暖，房屋的采暖效率还是很低的，因为使用的是实心黏土砖的围护结构，再加上农村房屋的门窗大多缝隙不严、门窗单薄，使空气渗透损失的热量占到所有损失热量的一半以上。

从总体情况上来看，我国城镇新农村住宅建筑存在的主要问题有：结构设计不科学不合理、能源利用率低、能源消耗量大、建筑材料老旧、建造方式传统等。如果要从根本上改善农村的住宅条件、提高居民的居住舒适性，就必须大力推进建筑节能技术，将节能技术落实在新农村住宅的建设中。节约能源、降低能耗的方式不仅保护了环境还使我国经济、社会进入了可持续发展的良性循环。

三、城镇新农村住宅节能途径

当前我国各级政府高度重视城镇新农村建筑住宅的节能。因此，要研究建筑节能的突破点，优化配置有限资源，进而推动我国建筑节能事业取得重大进展，走出集中供热分户计量改革的困境，可以从以下几个方面入手：

（一）改变供热计量按面积收费的方式

首先要改变以往按照面积收费计量供热的方式，取而代之可以实行"分户计量，按热量收费"。这样改革的好处是既能鼓励节能的行为，又能促进建筑的保温。但"分户计量"的方式实际操作起来比较困难，所以可以在此基础上采用分楼计量的方式，对每座建筑的用热总量进行计量并据其收费，楼内各户按面积分摊，计量工作可大大简化。

（二）探讨社会主义新农村的可持续发展的能源消耗模式

在我国，农村拥有较为丰富的土地资源，除此之外还有很丰富的生物能源，如粪便、秸秆和薪柴等。生物能源的生成物又可以被可循环地充分利用。所以，按照可持续发展和维护生态平衡的要求，新农村建设的能源供应方式应该按照循环经济的要求，发展沼气等可再生能源为主，此外还可以大力发展太阳能光热和光电应用以及风力发电等。在新农村建设的过程中发展可再生能源代替常规商品能源的经济效益和可操作性都比城市要高。

（三）建立农村住宅建筑能耗统计平台

在推进新农村建筑房屋节能的过程中，有效的建筑能耗统计平台可以给出我国的建筑物所

消耗终端能源的具体数据，不仅可以对新农村建设过程中的农村住宅能源消耗进行定量描述，还可以分析出能源消耗的具体特点。此项工作是新农村住宅建筑节能工作的重要基础。

我国进行社会主义新农村的建设要从观念上开始转变，要改变以往的低质量住宅，逐步向高品质、长寿命的住宅转变，从而降低能耗、节约能源、保护环境和优化生态系统。现阶段做好城镇新农村建筑住宅的节能工作不仅是未来国家在新农村建设中的重点之一，而且对我国的发展有着长远意义。

第二节　农村建筑绿色节能理念

近年来，"保护生态环境，建造绿色家园"的呼声日益高涨，对"绿色建筑"可持续发展的研究在全球范围内逐渐展开。"绿色建筑""生态建筑""可持续发展的设计"等概念在建筑行业成为一种时尚，同时也实实在在地成为建筑学科发展的前沿。这些现象充分体现了人类理智和文明的升华。它要求当代人类重归自然的怀抱，返回生物圈生生不息的有机联系中，建立起一种人类、自然和人工环境相融合的绿色文明。同时，我国农民的生活水平不断地提高，他们对自己的居住条件的要求也越来越高。然而我国农村地区建筑特点是占地多、建造技术水平低、缺乏科学性，甚至是忽视最基本的建筑热工性能和舒适性要求，特别是缺乏统一的建筑规划，能源利用率低，导致其建筑土地利用率低、保温隔热性能差、能耗大、舒适度低。因此，为了提高农民生活质量，应以改善居住条件为重点，科学制定农村绿色建筑规划体系，因地制宜地在广大农村地区推广绿色建筑节能技术，发展节能建筑。

一、农村建筑节能设计

（一）农村建筑现状分析

我国农村地区建筑要适应日常居住生活和农副业生产的双重需要，居民建筑类型大多为单户、双户以及多户并联。长期以来，我国农村建筑大多为个人建造，农民随意建设，农村建筑缺乏规划和设计，造成建筑的功能划分不合理、用地浪费。在房屋建设的过程中，由于技术和施工条件的限制以及经济条件的制约，农民建房时多选用一些落后的建材，围护结构的设计仍采用传统的做法，致使其建筑能耗大，不利于节能。

（二）建筑规划布局

我国大多农村地区冬季寒冷、夏季炎热。建筑规划选址时应充分利用当地的自然地理优势，根据当地的气候特点，合理地安排建筑与周围环境因素之间的关系。在规划建筑平面的布局时，要充分考虑当地农民的生活习惯，合理地安排建筑物功能分区。

1. 建筑选址应避免在山谷、沟底等区域，这主要考虑冬季气流在这些区域里形成对建筑物的"霜洞"效应，会使其能耗增加。建筑朝向应根据当地的地理条件和气候条件，选择最有利的自然采光和通风的区域，注意冬季防风和夏季有效利用自然通风，减少能耗。

2. 建筑类型上应多采用两户或多户并联的布置形式，减少建筑体形系数，有利于降低建筑能耗。

3. 根据当地农民生活习惯，对居住建筑和农副业生产用房进行合理的划分。例如卧室、大堂宜布置在南向，饲养室、农副产品加工室宜布置在北向。

4. 规划中应注重绿化环境。绿化可以改善建筑群体的气候条件，可以调节气温、降低温室效应、隔热遮阳、减少噪声，是优化建筑室内环境、减少建筑能耗的有效措施。

（三）建筑围护结构节能设计

1. 外墙

外墙散失的热量占整个围护结构总能耗的 25% ~ 28%，因此在寒冷地区的北方农村建筑外墙设计中应采用外墙外保温。依据当地已有的原材料，合理选择建筑外墙材料，推广使用空心砖或混凝土空心小砌块等节能砖。在建造时灵活选取构造措施，利用农村地区容易获得的材料（稻壳，麦秸等）作为外墙保温材料，使外墙获得良好的隔热效果。

2. 屋面与地面

农村地区建筑屋面散热量占总散热量的 15% 左右，地面约为 6%。在屋面建造时应采用坡屋顶，设置架空层或平屋顶，设置吊顶层。选用导热系数小、吸水率低、易于就地取材的保温材料。重视地面保温，在地面垫层下铺设廉价的炉渣等保温材料，并注意地面防潮设计，减少地面散热量。

3. 门与外窗

长期以来，农村建筑的门窗建造较为简陋，大部分为单层，而且密封性较差。外窗的热损失量约占整个房屋的 30%。为了减少外窗的热损失，在满足自然通风和采光的要求下，减少窗墙比，应采用双层窗或单框双玻璃窗，增强其密封性，以此来提高窗的总热阻。外门应采用双层，若采用单层应做保温处理，提高外门的隔热性能。尺寸较大的门窗应在室内加装门窗帘，也有利于减少门窗的热损失。

二、能源的综合开发与应用

（一）太阳能开发与应用

农村地区有着丰富的太阳能资源，建造太阳能综合利用建筑，在屋顶放置太阳能利用设备可为生活热水、采暖系统以及照明等供能。特别是近年来太阳能低温地板、辐射采暖系统的应用，适合应用在无集中供暖的农村建筑中。

（二）沼气开发与应用

沼气是一种清洁的可再生能源。在广大农村地区各种农作物的秸秆、牲畜的粪便等都可以作为产生沼气的原料。沼气不仅用来解决农村燃料缺乏问题，也可以应用沼气进行采暖和照明等综合利用。另外沼液和沼渣可以作为有机肥料，施在农田和果园里。沼气建设与种植、养殖业结合，通过资源的优化配置，延伸了经济链，使能源得到有效的循环利用。目前我国农村大多采用单户的沼气建设，受技术条件的限制经常沼气产量不足，而且安全性较差。建议采用多户集中建造高效的沼气设施，集中管理，有效利用资源，这样能提高沼气设施能源利用率，便于为广大农民提供高效、洁净、安全的沼气能源。

（三）其他能源的开发与应用

我国有着丰富的浅层地热能源，在农村地区可以开发利用当地地热资源，为集中规划建造的村镇建筑群提供热源，宜于集中热水供应和采暖设施建造，从而节约燃料使用。在农村的一些地区风能资源也较为丰富，利用其建造风力发电，供应日常的生活和照明用电，既方便又廉价，节约用电。

三、农村建筑节能管理

农村建筑的节能不仅仅体现在节能设计，节能管理也是很重要的一方面。建立健全建筑节能管理机制，是落实建筑节能规划设计的前提。首先，在新建农村建筑时应注重改变观念，统一规划建设，进行初期的建筑项目可行性论证报告以及综合利用能源的可行性方案设计。要按照节能设计和规范进行建造，加强节能设计，充分利用当地易于取得的廉价且节能的建筑材料。其次，在建筑建成后注重农民节能意识培养，统一管理一些集中的公用能源设施，例如集中的沼气设施或采暖系统。

目前，在我国北方农村地区由于经济条件的制约，多数农村建筑未能使用节能设计，这就需要国家和当地政府提供政策和经济支持，开发出适合农村地区的廉价节能的建筑材料和能源利用设备，树立可持续发展观念，建立农村建筑规划管理体系，在农村地区大力推广绿色建筑，为广大农民创造一个健康、舒适的居住环境。

第三节　农村建筑节能技术分析

我国是一个农业大国，近年来，在经济快速发展带动下，农民的生活水平得以大幅度提升，而且在外务工人员较多，农民的视野进一步拓宽，对于自身的生活品质有了更高的要求，农民生活富足后加快了自有住宅的建设。在当前农村住宅建设过程中，农民已不再满足于传统的平房，而对住宅的环境、功能、舒适和节能等方面都有了新的要求，所以需要在当前农村住宅建设过程中做好节能工作，利用节能技术有效地打造农村绿色住宅。

一、当前农村地区建筑能耗问题

在当前我国大部分地区的农村中，其住宅建设多以单层及两层的单体建筑为主，以砖砌墙作为墙体的外围结构，多采用实心的黏土砖，在砌筑时采用抹灰的方式进行。外窗多以单层的塑钢窗为主，气密性较差，散热量较大。户外门多采用普遍的木门，在砌筑时多利用预制板、焦渣和防水材料，屋面通常都不会利用保温材料进行填筑。农村地区住宅建筑存在的问题较多，导致其能耗量较大。

（一）房屋的热舒适度不足

在相关规定中对住宅内冬季采暖温度要求在 16℃以上，同时夏季住宅内温度也需要处于适宜的范围内，但通过对当前大部分农村住宅进行调查发现，当前农村住宅建筑绝大多数都无法达到规定的温度要求，住宅热舒适度较差，特别是在我国南方的一些农村中，由于没有取暖管道，冬季住宅建筑的温度较低，热舒适度较差。

（二）房屋的能耗过高

当前我国农村地区住宅多为单体建筑，其体形系数多在 0.7 以上，甚至更高，无法与城市住宅建筑体形系数 0.35 的标准相比。而且在住宅围护结构的选材和施工过程中，没有严格按照节能的技术标准要求进行，这就导致在冬季采暖时，农村住宅的能耗量要远远高于城市建筑的取暖能耗量，导致能源的严重浪费。

（三）太阳能利用严重不足

太阳能作为绿色清洁能源，在农村地区利用太阳能具有非常大的优势，但纵观当前农村地区，其在太阳能利用上却明显不足，特别是没有把太阳能在取热方面的优势充分地发挥出来，与城市相比，农村太阳能利用率较低，与城市还存在较大的差距。特别是当前农村居民生活水平不断提高，对卫生条件有了更高的要求，在生活过程中对热水的用量也呈不断上升的趋势。如果在生活中充分地利用太阳能来对水进行加热，不仅能够有效地确保农民的生活质量，而且有利于能源消耗量的降低。

（四）供电设施较为陈旧

当前农村地区用电设备一般都使用较长的时间，设备陈旧、落后，供电网络较为混乱，再加之一些老旧电器的使用，导致当前农村电量存在大量的损失，尽管在 20 世纪 90 年代农村电网进行了一定程度的改善，但仍然无法满足当前农村对能源利用的需求。

二、农村新建住宅节能的主要策略

（一）住宅建筑的合理选址

需要科学地对农村住宅建筑进行选址，尽量选择向阳的地方，这些地方建设的住宅在节能上具有十分积极的作用。特别是在住宅选址时，需要针对我国的气候特点，夏季主要刮东南风，冬季则以西北风为主，如果住宅选择背山面水及背风向阳等地方时，冬季可以有效地挡住寒风的侵袭，能够为建筑的节能取暖带来积极的作用。

（二）进行合理的规划及平面布局

在住宅建筑具体规划和布局过程中，需要有效地减少设计时平面存在凹凸的部分，确保平面布局的完整性，这样可以有效地降低住宅建筑体形系数，确保实现能源的降低。特别是当前农村住宅多以一层及两层建筑为主，所以更需要对建筑的体形系数加强控制。

（三）提高建筑围护结构的整体热阻性能

1. 提高外墙的热阻性能

在住宅建筑中，在整体外层围护结构中，外墙的传热面积占整体传热面积的较大比例，而冬季通过墙体散失的热量也占建筑总体散热量的 20% 以上，在夏季，建筑外墙则会吸收过多的热量。所以在农村住宅建筑节能设计过程中，需要提高建筑外墙的热阻性能，同时还要提高建筑外墙的保温措施。

2. 提高屋面的热阻性能

在农村住宅建筑中，屋面作为建筑围护结构中非常重要的部分，在节能和改善建筑整体热环境方面发挥着非常重要的作用，所以需要有效地提高屋面的热阻性能，确保其具有良好的热阻性能，从而实现节能的目标。

3. 提高门窗的热阻性能

在农村的住宅建筑当中，透过门窗以及其他缝隙而损失的热量占到了建筑整体耗热量的 30% 左右。为了能够有效地提高建筑门窗的气密性，可以通过将建筑的换气次数降低到 0.5 次 / 小时。这样，住宅建筑的热耗量可以降低到 20%。同时，使用三层的中空玻璃可以有效地减少大概 20% 的太阳辐射热量，同时减少 10% 向外辐射热量，有效地节省热量的耗散。

4. 积极做好地面处理工作

通常而言，农村地区一般都没有采用地面处理策略，导致建筑地面的保温、防潮效果都较差。因此，在条件合适的情况下，可以通过采用适当"架空"地面的方式来进行地面处理，诸如在垫层上设置防水层和保温层等。这对于农村地区降低冬季的取暖负荷、夏季的制冷负荷都有重要作用。

我国目前的住宅建设新技术主要服务于城市住宅建设，未充分考虑农村住宅建设条件，村镇住宅建设者在选用节能技术时难以找到适用于村镇住宅特殊需求的"先进、经济、实用"的技术。为了缓解我国能源紧缺的现状，必须要在我国发展节能型住宅建筑。要不断应用和推广新型的节能技术，并加强对建筑单位的监督与管理，提高相关技术人员的素质与技术水平，并加大农村节能住宅建筑的政策支持力度，更好地发展节能技术。

第十一章 建筑节能技术的研究与应用

第一节 公共建筑节能技术的发展现状

一、公共建筑节能技术及产品概述

公共建筑节能技术及产品是指使公共建筑具有低能耗、低污染、绿色等特点，并且推进生态文明建设，构建人与自然和谐相处模式的新技术及新产品。在我国已经建立并完善绿色低碳循环发展经济体系的背景下，公共建筑节能技术及产品也在逐渐成为该领域低碳发展的驱动力，为污染防治打好基础，为实现生态文明时代续航，为高质量发展埋好伏笔。公共建筑节能技术及产品创新的参与主体包括公共建筑节能技术企业、科研机构、金融机构、政府等。公共建筑节能技术企业是公共建筑节能技术及产品创新的主体，是公共建筑节能技术及产品创新的需求方、发起方和实施方。科研机构是公共建筑节能技术及产品创新的重要技术提供方，科研机构与企业的良好互动是公共建筑节能技术及产品创新的重要支撑。政府是公共建筑节能技术及产品创新的激励方和受益方。一方面，政府的激励政策能在很大程度上鼓励公共建筑节能技术企业、科研机构、金融机构参与到公共建筑节能技术及产品创新中来；另一方面，公共建筑节能技术及产品创新也有利于各级政府建设生态文明可持续发展目标的实现。金融机构通过组织市场化的金融资源，投入公共建筑节能技术及产品创新领域，实现产业、科研、金融和政府的合作共赢。

二、建筑节能相关政策

20 世纪 80 年代初，我国就开始对民用建筑用能情况展开统计调查，开展了建筑节能技术以及标准制定的研究工作。此后，在 1987 年至 1992 年的五年时间里，我国政府对新型墙体材料和节能建筑进行了试点示范和推广工作，为之后的建筑节能体制打下了一定的基础。截止到 2005 年，我国逐渐建立起建筑节能的法治、行政、技术支持体系，发布了涵盖各气候区的住宅和公共建筑节能标准。目前，我国建筑节能工作的重点集中在完善现有法制、行政、技术和管理体系，推动现有建筑节能标准的实施和对既有建筑进行节能改造，推动绿色建筑进一步发展以及能源的再利用等方面。当前阶段，我国的建筑节能政策包括新建建筑的节能标准、既有居住建筑的节能改造标准、大型公共建筑的节能改造与监管、可再生能源在建筑中的应用、绿色建筑的示范与推广、住宅建筑的全装修和装配式施工的推广几大领域。其中，新建建筑节能标准执行和既有建筑节能改造实施是建筑节能政策长期关注的领域，绿色建筑示范推广和可再生能源建筑应用也成为政策的重点支持方向。

为进一步落实我国碳减排工作，政府出台多个政策并颁布多个文件，以《能源生产和消费革命战略（2016—2030）》等为代表，明确了实现环境清洁、达到低碳目标的方向，展开了创建清洁能源体系、构建绿色建筑工作的部署，同时根据节能减排目标的创立，进一步推动节能减排领域的相关工作。《能源生产和消费革命战略（2016—2030）》明确指出产业结构的实施与能源消费结构的改变，大力推广低能耗建筑、绿色建筑的使用，对公共建筑能耗进行合理范围内的限定，促进资源合理化、可再生能源建筑的大面积应用。

三、公共建筑节能技术及产品案例

近些年，我国绿色建筑节能技术发展迅速，出现了一大批典型绿色建筑，以国家科技部办公大楼为例，该典型建筑获得了美国绿色建筑委员会的节能设计领先金质奖和住建部的绿色建筑创新奖，是一座突出节能特点的绿色智能建筑，具有节约能源、多种节能技术协调补充、自控系统协调优化建筑运行能效以及人与环境和谐统一等众多特点。该大楼的墙体和窗户所采用的材料都具有高效保温隔热的特点，并且在墙体的两层空砖中间夹泡沫聚氨酯保温层，使整个大楼具有较好的保暖特征。外部的低辐射绝热的镀膜玻璃在寒冷的天气里把室内大部分热量反射回来，进一步保暖；较热的天气里把热辐射反射回去，防止热量进入室内，达到冬暖夏凉的效果。示范大楼基于节能材料和节能技术的应用，达到极佳的节能效果，就围护结构来讲比普通建筑节能可多 50%。所有节能灯均由数控调光器和光传感器控制。当室内桌面照明低于阅读照明时，上面的灯将自动开启并补光，并补上缺失的部分。当室内光线足够时，灯将不会打开。节能灯另一方面还受到红外传感器的加强控制，当红外探头检测到室内没人在时，光线变得很暗，灯也不会打开。采用数控白炽灯泡后，示范平均照明额定输出功率只有 $4W/m^2$。自动扶梯采取按乘载量调节的变频系统，实现了按搭乘的人数调节功率变化的效果，既减少了空载电流，又避免了"大马拉小车"模式的能源浪费。热回收装置的安装是节能的另一个亮点，当新风系统开启时，废气与新风完成热交换过程，把废气能量传递到新风，热回收率高达 78%，大大减少了室内能耗损失。除节能外，以居住环境舒适度标准衡量，节能示范大楼在绿色技术和智能化等方面也都满足国际的先进标准。绿色建材广泛应用于建设中，内墙建筑涂料采用传统的无污染施工工艺，由白色石灰粉和贝壳粉混合制成，价格低廉，安全无害；建筑使用速生木材，禁止使用含有甲醛的大芯板。节能示范大楼室内装修一周后进行室内空气质量检测，办公室中有毒挥发性气体的含量为国家环保标准的 1/4~1/11。一楼的大厅采用了最具装饰性的石材和铝材，苯含量仅为环保标准的 1/2~1/4。健康的空气质量使用户能够拥有舒适安心的室内环境。室外绿化率达到 42%。屋顶上建成一个漂亮且实用的空中花园，占屋顶总面积的 70%，能降低室内温度，也可缓解制冷压力。

此外，整个自动喷灌系统和预防积水的雨水过滤基底导流技术，可实现雨水全回收处理，满足空中花园及四周绿地的灌溉用水。科技部办公大楼的多处细节设计和其他技术应用，都体现出了人与环境的和谐统一的管理理念。地面首层的架空风格设计，有效降低了对周边自然表土的破坏性影响；建筑废弃物的回用率可达到 75%；楼体周围环形连接通道上铺装了透水率高达120mm/h的透水砖路面，与绿地组合控制了四周热岛效应；采用太阳能光伏发电上网和热水系统，再生能源的应用比例为全运行能源的9%。

第二节　节能降碳目标下建筑水资源综合利用问题探析

碳排放是人类生产经营活动过程中向外界排放温室气体（二氧化碳、甲烷、氧化亚氮、氢氟碳化物等）的过程。建筑与人类生产经营活动休戚相关，推广绿色低碳建筑技术可以降低人类生产经营活动过程中的碳排放。由于我国国内生产总值高，人口基数大，由此产生的各种碳排放量都很大，其中包括城市自来水供应和输送、污水处理、建筑内水系统等产生的碳排放。

一、节能减排的低碳建筑概述

（一）绿色建筑的界定

所谓"绿色建筑"，就是在建筑物全寿命周期内采用必要的环境保护措施，减少能源消耗，将污染控制在最低，以保护人们的健康，为人们塑造良好的使用空间，实现人与自然的和谐共生。绿色建筑主要涵盖三个方面的内容：

1.对环境予以保护，有效控制污染；

2.节约资源；

3.为用户提供舒适的空间。

其中，节约资源所涵盖的内容非常丰富，包括：节约能源、节约水资源、节约用地、节约材料。通常而言，绿色建筑与既有建筑相比较，其所具备的一个突出特点就是可使能源消耗量降低70%左右，中国目前所确定的绿色建筑和既有建筑相比较，能源消耗量大大降低，幅度已经超过80%。

（二）LEED对给排水提出的要求

LEED的全称是"Leadership in Energy and Environmental Design"，是一个评价绿色建筑的标准，是美国绿色建筑委员会所建立的领先能源与环境设计建筑评级体系。LEED对给排水的水资源评定，所涉及的内容主要体现在三个方面：提高用水效率；对雨污水进行处理和排放；节水指标。

1.提高用水效率。要提高用水效率，需要采用分质供水的方式，即在提供水资源的过程中，需要按照用水水质要求实施，即将生活用水、饮用水、园林景观用水以及绿化用水分开。在供水的过程中应用节水系统，还要结合使用节水器具和相应的设备，比如空调冷却水以及游泳池的用水等都要采用循环水处理系统，公共卫生间安装感应出水龙头，并结合使用缓闭式冲洗阀等。使用科学的节水设计和绿化浇灌设计，比如，根据需要使用雨水收集回用系统和滴灌系统等。考虑到对水资源的重复利用，在建筑施工的过程中要采用节水工艺，同时还要结合使用节水设备以及相应的设施。要强化节水管理，在建筑施工的过程中，对用水定额用量，可以有效地减少水资源浪费。

2. 对雨污水进行处理和排放。对于雨水、污水以及废水分离，可以采用分流系统，合理应用污水处理技术，对雨水以及废水回收再利用。应用雨水和中水回用系统，合理控制污水以及雨水的排放。基地的保水性能要有所提高，合理控制地表水以及屋顶雨水径流，促使地表径流减少。采用多种渗透措施，增加雨水自然渗透量。

3. 节水指标。主要分为三项，即雨洪水利用率、水使用率和循环量。雨洪水利用率是常年降水量除以雨水的使用量或者雨水的收集量；水使用率是正常使用量除以使用量；循环量是一次性用量与循环次数的乘积。

二、节水减碳指标

与给排水相关的人类生产经营活动可以概括为"取水—自来水生产—中间加压—建筑内部使用—污水提升—污水处理排放"，这一过程可以分为能耗产生的二氧化碳排放和污水处理过程生化反应产生的二氧化碳排放两大类，这两大类排放的二氧化碳之和就是城市给排水系统每吨水产生的二氧化碳量，也可以称为"节水减碳指标"。通过对城市给排水系统全过程分析，得出人类生产经营活动中用水与排水产生的碳排放量，也可以说是节约用水产生的减碳效益，得出节水减碳的相关指标，以供计算绿色低碳建筑节水与水资源综合利用碳减排量。

（一）能耗产生的二氧化碳排放量

能耗折算二氧化碳指的是耗电量折算成的二氧化碳排放量，它可用于估算给水处理、给水加压、污水提升、污水处理四个部分能耗产生的二氧化碳排放量。按照 2022 年 2 月 18 日国家发展改革委等部门发布的《关于印发促进工业经济平稳增长的若干政策的通知》中提出的控制指标，每节约 1kW·h 电，相当于节约 0.3kg 标准煤，同时减少排放 0.204kg 碳粉尘、0.748kg 二氧化碳、0.023kg 二氧化硫、0.011kg 氮氧化物。以 1kW·h 相当于排放 0.748kg 二氧化碳作为计算基准值，可计算出城市给排水系统生产、供给和排放过程中耗能产生的二氧化碳排放量。

（二）污水处理过程生化反应产生的二氧化碳排放量

"碳源转化"过程可分为两部分，一部分由水中微生物对有机物的氧化分解形成；另一部分由微生物的自身氧化分解形成，两者之和就是污水处理过程生化反应产生的二氧化碳排放量。

三、建筑给水系统的节水问题分析

（一）冷热给水系统设计不科学

随着城市的发展，越来越多考虑在建筑中设置集中热水供应系统。在建筑设计中，冷热水压力设计不够科学，导致热水出水温度不稳定，给居民的正常生活带来了麻烦，也造成了很大的水资源浪费。在选用高区的生活饮用水系统时，大部分采用地下室内设水箱加变频加压供水设备或无负压加压供水系统，总体系统为下行上给方式，而集中热水供水的方式大多采用屋面设热水箱的开式系统的上行下给方式。由于冷热水给水形式不一致，末端出水压力不稳定，为了保证末端压力平衡增设减压阀，反而导致系统愈加复杂，可靠性大幅下降且造价成本也大幅增加。另由于开式系统造成的水箱二次污染愈加频繁，清洗水箱及补充水箱又进一步造成水资源的浪费。

（二）建筑给水系统流量及压力的合理设计

在对建筑给水系统进行设计的过程中，水泵的流量及压力设计如果过于保守，就会导致水资源得不到充分利用而造成浪费。根据建筑的实际高度及规模和功能，将给水系统划分为几个不同区域功能分区，针对不同的区域功能分区内严格按照有关的规范确定器具用水定额及水压要求，以保证用户能够用上水，水压满足在 0.15~0.2MPa 即可，无需取上限值增加流量及压力。

（三）工程建造材料不符合标准

材料的质量直接关系到建筑工程的质量和进度。在购买建材时，应做好各种准备工作，详细准备采购文件，在材料选择的过程中，从采购材料的数量、型号、价格预算等多个角度考虑，充分了解材料的质量。在材料运输过程中，应采用合适的运输方式，并做好材料保护，避免损坏。但在实际工作中，由于缺乏准备和质量意识，在选用材料的时候不能控制质量。如果在施工中使用不合格的材料，必然会影响施工安全，也会导致资源和资金的浪费。特别是在较大项目中，拥有多家分包单位，还会出现管材不统一的情况，进一步导致资源的浪费。

（四）雨水回用系统缺乏可行性

在非政府投资项目中设置的雨水回用系统，大部分为了节省造价，即使设计上设有雨水回用系统，施工过程中也因造价问题而被过分简化，原本极具节水功效的一大措施并未实施到位，也进一步造成了水资源的浪费。

四、基于水资源综合利用方面的绿色低碳建筑技术策略

我国《绿色建筑评价标准》（GB/T 50378—2019）中与水资源综合利用绿色低碳技术相关的内容主要体现在第 5 章健康舒适、第 7 章资源节约和第 8 章环境宜居，概括起来包括以下两个方面。

（一）直接产生减少碳排放效应的节约用水技术

1. 编制水资源综合利用方案

水资源综合利用方案是指在绿色建筑评价的范围内，在适宜于当地环境与资源本底条件的前提下，提出应采取的节水与水资源综合利用技术，并对其效益进行评价，以达到"高效、低耗、节水、减排"目的的专业专项规划。其主要内容应包括城区使用节水器具、降低管网漏损、雨水回用、海绵城市措施等。方案应明确提出节水减碳目标，并给出实施路径和指标分解。

2. 建筑内部给水系统节水

建筑内部给水系统的节水技术主要包括选用较高效率等级的节水器具、末端水压控制、安装三级计量水表等。节水器具与传统的卫生器具相比有明显的节水效果，可以减少无效耗水量，是重要的末端节水措施。在绿色低碳建筑设计时应明确提出采用不小于二级节水效率等级的节水器具，满足《节水型生活用水器具》（CJ/T 164—2014）及《节水型产品通用技术条件》（GB/T 18870—2011）的要求。

3. 采用微喷灌等节水绿化技术，用非传统水源替代自来水

采用微喷灌、滴灌、渗灌等节水浇灌技术比人工漫灌用水量少，可以在建筑周边绿地推广使用。该技术不仅可以降低建筑给水系统用水量，还可以节约人工。绿化和冲厕用水水质标准低于自来水，有条件的项目可以用雨水或者再生水替代自来水，具有较好的节水效果。值得强调的是雨水、再生水等在处理、储存、输配等环节要采取一定的安全防护和监测控制措施，其水质指标不得低于《城镇污水再生利用工程设计规范》（GB 50335—2016）及《建筑中水设计标准》（GB 50336—2018）的相关要求，保证卫生安全，不对人体健康和周围环境产生不利影响。

年平均降水量在 800mm 以上的多雨但缺水地区，适宜建设雨水收集、处理、储存、利用等配套设施，对雨水进行收集、调蓄、利用。根据雨水利用系统技术经济分析，可结合蓄洪要求设计雨水调蓄池。雨水收集利用系统可与海绵城市建设、水景观设计相结合，优先利用景观水体（池）调蓄雨水，回用于绿化、道路冲洗、垃圾间冲洗等。

（二）保障用水安全，有益于资源节约和环境保护的绿色低碳技术

1. 建筑用水安全保障措施

绿色低碳建筑的生活饮用水水质必须满足《生活饮用水卫生标准》（GB 5749—2022）的要求；如果给水系统设置了水池水箱，则应制订定期消毒清洗的计划，并应有确保储水不变质的设施；应使用构造内自带水封的便器，水封深度不应小于 50mm；所有的给排水、非传统水源等的管道、设施应设置明显、清晰的永久性标识等，确保建筑用水安全。

2. 强化雨水入渗，建设海绵设施

场地竖向设计应有利于雨水的收集或排放。合理规划地表雨水径流途径，采用多种措施增加雨水调蓄量和渗透量，达到城区"年径流总量控制率"不小于 60%。结合项目当地气候、地形、土壤、地下水位、年降水量和降水类型等本底条件，合理规划绿色雨水基础设施。优先选用雨水入渗、下凹式绿地土壤渗滤、雨水花园和生态浅沟等自然净化系统，适当地设置雨水调蓄装置配合自然净化措施，达到年雨水径流减量的目的。具体做法包括但不限于：在人行道、慢车道、广场等公共区域采用透水下垫面铺装；景观水体采用生态护坡；利用原有地形或水体等建设雨水调蓄构筑物或设施等，达到"年径流总量控制率"指标不低于 60% 的控制目标。

上述水资源综合利用方面的绿色低碳技术适用于新建或改扩建的公共建筑、居住建筑和工业建筑等，其中的雨水回用技术限于年降水量大于等于 600mm 的地区。不论是直接减少碳排放效应的节约用水技术，还是保障用水安全、有益于资源节约和环境保护的绿色低碳技术，都可以在建筑给排水系统设计的基础上应用，且投资增量有限。

总之，节水与水资源综合利用对碳减排的贡献潜力不容忽视。在推广应用前述各项节水技术的基础上，还应继续强化高效率节水器具推广普及工作；加强自主研发，利用我国大数据领域的技术优势，提升城市给排水系统的智慧化控制水平，进一步降低水的生产、使用、排放等环节的能耗水平；推进城市市政中水系统建设，同时开发集成化、模块化的建筑中水回用设备等。

第三节　建筑绿色节能环保技术的应用

一、节能绿色建筑技术分析

（一）围护结构隔热设计

在建筑结构设计中加入绿色建筑理念的一个关键点就是使建筑的围护结构具有较好的隔热性能，进一步增强门窗的气密性，最大限度地减少建筑物室内的冷负荷损失，全面提高室内的人居舒适度，同时设计方案应综合兼顾门窗、屋顶以及外墙体设计效果的隔热性，充分节约能源。

（二）建筑遮阳

白天阳光透过玻璃窗进入室内，它的辐射量最高超过墙体此项功能的 30 倍，给建筑物加装适当遮阳措施，这项数据可降为 10 倍，良好的遮阳设计最大限度地挡住了直射室内的阳光，很好地解决了室内进入过多热能的问题。

（三）区域集中供冷

这种措施是有区域限制的，对这些地方供冷即把很多制冷设备集中，实施空调冷冻水的制作，由事先安装的冷水循环管道给建筑物空调供冷，它是利用每座建筑物制冷峰值出现的时间段的差异性，促使需要供冷的装机容量比所有制冷设备总装机容量低，达到工程初期资金投入的低成本控制目标，建筑物空调冷源省略了单装，冷却塔数量得到有效控制，使建筑物整体的设计方案更节能。

（四）蓄冷技术

建筑物通常夜间是用电低谷，此时的用电负荷最小。建筑制冷由制冷机实现，多余的冷量通过冰或水等蓄冷介质实现储存，在白天用电高峰期需要时释放，保证建筑物有充足的冷源。

（五）变流量输配

供电系统要实现变流量，就是在系统安全稳定正常运行状态下，对处于供应链末梢的制冷设备的负荷实时变量做到即时响应，使空调的冷水流量处于一种动态变化的状态，从而尽量满足不同的温度需求，空调主机因此得以提高热交换效率。

（六）排风热回收

排风会产生冷热量，通过它对新风负荷进行处理就是排风热回收技术。它有很好的节能效果，能大幅减少消耗在空调系统上的能源。空调系统加装了热回收设备，在向室内提供优质新风的同时，确保把能耗控制在最低限度，系统的运行成本得到有效缩减。在建筑物室内可确保空气新鲜，环境更有益于人体健康，非常符合绿色建筑的发展理念。

（七）地下车库白光 LED 应用

白光 LED 属于冷光源，不产生辐射，眩光很低，过程无有害物质产生。它实现照明功能所需要的电压和功耗很低，假设照明效果一致，较之传统照明方式，它可以节约 80% 的能源。其光谱不包含红外线和紫外线，废弃不用后也不会对环境造成污染，绿色环保效益非常突出。它的照明时长可达 6 万~10 万小时，是传统照明的 10 倍以上，缺点是价格较高。

（八）太阳能光伏建筑一体化

小型光伏系统可与现行供电网实现并网，它的分布形式较为分散，建设周期短，成本低，占地面积不大，有较好的发展前景。

（九）建筑能源能耗监测系统

这种系统可对建筑物所有能耗指标实现数据监测、采集、处理以及记录，能为节能降耗部门提供决策依据。

二、绿色节能建筑技术的应用

某市金融区规划建设总面积 635.9hm²，地上部分为 444.7hm²，地下部分为 191.2hm²，容积率 3.8，该区域年降水丰沛，年气温平均数据趋势分布南高北低，北部平均气温数据是 20.9~21.5℃，南部是 22.1~22.3℃，中部是 21.7~22.1℃，该区域建筑设计方案对绿色建筑理念体现要点主要包括以下内容。

（一）围护结构隔热设计

1. 外墙

该区域建筑外墙保温材料为自保温材质，具有很好的热工性能，省略了保温隔热层的单独设计，整体墙体保温隔热效果得以大幅提高，在确保设计方案对节能理念的贯彻的同时，东西走向的墙体设计应尽量不采取剪力墙的大面积设计，其中自保温材料包括混凝土加气块、小型空心块以及轻质水泥隔墙板等。材料选购要严格按照技术标准进行检测，以高于 1.5W/m²·K 的传热系数材料为宜。

2. 门窗

当今最主要的门窗节能玻璃有中空、镀膜以及热反射材质。

（二）建筑遮阳保温技术

遮阳帘以安装位置进行区分可以分为内遮阳、外遮阳两种，建筑内遮阳的安装位置在窗内，此时热量实际上到达了室内，建筑外遮阳则是铝合金材质的遮阳板安装在玻璃外，既遮挡光线，对热量也可实现吸收与反射，其节能效果要好于建筑内遮阳。

（三）排风热回收技术应用

该金融区域建筑设计方案中针对空调系统的设计加入了集中排风区，排风热回收设置区域需满足下列标准：空调直流系统送风量大于等于 3000m³/h，设计排风和新风温差超过 8℃；空调系统形式为一般式时，新风量大于等于 4000m³/h，设计排风和新风温差超过 8℃，系统的排风和新风系统均单独设计。

（四）绿色建筑材料的选择

1.建筑材料就近选择

本项目建设中为了提高材料的运输效率和质量，要求在选择主要材料时，优先选择本地商家，如本市缺乏相关材料，可以通过其他市场购买，但要避免超过 500km 的外地材料供应商，以免增加长途运输成本。

2.优先使用预拌建筑材料

应当优先选择绿色预拌建材，包括预拌砂浆和混凝土，这能够有效控制成本和降低环境污染。为了能够有效降低建筑结构自重，可以选用除钢筋混凝土之外的高强度结构应用材料来减少构件截面尺寸以及材料的总体使用数量。

3.再循环以及再利用材料的应用

考虑到本建设区域内大量建筑为高层建筑，特别是办公类型的高层建筑通常所使用的混凝土数量较多。因为混凝土在生产拌合的过程中会产生污染和能源消耗，为了改变这种情况，在建筑的设计过程中，要通过各种措施和手段来减少混凝土的总体使用量，增加钢材或者钢筋的使用量，有效控制成本、降低能耗并减少污染。

（五）建筑采光效果提升工作

1.导光系统

为了有效提升建筑物内部特别是地下室部分的自然光应用效率，同时控制遮阳能力，需要应用导光系统以及导光管来完成自然光源的采集和应用，同时要注意光源采集设备的间距设置、采光能力和设备数量。

2.反光板的应用

在建筑中设置反光板时，应当注意反光板的高度不低于平均身高人群的眼部高度。为了使反光板产生相应的遮阳效果，可以选择玻璃或金属等半透明和不透明材质的反光板。

三、绿色建筑节能技术应用策略

（一）加强保护物资措施

不少企业对于施工现场的管理较为薄弱，例如不少施工现场存在施工材料存放不科学的问题，这不仅会影响施工材料本身的性能，如果不能够对材料进行有效的分类，可能导致材料在使用过程中产生浪费。因此，企业应当科学管理施工现场的材料，对不同材料的存放进行合理分类，还要保证存放环境符合施工材料的要求，例如常见的防水防潮措施都能够有效地保护材料本身的特性，延长材料的使用寿命。

（二）加强政府监管

绿色建筑的根本目标是减少建筑对于周边环境的影响，这是我国近年来不断倡导开展绿色施工技术以及应用绿色施工材料的根本出发点，所以为了有效落实环境保护工作，就需要对建筑行业的相关问题进行规范，特别是针对绿色建筑的绿色材料监管方面，必须制定严格的规章制度以及法律法规，只有相关从业人员能够严格地遵守这些规定和制度，才能够使绿色建筑得到健康的发展。随着绿色材料在不同领域的广泛应用，绿色建筑已成为未来建筑的发展趋势，不但改善了自然环境，而且有效提升了人们的环境保护意识。

（三）优化节能材料的选择

从各项绿色建筑工程选择绿色施工材料的过程中可以发现，大多数施工企业首先看重的是材料的安全性，产生这种需求的主要原因是为了有效控制因建筑材料质量而导致的工程质量问题，提升整体建筑的安全性。绿色环保材料除了能够提升建筑质量，其本身对于材料的要求也明显高于传统建筑施工所使用的各类材料。大多数情况下，绿色建筑材料本身没有任何污染特性，并且可以重复利用，其在建筑物内部的应用能够有效提升建筑物内部的安全性，能够有效保障居民的身体健康，绿色建筑材料的重复利用特征能够降低工程的成本控制压力，这为企业的营收能力以及发展提供了良好的辅助作用，并且在很大程度上避免了其在施工过程中所产生的浪费。在绿色工程建筑使用绿色施工材料的过程中，另一目标是为了满足人们对于生活质量的需求。随着我国经济的发展，人民生活水平不断提高，以及国家对于绿色环保概念的不断推行，人们对于建筑工程内部所使用的施工材料有着较高的要求。为了满足人们的这种要求，施工企业必须改变传统的材料选择策略，选择更加环保节能的绿色施工材料，这使我国的建筑工程逐渐朝着绿色环保的方向发展。对绿色环保的施工材料在建筑中的使用情况进行分析可以得知，当前在建筑施工过程中使用频率最高的绿色环保施工材料是墙体材料，墙体材料可以作为绿色建筑施工的基础材料应用到建筑施工过程中，将新型材料与墙体材料进行有效融合，能够使绿色建筑施工项目更加符合业主的需求，并取得较好的应用效果。

第四节　建筑电气节能设计及绿色建筑电气技术

一、建筑电气节能设计

伴随人们生活理念的不断更新，节能、环保、资源循环利用等理念越发深入人心。在建筑领域，人们不再满足于基础的居住和使用需求，而开始更多地关注建筑的性能、材料、电气设计等要素和环节。可见，建筑电气节能设计已经成为现代建筑设计不可缺少的部分。建筑电气节能设计，即在建筑工程施工操作中，有意识地渗透环保思维，使电气系统的运行具有环保属性。这类设计反映的是现代化的建设理念，能够在帮助电气系统节能的前提下，保证使用的安全性。由于电气系统本身需要通过消耗资源与电能来维持运行，所以，一旦其起到了节能的效果，则能够从资源利用、电能消耗的相关数据变化上反映出环保价值。可以说，随着电气节能设计的日趋成熟，其将成为驱动我国社会经济可持续发展的重要环节。当然，我国建筑领域的电气节能设计仍处在前期摸索阶段，虽然有了一定的发展、创新，但是尚有较大的进步空间。因此，人们仅仅是树立节能意识、环保理念还不够，还必须在建筑电气设计中践行节能原则，注意对绿色技术的应用。

就节能意识下的电气设计而言，应遵循的原则有：其一，绿色环保设计原则。该原则也是我国城市化建设的一个相对明确的方向，能够突出可持续的环保价值理念，带动建筑施工加入更多的绿色、节能元素。遵循该原则时，施工人员需要在条件具备时优先选择污染轻、耗能低的高性价比建筑材料，并且重视材料应用对使用者的后续影响，关注材料和人的关系。其二，建筑使用功能全面实现原则。节能设计与实现建筑使用功能，二者是表与里、末与本的关系。施工人员不能求表忘里，也不能舍本逐末，必须在保证建筑使用价值的基础上，同时提供给人舒适的体验。当然，随着建设理念的不断升级，节能、绿色等设计要求的迫切性、规范性都会提升，这就要求在建筑使用功能的实现和电气节能设计之间找到平衡，更好地兼顾二者的关系。

二、现代建筑电气节能设计方法

（一）对供配电进行节能设计

实践证明，建筑中，技术人员将供电设备安置在什么位置，以及其具体化的电路设计方案科学与否，都将影响到供配电系统的能耗强度。所以，在供配电的整体节能设计上，技术人员需把握供电方式确定、变压器处理设备的配置、电线线路布局几个要点。供电方式确定方面，设计师需明确配电室的位置。配电室应当设置在电力系统电力负荷集中处，以便更好地控制供电线路的铺设，使线路不至于过长而带来材料的浪费、电力的损耗；配电室需与附近的强电竖井形成配合关系，以避免电能倒送的危险。变压器处理设备的配置方面，设计师需基于实际需求来设计方案，主要是要清楚建筑内部相应能源的使用范围，并且以配电系统的整体协调性为考量，最终挑选合适容量的变压器；变压器使用中的状态也需进行跟踪，及时优化其工作性能，从而达到降耗目的。电线线路布局方面，设计师可优先选择直线布线方案，并严格把控间距，规避电磁场作用的影响。同时，线路布局中，能耗问题还可基于以下两个方面来缓解。其一，使导体及线路中的电阻率得到控制，即线路缩短和优先使用铜制线，从而降低线路所受电阻的负面影响，进而降耗。其二，适当调整电线横截面面积，使其增大，从而优化电线能效，并延长其寿命，进而实现节能降耗。

（二）对照明系统进行节能设计

照明系统安装的目的是使建筑室内获得合适的光线。由此，其节能设计最重要的就是充分利用自然光线。技术人员应科学设计建筑结构，使外界的自然光源（阳光）成为室内照明系统的最强补充，从而实现节能降耗。同时，建筑中也可优先选择和大量使用节能灯具。该类灯具在市场上种类齐全，相应技术也趋于成熟，光照强度完全可以满足现代人的照明需求。而且，节能灯具兼具低耗、低光污染强度、寿命长等多种优势，值得大面积推广。

（三）对电机系统进行节能设计

该节能设计的第一个要点就是合理选择电机。其中，电机的容量是较为关键的参数。技术人员应优先选择与建筑电气系统功能相匹配，并且负载率够大的电机，从而达到降耗的目的。第二个要点是掌握变频调速的方法。变频调速操作的作用是不断调节转速以适应系统的实际工况，以使电力输出效率更高。由此，系统电能的使用率也相应提升。第三个要点是执行无功补偿方案。为了缓解电机因高负载所受电感值的负面影响，调节其功率，相关节能设计可基于无功补偿，使参数得以关联，进而改善系统运行情况。

（四）对暖通空调系统进行节能设计

暖通空调是现代建筑中的耗能"大户"。技术人员需把握相应的节能要点，科学布局暖通空调系统。

1. 综合调整和管控空调末端设备，结合建筑室内实际的温度需求和温度数值来计算并设置空调的日运行时间，从而减少无意义的能源浪费。例如，可基于对软件、参数等的设置来连锁空调系统的阀门、送风机等设备的功能，使其得到更精准的控制，继而在改善调温能效的同时实现降耗。

2. 在暖通空调系统中合理引入 DOAS 系统。由此，空调就能够有针对性地进行送风，避免能量的逸散。这体现的是利用科技精准调控建筑温度，本质上也起到了节能作用。其中，新构成的暖通空调系统中，可结合全热交换器的应用来确保建筑内空气的清洁度。

（五）在节能设计中融入智能控制技术

智能控制技术的加入，可以使建筑电气系统获得动态的调控，适时进行应有的节能调节。而且，智能控制技术应用中，也能够对电气系统数据进行显示、记录，以发现能源应用的异常变化情况，并分析处理相应的异常。因此，建筑电气系统节能设计方案中，可合理融入智能调节技术，包括实现对能源利用的远程控制，对建筑内部各类通电器材应用的自动感应、识别等。

三、绿色建筑施工中实用的电气技术

所谓绿色建筑电气技术应用，即在节能方案融入电气系统设计的基础上，以绿色能源为支撑来组建现代建筑的电气系统。应用绿色建筑电气技术，能够有效驱动我国建筑业向现代化标准靠近并实现转型。而且，绿色建筑电气技术应用与全国共同倡导的可持续发展理念不谋而合，有助于保生态、降污染、减成本，多效一体。

（一）绿色照明技术应用

绿色照明技术在现代人眼中已是常态事物，应用性强、普及率高。我国各类型建筑工程中均有绿色照明技术的加入。其技术应用集中于对光源的节约利用上。较为多见的绿色照明即 LED 灯照明，其有利于对光源的节约。LED 灯的能耗较白炽灯、荧光灯有绝对的优势，性能强、普适度高、更换率低（使用寿命长）且环保。

（二）太阳能技术应用

太阳能技术的能源全部来自于对大自然光源、热能的合理转化，自带"绿色"标签。其在电气系统设计中的应用也相当关键，尤其在我国的绿色建筑领域有巨大的应用价值。技术人员往往利用在绿色建筑中设计太阳能热水器，以及设置太阳能发电系统等方式来转化太阳能资源，并以节能的方式利用这一清洁能源。其中，光伏建筑一体化技术是对太阳能技术所进行的升级版利用，把太阳的光辐射有效转化为可用能源。该技术能够对光能进行更高效的转化、利用，从而为现代建筑节约电能，包括减少室内传统型太阳能灯具、太阳能热水器等的耗能。我国在太阳能发电应用上的关注度越来越高，并且通过技术水平的不断提高，已经能够更加充分、有效地利用太阳能资源。太阳能资源的转化率、应用率越高，也就意味着我国各产业中的电气系统改造程度越高，能够有效实现节能目标。

（三）绿色建筑能耗监控技术

该技术是对建筑电气系统的智能化监控技术。它基于绿色建筑的整体方案，与各建筑室内系统形成串联，继而利用智能化数据捕捉、分析，达到自动调控电气系统的目的，以节能降耗。例如，很多现代建筑中的变频中央空调设计，就是一定程度上对能耗监控技术的应用和实现。其最终起到的是以变频调节来及时节能的作用。中央变频空调的节能调节，是以一个控制主板为依托，形成与电源、温控器、继电器、驱动通信线等相关联的控制机制。当温控器一端感应到相应的温度变化时，就会通过控制主板的连接，"唤醒"驱动装置，使相应的信息以驱动通信线为媒介向变频驱动模块传递，继而带动下方设备的相应操作，最终实现调节目的。该技术在现实生活中应用较多，对广大居民而言，熟悉度较高。单就中央空调而言，其作为建筑暖通空调系统的组成部分，包含着冰冻水系统、冷却水系统，在耗能的基本要求下，却能够同时集成多种变频调速技术。其相应的变频技术应用中，能够使水泵获得自我调控的能力，是现代建筑电气系统的节能应用的一个典型例证。

综上所述，节能降耗的理念逐渐为广大人民群众所接受。在未来的绿色建筑中，其应用将更加广泛，建筑电气系统设计将越来越趋近于科学性、环保性。因此，在我国未来的绿色建筑施工中，可用的节能设计方案会逐渐增多，而相应的节能技术的支持力度也会加大。

第五节　建筑工程施工中绿色节能施工技术

一、建筑工程施工中绿色节能施工技术应用的重要意义

当前形势下，我国越来越重视发展低碳经济、节能环保，强调打造绿色建筑、生态建筑，也就是在建筑工程施工和管理过程中将"绿色、生态、节能、环保"等理念融入其中，有意识地引进和使用绿色节能施工技术和工艺，以起到节约资源、节约成本、优化工程质量的目的，确保建筑施工满足当前发展和人们的需求。绿色节能施工技术在建筑工程施工中的应用有着重要意义。一是绿色节能施工技术的应用，创新了建筑施工技术，强调在建筑施工中加强对人员、资源、设备、材料、生态、污染等的管理，提高了施工工艺和管理水平，在保障建筑质量和效益的同时，节约资源、节约成本。二是绿色节能施工技术的应用，强调采取有效的措施，高效化地利用资源、保护自然环境，优化建筑设计和施工，确保建筑工程施工符合绿色节能技术的标准，提高建筑的生态环保性能，促使建筑施工更环保、更好地实现工程项目节能减排的目标，也更符合当前人们对房屋建筑的需求，一定程度上有助于提升建筑行业的竞争力，推进建筑行业的可持续发展。

二、建筑工程施工中绿色节能施工技术应用的原则

绿色节能施工技术的应用要求严格遵循相关的原则，确保其应用规范高效。一是建筑工程施工在保证工程质量、成本和效益的前提下，尽可能地选择使用绿色节能环保型材料。二是强化建设、施工、设计、质量管控等的协调，明确工程项目绿色节能设计理念和设计要求，确保施工规范，以免因误差、漏错等造成额外的消耗和损失。三是强调建筑工程项目的经济合理性，以最少的投入实现最大化的效益，选择性价比、实用性高的材料，对建筑进行科学的设计和布局。四是强化绿色施工意识，将绿色施工、节能环保理念渗透到各个环节，保障施工和材料符合绿色标准。五是加强施工污染防治，采取有效的措施，对建筑工程施工中的噪声污染、废气污染、粉尘污染、水污染、光污染、废弃物污染等进行严格的控制，减少施工对环境和人们生活的影响，并做到能利用的再利用，提高资源利用率。六是做好建筑工程施工前期规划、过程控制、循环利用、成本管控、设备和技术升级、指标控制、验收评估等工作，加强资源管理，提高施工效率。

三、建筑工程施工中绿色节能施工技术及要点

（一）墙体保温节能施工技术

保温节能施工技术是建筑工程外墙施工广泛应用的一种节能技术，具有保温、节能、降本等多重效果和功能。该技术的科学化应用，有效地降低了建筑工程施工的能耗，实现节能环保的目标。同时，在优化和改进工程质量、优化墙体性能等方面作用突出，有助于提高墙体的耐热能力、结构韧性和负荷能力；减少强紫外线对墙体结构破坏、外墙裂缝等病害问题、外界温度变化对室温的影响。随着建筑行业的不断发展，外墙保温技术的材料更多样，技术和工艺也更加成熟，如外挂式外保温技术、聚苯板与墙体的一次浇筑技术、喷涂墙体保温技术、外墙保温砂浆技术、外墙夹芯保温技术等多种技术工艺，可以根据具体工程项目的需要，针对性地选择和应用。为确保其应用有效地发挥功能和作用，要准确地把握技术要点和关键，并做好施工技术管理和项目管理工作。综合地考虑和分析建筑项目防水、防潮、抗震、抗压、保湿、保温、抗裂、透气等要求，科学地选择施工材料和技术工艺；尽量使用粉末状的聚合物，并依照工程设计要求和质量标准，严格地控制各项材料的比例，确保混合材料搅拌、混合均匀。要明确项目的设计要求、施工流程和工序，确保施工规范有序；确保墙体干净整洁、墙面平整、湿度适合、材料涂抹厚度一致。对施工人员进行专业培训，做好质量检查和验收工作，及时发现和调整施工问题。

（二）屋顶节能环保技术

建筑屋顶设计和施工也需要强化绿色节能施工技术的应用。在屋顶设计和施工的时候，全面地分析当地的气候条件、降水情况，科学地计算和设计屋顶的斜坡度，如南方地区降水比较多，屋顶的坡度一般比较大，北方降水小，屋顶比较平缓。根据房屋建筑节能、防渗等要求，选择适合的施工材料和技术工艺，如在屋顶涂上一层防水涂料或者是保温材料。在屋顶设置储

存水系统，将收集到的雨水，通过简易的过滤、净化等，用于冲洗卫生间、洗车、灌溉等。安装太阳能系统，如太阳能集热板集热及太阳能光伏发电。

（三）门窗节能施工技术

综合考虑当地的气候、自然条件和具体工程情况，对建筑的门窗进行科学的设计，选择适合的材料。分析门窗的防风、防雨水渗透效果，科学地设计门窗的大小、尺寸和参数比例，如特别寒冷的北方地区，在保证室内通风条件顺畅的前提下，可以适当地减小门窗的尺寸，以起到防寒、防风效果。在施工中使用节能环保技术和设备，如窗框与窗洞口连接断桥节点处理技术；外窗安装断桥铝合金中空玻璃窗户，同时加装密封条，起到一定程度的减少冷风渗透耗热的作用；使用单面镀膜 Low-E 中空玻璃，其具有很好的保温隔热性能。在建筑南向及西向安装外遮阳设备和设施，起到降低太阳辐射、空调负荷的作用，进一步安装光、温感元件及电动执行机构，对其实施智能化控制，根据室内外温度、日照强度等自动调节遮阳设施，如安装卷帘外遮阳系统、钢化玻璃构成的外遮阳系统等。

（四）室内绿色节能施工技术

建筑工程室内设计和装修也需要强化绿色节能环保设计，将绿色节能施工技术科学地应用其中。在房屋布局和规划的时候，科学考虑房屋朝向、门窗规格，最大化地利用自然光和风，降低电费消耗。对房屋建筑的照明系统进行科学的布置，使用节能型灯具，如 LED 照明节能灯等;将现代智能化、自动化技术应用其中，提高照明系统的智能化水平，如自动调节照明亮度、照明时间段等。在房屋建筑混凝土底板上铺设毛细管网，夏天注入冷水降温，冬天注入热水采暖，起到一定的节约用电、降低损耗的作用。安装新风系统，以起到稳定室内湿度、保持室内室外空气流通的作用，以降低空调等设备的耗能。

（五）节水施工技术

建筑施工还需要科学地应用节水施工技术，以实现水资源的循环利用，减少污水对环境的影响，提高资源利用效率。科学地设置建筑的节能排水系统，对施工中的工业废水、污水进行及时、科学的处理，合理地进行回收和再利用。

（六）污染防控和防治技术

建筑工程施工节能环保，要求采用有效的措施，对施工中的各项污染进行科学的防治和控制，最大化地降低施工污染的影响，同时能利用的再利用，真正做到文明施工、绿色施工，打造生态建筑。在施工现场规范化地设置防护网；采用洒水、覆盖等措施做好施工扬尘污染的防治；避免在夜间施工；污水进行分类处理；固体废弃物进行分类管理，将钢筋、砖头等废弃物在其他地方循环利用，不能再利用的对其进行科学处理。

综上所述，推进现代建筑行业的可持续发展，需要重视打造生态建筑、绿色建筑，在建筑工程施工中全面贯彻和落实"绿色、环保、节能、可持续"等理念，实现建筑设计、施工和应用中的节能环保，减少能源资料损害和对环境的影响。在施工中引进和使用绿色节能施工技术，打造"绿色、生态、优质"的建筑项目，满足当前人们对房屋建筑的需求。

第六节　绿色节能暖通空调技术在绿色建筑中的应用

一、绿色节能暖通空调技术应用的基本原则

在绿色节能暖通空调技术应用过程中，应当遵循一定的基本原则，主要包括以下内容：

（一）要降低能源消耗率，避免能源浪费

目前暖通空调系统运行相关的能源消耗总量仍然呈上升状态，需要对其进行有效的把控，否则，将会造成大量的能源消耗，不符合现代绿色建筑发展的需求。在此基础上，设计暖通空调系统的时候，应当遵循节能原则，将节能理念贯彻落实于整个材料管理环节中，包括并不限于材料采购、材料运输、施工及运行阶段等。

（二）要重视对周围环境的保护

在安装暖通空调设备的时候，应当转变传统的设计模式，坚持环保理念，以降低污染物的排放量，避免对绿色建筑周围环境的破坏和污染。

（三）要遵循回收利用原则

指的是在暖通空调运行过程中，会有废气、废物排出，需要对其进行有效的处理，并且需要有效回收可再利用能源，从而降低能源消耗。

二、绿色建筑中绿色节能暖通空调技术的有效应用

（一）绿色节能暖通空调技术的被动式应用

被动式绿色节能暖通空调技术是一种需要利用电气设备、机械设备来促使暖通空调系统科学运行的新型技术。该技术的应用能够为人们提供舒适的居住空间。相较普通建筑，应用绿色节能暖通空调技术的绿色建筑，在内部结构上要更复杂一些，而且使用规模也有所不同，如果只是依赖自然风进行通风或是自然力量来满足室内居住环境需求，无法取得较好的效果。基于此，应当根据建筑内部环境的实际情况，选择适宜的电气设备、机械设备，以达到较好的暖通空调技术应用效果。在这个过程中，应当尽量降低电气设备、机械设备的能源消耗率，需转变传统的运行模式，坚持绿色节能理念，贯彻落实以人为本原则，提高能源利用率，改善建筑室内环境质量。就当前而言，我国绿色建筑中所采用的绿色节能暖通空调系统主要有以下几种。

1.除湿空调系统。这个系统运行的原理并不复杂，主要是当室外新风进入系统中，经除湿转轮实施有效的除湿处理。需科学选择优质的固体除湿剂，完成除湿后，新风要经过热回收转轮，以促使其和屋内排风进行全热交换，以获取排风能量。新风和排风相结合后，可通过干冷处理，将其输送至室内。除湿空调系统在绿色建筑中被广泛应用，其优势在于具有较好的节能效果，能够循环利用固体除湿剂，不会造成过多的能源消耗。可充分发挥太阳能的作用，使用

天然气等可再生能源。与此同时，安装适宜的除湿空调系统，还可满足人们的居住需求，有效控制室内的温度变化，提高暖通空调系统的运行效率。与此同时，其还能够增加新风需求量，保持室内空气洁净，可将室内湿度控制在60%左右，避免霉菌滋生，保持室内环境。

2. 置换送风系统。置换送风系统的应用，主要分为两种形式，一种是桌面形成球形出风口形式，另一种是静压箱的条缝风口送风形式，其能够通过架空地板和空调送风口，将室外风送入空调各个工作站中。空调中的每个工作站，都配备了小型的循环风机，其能够有效融合风力，人们可以根据自己的喜好进行相应的调整，选择适宜的桌面风口形式，满足其对室内环境的需求。可通过喷嘴来输送空气，使之到达地板，再通过相应设施进行回风，有效置换风力。人们可根据空调遥控器控制空调的温度、风量，灵活性较高。

3. 冷辐射吊顶系统。在绿色建筑中，应当充分发挥内源的作用，可通过辐射提供冷风，产生热量。相较其他方式，这种方式的供冷效果最佳，具有良好的节能效果，可提高资源利用率。为充分发挥冷辐射吊顶系统的作用，应当注意以下几点：首先，需要根据绿色建筑所在区域的气候环境，比如，如果是南方，其夏天温度较高，气候较为潮湿，在安装冷辐射吊顶系统的时候，需要采用适宜的保护措施避免其出现结露状况，提高相关设备运行的稳定性，使系统更加安全；其次，如果将其安装到房间中，则需要做好遮阳工作，尽量减少太阳辐射，以免影响制冷效果。

4. 冰蓄冷低温送风系统。这种暖通空调技术的应用较为广泛，虽然相较其他系统类型，其节能效果并不太明显，但是，能够有效平衡该区域的用电量，减少环境负荷。就目前而言，冰蓄冷低温送风系统技术逐渐被其他绿色节能暖通空调技术代替。

5. 地源热泵空调系统。这一系统的冷源、热源都来自地下水、河流湖泊和土壤，其能够有效把控室内环境温度。无须使用其他的制冷设备或是辅助设备，可有效解决夏天供冷问题，冬天进行充足供暖。这种暖通空调技术的优势在于不会对周围环境造成影响，也不会污染地下水源。

（二）绿色节能暖通空调技术的主动式应用

绿色节能暖通空调技术的主动式应用，指充分发挥自然能量的作用，使之维持良好的室内环境。其主要包含两方面内容：一方面，要加强太阳辐射对室内环境影响的控制。太阳的直接辐射，或是间接辐射，对暖通空调系统有一定的影响，其能够降低电气照明中的能源消耗量。白天，直接利用太阳辐射来照明，减少电能用量。与此同时，如果太阳辐射非常大，那么便会增加空调的冷负荷，不利于暖通空调系统的正常运行。基于此，在安装绿色节能暖通空调系统的时候，可选择高质量的节能型玻璃窗，尽量避免太阳光的直接摄入，起到有效的遮挡作用，与此同时，还应当有效应用风窗技术，使空调回风流入双层窗夹层空间中，也可设置百叶窗，改变太阳直射角度。另一方面，要开展高效的通风工作。古代建筑中非常讲究自然通风，延续至今，在绿色建筑中安装通风装置的时候，应当综合考虑各项因素，要根据绿色建筑所在地的风力压强、环境污染状况等进行相应的安装设计。在进行自然通风的时候，自然通风能够给室内空间带来清新的空气，将室内温度控制在适宜范围内。夜间，如果有着良好的通风效果，那么其室内温度将会低于日间2～4℃。

在绿色建筑中应用绿色节能暖通空调技术十分有必要，其不仅能够满足人们的使用需求，又能够有效推动绿色建筑设计水平的提升，为人们营造舒适而健康的室内环境。应当根据绿色建筑的实际情况，选择适宜的暖通空调技术应用形式，以起到良好的保温保暖、供冷效果。

第七节　绿色生态景观技术在绿色低碳建筑发展中的应用

全球环境恶化、资源匮乏、能源短缺以及温室气体排放过量所导致的气候变化等问题逐渐突显，可持续发展理念日益为世人所关注。进入 21 世纪以来，国际社会加快了应对气候变暖的步伐，在发展中国家中中国率先制定了《中国应对气候变化国家方案》，并制定（修订）了《中华人民共和国节约能源法》《中华人民共和国可再生能源法》《中华人民共和国循环经济促进法》《中华人民共和国清洁生产促进法》《中华人民共和国森林法》和《民用建筑节能条例》等一系列法律法规。城市化形成的大量建筑成为节能减排的重要领域，推广绿色低碳建筑作为控制和减少建筑领域温室气体排放的最有效的措施，逐渐成为国际建筑界的主流趋势。

一、绿色生态景观技术应用意义

绿色建筑、生态性景观对环境的可持续发展具有重要意义。生态性景观是对绿色建筑的延伸。生态性景观的目标在于，在景观规划设计、景观材料运用、景观施工建造和景观维护使用的整个生命周期内，减少能源的消耗，提高能效，减少对环境的污染。同时，由于景观是一个与环境及生态联系紧密的系统工程，其生态理念包含更多的引申层面的理解。首先，在规划设计阶段，生态性景观秉持尊重自然、顺应自然、保护自然、最小干预的设计理念和方法，对场地内的原有地形地貌、水系、植被等绿色基底进行有效保护，最大限度地减少对自然环境的扰动，实现人与自然的和谐共生。这是与其他专业所不同的绿色含义，是真正的绿色生态理念。其次，生态性景观要尊重地域文化与历史文脉，建设地域特色鲜明、永不过时、具有旺盛生命力的可持续性精品景观，从而最大限度地减少景观的重复性建设。另外，生态性景观提倡，通过对废弃材料与旧材料的再利用，以及选用生态环保的景观材料与低维护的乡土植物品种，最大限度地降低景观建设及维护的能源消耗，从而建设可持续的"节约型园林"。综上所述，生态性景观是人类对更加健康、有益的生存环境的追求，是对人与自然和谐统一、天人合一理念的诉求。

二、绿色生态景观技术内容与特色

建筑绿化除了绿色植物在建筑内部及外围护结构上进行绿化配置外，还包括建筑和环境共同构成的空间整体，如庭院绿化、道路绿化、广场绿化乃至整个城市的绿化，起到改善和美化建筑、城市环境的作用。同时，充分利用植物的特性，有助于提高土地的使用和生态环境质量，发挥绿化的碳汇功能，减少建筑对地区环境的负面影响，也可以大大丰富城市景观，成为建设公园城市的重要途径。

（一）技术原理

绿色低碳建筑的绿化技术原理是基于植物的光合作用和蒸腾作用，通过植物及其绿化系统来固定二氧化碳和调节建筑环境温度，减少对能源供给系统的依赖，实现建筑物的节能减碳目标，有效改善人居环境质量。

（二）设计施工方法

调查分析屋顶、墙面和居住区等建筑环境的绿化植物应用现状，系统解析不同层高、朝向和间距的光照、温湿度、风速等环境因子，诊断出限制植物生长的关键因子，制定适生植物的筛选目标与种植规划。利用生境相似性原理和生态位法则，制定基于外观形态的植物耐热性、抗旱性、抗寒性、耐盐性和光适应性等级评价标准，结合植物及其群落的生物量模型、热环境指数模型和固碳能力测算，筛选具有较强的热环境改善和碳汇能力的植物种类及其群落配置模式。

根据再利用、减少和再循环的三个原则准备绿化材料。充分利用城市已有建筑和园林废弃材料，形成轻型、透气、保肥、节水的栽培基质及配套种植设施，并采用容器育苗或模块化育苗形成可装配式应用的绿化模块，可实现一体化的工程施工，减少种植过程的碳排放。建筑外环境绿化时，参考植物与建筑间的距离关系模型，模仿自然植物群落配置，以乔、灌、草复层植物配置模式来丰富植物结构层次，形成多树种、多层次、异龄混交的植物配置模式和空间布局。

坡屋面排水以地表径流为主，大于 10° 的坡屋面应根据不同坡度采取相应的防滑坡技术措施。尽量减少不必要的养护（除草和清除落叶），发挥自然式绿化植物及其土壤固碳能力强的优势，利用节水型灌溉模式、大力推进有机肥料使用等来实现低碳管理，综合提升绿色碳汇效能。

（三）关键技术指标

1. 建筑表面一体化绿化技术

新型建筑表面绿化技术与传统技术的最大区别是通过构件的集成，将种植植被所需的各种基础条件整合成一体化的模块式绿化，具有可装配性、施工便捷、更换方便、适用范围广等优势。新型建筑平面绿化采用集约式的模块设计，其围护构件及土壤配置都以轻量化为标准，多采用包含围合板、排水槽、蓄水层、阻根层、输水管、营养基质和植物等组合而成的单元组件，在实施过程中相互拼接形成整体，在施工速度和成本控制上占据明显优势。新型建筑立面绿化多采用模块式立体绿化，将种植介质、给水系统、防水层等植物生长所需材料集合于单元组件中，形成一个个独立的盒装植物种植容器，由龙骨体系串接而成并附着于建筑立面。因此，如何选用轻量化介质和持续维持植物健康生长成为建筑表面一体化绿化技术的关键。

建筑表面一体化绿化技术集成了一体化成型栽培介质、容器育苗、模块技术和集约型栽培配套设施，形成了低维护屋顶绿化技术和模块化绿墙技术，在既有建筑承载力方面表现出较高的适应性，日常维护的人力成本相对更低；在植物更换时，模块化具有整体更换的便捷性，避免了传统立体绿化破坏建筑防水层和保护层的问题，且更换的施工工期也大大缩短。

2.建筑周边环境高功效绿化技术

建筑周边的外部环境绿化也是低碳绿色建筑的重要内容，需要系统规划合理选用和精细布局。在宏观层面上，要从城市交通整体出发，带状绿地与块状绿地相结合，一方面可以整体上降低城市交通带来的噪声干扰；另一方面也可以有效地、更大化地吸收二氧化碳。在微观层面上，要选用城市乡土植物，同时注意选用对二氧化碳吸收量较多的树种，兼具城市绿化的美观性，达到绿化与美观性、经济性以及环保性的结合。根据城市街区建筑环境特点，利用建筑环境的热环境指数模型和树木—建筑的距离关系模型，采用基底—斑块—缀块的景观生态学原理，测算局部区域内的绿化比例和确定绿地布局模式，形成"双向型景观营造方式"和"居住区内含多中心绿地与外邻共享绿地模式"等布局形式，并以乔、灌、草复层植物配置模式来丰富植物结构层次，提高建筑周边环境的绿化连通性和绿视率。因此，在城市绿地覆盖率指标控制的情况下，绿地斑块布局和群落配置模式成为建筑周边环境高功效绿化技术的关键。

（四）检验方法

涉及屋顶绿化、立体绿化、居住区绿化等建筑相关绿化的技术，可根据国家标准《绿色建筑评价标准》《垂直绿化工程技术规程》《城市绿地设计规范》以及各省市立体绿化的相关标准进行检验，具体以地方有关标准为准。

（五）应用范围

在城市建筑绿化存在大面积需求的情况下，新型建筑绿化技术所具有的荷载轻量化、更换便捷性、维护持久性等特点更具优势，无论是针对既有建筑还是新建建筑，都具有更强的适用性和实用性。应用的面积和规模可以更大更广，常可以根据建筑的体量和形式，定制绿化模块数量和造型，使绿化形式更丰富、更灵活。建筑周边环境的绿化技术以满足改善人居环境的功能为导向，采用植物降温固碳原理，预制了绿地布局模式和群落配置类型，使局部区域的建筑绿化布局更科学、更合理。

三、绿色生态景观技术发展趋势

建筑是城市生态系统中的微观单元，随着技术的发展和成熟，建筑绿化在可选植物类型、植物存活能力、景观维持效果以及环境改善方面已经获得显著进步，成为城市绿地的重要补充手段。定量城市建筑环境的植物及植被的碳汇效益，增加碳汇量成为城市可持续发展的重要内容。结合绿色低碳建筑的发展需求，预测其绿化技术将呈现以下三方面的发展趋势。

（一）多学科综合集成节能增汇的绿化技术

围绕"双碳"目标，基于碳循环原理，融合清洁能源、新材料、精细绿化等新理念和新方法，最大限度地发挥植物的降温和增汇功能，形成多目标的建筑环境绿化技术。

（二）建立我国城市高度异质建筑绿化碳汇核算的统一标准

标准是规范和引领行业科学健康发展的有效指挥棒，针对全国范围内高度异质化的建筑绿化环境，需建立相对客观、合理的碳计量统一标准，以快速精准测算城市建筑环境的绿化碳汇效益。

（三）将建筑绿化碳汇的核心指标纳入建筑建设和运行考核标准

多关注降低能源的使用与消耗，而对具有降温固碳能力的绿地系统缺少认识，应提出使用强降温和高固碳的绿化植物及其栽培系统，将建筑绿化碳汇的核心指标纳入建筑建设和运行考核标准。

第十二章 建筑节能绿色低碳发展策略

第一节 双碳目标下绿色建筑发展前景

一、庞大的市场空间推动我国绿色建筑进入蓬勃发展期

世界绿色建筑委员会于 2017 年首次发布净零碳建筑承诺，呼吁建筑环境领域的公司确保到 2050 年所有现有建筑以净零碳运营，并于 2021 年 9 月公布了其长期净零碳建筑承诺的更新，呼吁企业考虑所有新建筑和重大翻新的整个寿命周期的影响，旨在启动"减排优先"的脱碳方法，到 2030 年将该行业的排放量减半并解决寿命周期问题排放，提升了建筑和建筑行业进一步、更快地脱碳雄心。据统计，2020 年中国二氧化碳排放量约 103 亿吨，人均排碳 7.4 吨。我国建筑面积规模位居世界第一，当前建筑部门占碳排放量的 40% 和资源消耗的 50%，是名副其实的碳排放"大户"。因此建筑业的节能减排尤为重要，而超低能耗建筑便是节能减排的一大利器。据世界银行统计，到 2030 年前全球要实现节能减排目标，70% 的减排潜力在建筑节能方面。

中国的建筑节能起源于 20 世纪 80 年代，直到 2005 年，绿色建筑概念被引入我国并广泛传播。目前我国现行多个绿色建筑评估体系，包括英国的 BREEAM 体系、美国的 LEED 体系等。我国于 2006 年形成绿色建筑认证体系——《绿色建筑评价标准》，并于 2008 年正式开展标识评价。在正式启动绿色建筑十几年时间，我国的绿色建筑从无到有、从地方到全国，规模化发展。

城市可持续发展离不开绿色、智慧的发展理念。数据显示，全国建筑全过程能耗及碳排放增速由"十一五"期间的 7.4% 下降至"十二五"期间的 7%，及"十三五"期间的 3.1%，充分说明近年来，我国绿色建筑发展迅速。但与发达国家相比，还存在占总建筑比较低、绿色建筑运行标识项目占比低、覆盖率不高、区域发展不平衡的问题；从市场上看绿色建筑发展仍主要由政府推动，企业对绿色建筑积极性不高，尚未充分发挥市场配置资源作用。因此房地产建筑业发展绿色建筑、减少碳排放形势严峻，但空间很大。2020 年我国新建绿色建筑占城镇新建民用建筑比重达到 77%，绿色建筑标识项目累计达 2.47 万个，建筑面积超过 25.69 亿平方米，装配式建筑也实现增长。按照住建部发布的《绿色建筑行动方案》，2030 年城镇新增建筑当中，绿色建筑的占比要达到 90% 以上。提高能效是减碳的重要手段，但只要仍然在使用化石能源，提高能效对碳中和的贡献就是有限的。建筑全寿命周期下，装配式精装技术有望减排超 40%，成为实现建筑行业碳中和的重要技术路径。

二、未来绿色建筑仍大有可为，技术进步空间不可估量

如今，全球总计大约 17 亿座建筑物中，净零碳建筑只占极小比例。所有建筑消耗的饮用水占全世界的 13.6%。为使全球温升保持在 2℃以下，到 2050 年世界上的每座建筑物，每个家庭、办公室、学校、工厂都应实现净零碳排放。目前中国零碳建筑市场潜力巨大，超低能耗、近零能耗建筑面积超过 1000 万平方米，产业规模达到百亿元级；预计未来 10 年低碳、零碳建筑将带动万亿元级市场；2025、2035、2050 中长期建筑能效提升目标分别对应超低能耗、近零能耗、零能耗，将助推我国零碳建筑的加速发展。在全球碳中和背景下，中国作为发展中国家，虽然在人均碳排放上与世界平均水平差距不大，但与发达国家相比差距较大。较高的碳排放强度反映出中国的经济发展质量急需提升，未来将面临更为严峻的碳减排形势。2021 年 9 月，《超低能耗建筑设计原理》正式入选住建部建设领域学科专业"十四五"规划教材，反映出国家"十四五"节能降碳工作对超低能耗建筑推广发展的重视已经提升到了一个新的高度。发展被动式绿色建筑，较传统建筑相比能节约 90% 的能耗，较新型建筑也能节约超过 75% 的能耗。当前急需整合零碳建筑产业链，建立低碳产业联盟，推动零碳建筑规模化应用和推广，带动万亿级别的低碳、零碳建筑市场。应该看到，绿色建筑仍然不是世界上建造的大多数建筑，大多数建筑仍然消耗大量不必要的资源，造成全球变暖。联合国政府间气候变化专门委员会（IPCC）2018 年气候变化报告显示，2018 年全球排放量继 2017 年增长 1.6% 之后，又增加了 2.7%。排放持续增加，对全球经济造成了灾难性的影响。应该引起特别警觉的是，2021 年 10 月，联合国环境规划署发布的《2021 年排放差距报告：热火朝天》显示，各国上报的新版和更新版气候承诺远远落后于实现《巴黎协定》温控目标所要求达到的水平。报告指出，相较上一轮（2015 年）承诺，各国上报的更新版国家自主贡献减排目标以及已宣布的其他一些气候变化减缓承诺，仅在原先预测的 2030 年温室气体年排放量基础上减少了 7.5%。然而，维持《巴黎协定》2℃温控目标需要实现 30% 的减排，而实现 1.5℃温控目标则需要减排 55%。"生活建筑挑战"要求设计师建造只使用可再生能源的建筑，收集和处理自身的水，抵消所有的碳。这项要求是当今全球建筑节能认证项目最高要求。"生活建筑挑战"于 2006 年初启动以来，世界各地已经有几百座这样的建筑建成或在建。实践证明，用现有的技术和合理的预算建造真正可持续的建筑是可能的。2060 年实现碳中和，依赖于经济和能源的结构转型，需要风电、光伏等新能源大发展。"碳中和"之后更加长远的目标是从"碳中和"到"净零排放"，再到"负碳排放"。要实现这些宏大的远景目标，除了技术开发外，金融支持必不可少。自 2016 年以来，我国绿色债券市场发展迅速，规模上现已成为全球绿色债券最大发行国之一。碳中和绿色债券应运而生，发展至 2021 年 3 月规模已超 800 亿元，成为绿色债券的重要品种之一。结构上 2020 年全球约 30%的绿色债券募集资金投向绿色建筑领域，美国、东盟的比例均高达 35% 左右，而我国的这一投向比例仅为 5%，处于较低水平。国内企业开发绿色建筑的动力不足、绿色建筑企业发行绿色债券的积极性不高、宏观调控尚未将绿色建筑开发与一般房地产开发进行区别处理，导致一方面绿债优惠很多，但房地产的绿色建筑却常常拿不到绿债；另一方面商业银行和非银金融机构不敢或不愿支持绿色建筑开发，交易所也难以支持绿色建筑开发公司申请发行绿债。绿色金

融可以解决绿色建筑行业融资中存在的融资风险较高、期限错配两个基本难题，但在政策导向与落地上，尚需同绿色建筑发展前景有效衔接和适配。

三、助力双碳目标，造福社会与人民

2021 年，"碳达峰、碳中和"被正式写入政府工作报告中，"十四五"规划也将加快推动绿色低碳发展列入其中，绿色建筑随之上升为国家战略。国务院 2021 年 10 月印发《2030 年前碳达峰行动方案》，深入贯彻落实党中央、国务院关于碳达峰、碳中和的重大战略决策，将"城乡建设碳达峰行动"定位为"碳达峰十大行动"之一。要求推进城乡建设和用能绿色低碳转型、提升建筑能效水平、优化建筑用能结构，加快推进城乡建设绿色低碳发展，城市更新和乡村振兴都要落实绿色低碳要求。实现"碳达峰""碳中和"是一项长远而深刻的经济性变革与发展。从中长期看，中国未来的经济增长动能需要发生根本性转变，摆脱高消耗、高污染、高二氧化碳排放、低生产率，变为低消耗、低污染、低碳排放，促使中国彻底进行产业结构调整，真正提升全要素生产率。以经济政策作为实现碳中和、碳减排的首要工具，实现人类的可持续发展，解决世界各国共同关心的能源和环境问题，可持续绿色建筑已成为未来建筑发展的必然方向。因此建筑环境必须加快脱碳，以支持净零目标。"创新、协调、绿色、开放、共享"是中共十八届五中全会提出的新发展理念。在绿色发展理念的指引下，提高全民绿色低碳意识，推广碳足迹、碳标签理念，把生态环境保护措施细化到经济发展和社会生活的方方面面，加快构建全民参与、全社会减排的生态文明建设新格局，促进社会生态环境质量持续改善，经济持续健康发展，提高人民群众的获得感、幸福感、满意度。

第二节 绿色屋顶固碳减排潜力研究

一、绿色屋顶概念解析与研究领域

（一）相关概念解析

近年来，随着大气中 CO_2 浓度逐年上升，人们试图结合城市景观建设来吸收和储存更多的碳，因此提出了绿色屋顶这一概念。国内外关于绿色屋顶这一说法还未达成共识，也有学者称其为屋顶绿化、屋顶花园等，但是从关注核心看，都是指置于人工建（构）筑物上方的植被覆盖面，主要由植被种植层、土壤基质层、排水层以及根阻层组成。目前，国内外根据绿化种植模式、空间位置、使用功能、高度等进行的绿色屋顶分类方法有很多，但总体来说，可分为"密集型"和"拓展型"两大类。密集型绿色屋顶基质深度大于 15cm，通常种植灌木和乔木，类似于地面景观系统，因此常作为公共场所；相比之下，拓展型绿色屋顶的基质深度小于 15cm，植物种类仅限于禾草、草本多年生植物、一年生植物和耐旱肉质植物（如景天科植物）。屋顶类型不同，固碳减排潜力也有明显差异，但不可否认的是，推广绿色屋顶可为城市提供许多额外的生态系统服务。

（二）研究进展及主要领域

国外关于绿色屋顶固碳减排研究主要集中于探讨作用机制、影响因素及优化策略，多分布于环境生态、能源、建筑技术等领域。这些研究主要有三个特点：一是从微观视角入手，详细分析绿色屋顶某一方面的问题；二是运用数据模型定量计算；三是开展实验来收集真实可靠的实验数据。国内相关研究在 2000 年左右逐步展开，在阐述国外相关概念的基础上，论证我国推广绿色屋顶的可行性，主要集中于农业、林业、建筑节能领域，研究内容涉及植被与基质选择、生态效益评估等方面。相较而言，国内绿色屋顶固碳减排研究起步较晚，研究成果较少，基本上还处于如何"建"的工程技术阶段。探究其因，主要有两方面原因：首先受到经济因素与技术手段的双重限制，大规模老旧建筑建造绿色屋顶难度较大，绿色屋顶推广阻碍重重，进一步导致有关绿色屋顶生态效益的基础数据严重缺乏；其次是理念认知滞后，无论是城市管理者还是公众，仅将绿色屋顶作为城市绿化的一部分，并没有充分认识到绿色屋顶在实现城市固碳减排中发挥的重要作用。总的来说，尽管近年来国内外有关绿色屋顶固碳减排效益的研究有所增长，但仍集中在雨水径流调控方面，绿色屋顶的 CO_2 调控作用没有引起学界与全社会足够的关注。

二、绿色屋顶固碳减排作用

绿色屋顶主要通过直接作用与间接作用来促进城市地区固碳减排。一方面，绿色屋顶植被与土壤基质可捕获并储存周围环境中的 CO_2；另一方面，植被与土壤的遮阳与蒸腾作用不仅可以降低建筑物周围温度，还有助于延长建筑使用寿命，从而降低建筑能耗，减少能源生产过程中的碳排放。

三、隐含能源

诚然，绿色屋顶具有良好的固碳潜力，但是其组件（土壤基质、排水层、根阻层等）在建造、运输以及后期运维过程中会产生隐含能源。隐含能源是指产品在其寿命周期中消耗的总能量或释放的碳。这种碳成本是相较于传统屋面额外产生的，如果全寿命周期分析中忽略隐含能源，那么就会夸大绿色屋顶固碳减排潜力。隐含能源是影响绿色屋顶碳效益的关键因素，因此如何降低全寿命周期内的碳成本成为值得关注的科学问题。研究表明，在全寿命周期中，绿色屋顶在前期建造设计过程以及后期运维管理过程中均会产生隐含能源。在建造设计过程中，绿色屋顶的隐含能源来源于建设初期所用材料在制造过程中产生的碳释放量，以钢筋与土壤基质为主。在安装绿色屋顶过程中，尤其是对老旧建筑而言，屋顶结构层加固所使用的钢筋，其产生的碳成本约占 1/3，鉴于此，有学者建议对荷载较小的老建筑安装低成本、低维护的拓展型绿色屋顶，而对荷载较大的新建建筑采用密集型绿色屋顶。

绿色屋顶是一种有助于缓解城市化负面影响，促进城市可持续发展的重要工具。但是，若要在城市地区推广发展绿色屋顶，则有必要了解该系统在整个寿命周期内的碳成本与碳效益，以便将其纳入正式的方案评估中。

第三节　基于全寿命周期碳排放测算的建筑业分阶段减排策略

一、建筑业全寿命周期碳排放量测算边界

根据不同的研究目的和研究内容，对建筑业寿命周期阶段的划分各有不同。通过对国内外学者研究成果的梳理和归纳，并且考虑到可持续发展的需要，把建材与建筑垃圾的回收利用加入到建筑业全寿命周期中，将建筑业的全寿命周期划分为建材准备、建筑施工、运行使用、建筑拆除以及建材与建筑垃圾回收五个部分。其中，建材准备阶段包括建材加工和运输过程中产生的碳排放，考虑到建材材质的不同，各类型建筑碳排放会存在差异；建筑施工阶段包括从建材成为建筑的整个施工过程；运行使用阶段包括建筑使用过程中涉及的供暖、制冷、用电等碳排放过程；建筑拆除阶段主要是拆除垃圾在运输过程中产生的碳排放；建材与建筑垃圾回收则主要是建材和固体垃圾物回收以及建筑周边绿地带来的负碳排放，以抵减建材准备阶段和建筑拆除阶段的碳排放量。

二、建筑业全寿命周期碳排放系数确定

使用清单统计法对建筑业全寿命周期碳排放量进行计算，主要是通过收集建筑业各阶段活动水平数据以及对应的碳排放系数进行核算得到碳排放总量。其中，碳排放系数是测算碳排放量的基础，用以量化各单位活动水平数据产生的碳排放量，而建筑业碳排放主要来源于全寿命周期各阶段的能源消费和建材消费，由于交通工具消耗的能源能够转换为交通工具的碳排放系数，因此将交通工具能源消费碳排放单列出来，另外，由于建筑周边的绿地能够起到吸收二氧化碳的作用，其固碳系数为负值，且不同种类植被的固碳系数不同。因而，将建筑业全寿命周期碳排放系数分为四个部分进行确定，分别是化石能源碳排放系数、建材碳排放系数、交通工具碳排放系数和绿地固碳系数。

三、建筑业碳排放分阶段影响因素的分析

建筑业全寿命周期各阶段产生了大量碳排放，要实现建筑业的节能减排，需要对碳排放变化的主要影响因素进行识别和分析，从而找出建筑业全寿命周期各阶段碳排放的关键影响因素。

（一）碳排放系数因素

这里的碳排放系数是指单位某化石燃料燃烧或者单位某建材耗用产生的碳排放量。由于各化石燃料碳排放系数和各建材碳排放系数是基本不变的，因此该因素对建筑业碳排放量变化并不产生影响或者说影响不大。

（二）消费结构因素

建筑业的碳排放主要来自于建材耗用和能源消费，这其中尤以水泥、钢材等建材以及原煤、石油等化石燃料燃烧产生的碳排放所占比例最大。我国目前的建材消费主要以水泥、钢材等高耗能建材为主，能源消费主要以煤炭消费为主，而煤炭在燃烧过程中提供同样的热量产生的碳排放却远远高于石油和天然气。能源结构中若高碳排放建材、能源所占比例较大，则产生的碳排放量则较大，因此，研究建筑业的消费结构对碳排放的影响具有重要意义。

（三）消费强度因素

建材、能源消费强度指的是单位生产总值耗费的建材、能源总量，代表着建材和能源的利用效率，利用效率高则表示单位建材、能源消耗产生的碳排放较低，反之则碳排放较高。因此，降低建材和能源消费强度，提高其利用效率，有利于碳排放量的减少。这就要求建筑业不断提高自身的建造技术，改进能源消耗高的设备，淘汰落后设备，降低消费强度。

（四）技术水平因素

提高建筑业的技术投入，大力推广先进的建筑节能技术和节能产品，加快回收利用建筑固体废弃物，对控制建筑业碳排放起着至关重要的作用。因此，我国建筑业实现节能减排依赖于技术的支持，研究技术投入对建筑业碳排放的影响作用是十分必要的。衡量一个行业技术水平的指标主要有原材料回收率、科技支出比例以及劳动生产率等。其中，原材料回收率反映了行业对原材料的利用效率，但建筑业不同原材料的回收系数不同，且不能代表整个行业的技术水平；科技支出比例指科技支出占一般公共预算支出的比例，但缺乏建筑业科技支出比例的数据；劳动生产率指行业单位劳动人口所创造的行业增加值，反映了该行业的劳动效率和技术水平。

（五）建筑规模因素

建筑业碳排放存在规模收益问题，当规模达到一定程度时，建筑业的生产建造水平会提升，资源利用效率也会提高，而资源利用效率的高低影响着碳排放水平的高低，因此，研究建筑业规模因素对其碳排放的影响具有重要的意义。

（六）人口密度因素

人类的生产生活都离不开能源。建筑业从业人员的多少影响着其能源消耗和建筑材料消耗的多少，而能源和建筑材料的消耗又会产生大量的碳排放。因此，有必要研究人口密度因素对建筑业碳排放的影响程度。

第四节　基于 BIM 技术的建筑全寿命周期碳排放研究

一、BIM 技术

1992 年，"建筑信息模型"（Building Information Modeling）一词被提出，2002 年，杰里·莱瑟林首次推广了"BIM"这个名词，同年，Autodesk 公司收购 Revit 公司，使 BIM 在建筑行业中快速发展。BIM 承载了大量信息，是工程项目全寿命周期的数字表达和进行资源分享的重要平台，为项目大大小小的决策提供合适而可靠的支撑。

二、建筑全寿命周期碳排放阶段划分与来源

建筑全寿命周期是指从材料生产、规划设计、建造运输、运行维护直到拆除处理的全过程。结合《建筑碳排放计算标准》将建筑全寿命周期碳排放阶段划分为设计规划阶段、建筑物化阶段、运营维护阶段以及拆除处理阶段。

（一）设计规划阶段

设计规划阶段是工程项目从开始到设计规划完成的阶段。在此阶段，碳排放来源于参与项目的人员与日常使用的设备，所以设计规划阶段的碳排放量只占整个寿命周期的极小一部分，但是设计规划阶段的成果方案却很大程度上决定了其他阶段的碳排放量，因为在设计规划阶段中形成的建筑外观、内部结构、施工方案等因素决定了建筑材料类型、材料用量、施工机械等方面。这些方面直接关系到碳排放量，所以设计规划阶段是对建筑全寿命周期碳排放总量影响最为显著的阶段。

（二）建筑物化阶段

建筑物化阶段是建筑物从建筑材料的生产、运输，现场施工建造直到竣工交付的全部过程。在此阶段，各个分部分项工程所需的人工、建筑材料以及各类能源划分为人工耗能、建筑材料耗能、施工机械设备耗能三个部分，其中建筑材料耗能又分为建筑材料生产耗能与建筑材料运输耗能。将统计好的这三个部分的消耗量与碳排放因子关联计算得出此阶段的碳排放量。

（三）运营维护阶段

运营维护阶段是建筑投入使用直到废弃的阶段，也是建筑全寿命周期维持时间最长的阶段。此阶段的碳排放量是建筑自身维持正常使用时所需要的耗能产生的。

（四）拆除处理阶段

根据国内外已有研究分析，拆除处理阶段的碳排放主要可以分为两个部分，分别是废弃物的回收和处理，以及拆除机械的能耗。据已有文献的统计，对于不进行回收再利用的建筑废弃物，可以按照运输建筑垃圾时所产生的运输能耗来计算碳排放量；对于进行回收再利用的材料，

例如钢材、木材、玻璃等，要考虑其回收利用率。

在建筑行业里，大约 80% 能量相关的设计决策都会在设计初期进行分析。如果在这个阶段没有专业人员对其能耗进行有效评估，就无法对各类决策进行有效的分析，由 BIM 技术建立的模型内包含了大量的建筑材料性能、建筑构件的特征等信息，并且与能耗分析工具相结合，设计人员在这个阶段能够比较快速地完成建筑项目相关的能耗计算与分析，从而实现碳排放量等的导出与评价。例如 GBS 云端能耗分析软件，它可以在短时间内自动完成能量分析过程、涉及建筑碳排放的结果数据显而易见等，因此设计人员就可以快速精准地做出低碳的设计策略并确保低碳设计方案的合理性。

参考文献

[1] 张田庆, 李洪, 庞拓, 等. 绿色建筑理念下建筑规划节能设计措施研究 [J]. 智能建筑与智慧城市, 2021(11):99-100.

[2] 夏菲. 基于绿色建筑理念的住宅建筑节能设计 [J]. 住宅与房地产, 2021(24):86-87.

[3] 金禾, 张楠. 绿色低碳建筑理念在高层建筑设计中的运用探讨——评《绿色建筑节能工程设计》[J]. 工业建筑, 2021,51(08):241.

[4] 李来进. 绿色建筑下的建筑规划节能设计应用策略探讨 [J]. 居舍, 2021(23):87-88.

[5] 胡启力. 基于绿色建筑理念下夏热冬冷地区高校教学楼设计研究 [D]. 南昌: 南昌大学, 2021.

[6] 魏月亭. 绿色建筑理念下建筑节能设计方法 [J]. 产业科技创新, 2020,2(32):17-18.

[7] 王攀. 基于绿色建筑理念的夏热冬冷地区小型公共建筑节能设计实践 [J]. 砖瓦, 2020(11):104-105.

[8] 肖国泓. 基于绿色建筑理念的住宅建筑规划节能设计研究 [J]. 粘接, 2020,43(09):66-69.

[9] 张永超, 郝浩. 关于低耗节能理念下智能化绿色建筑施工发展研究 [J]. 居舍, 2020(25):183-184.

[10] 刘梓峰. 绿色建筑理念在全装修住宅设计中的融合与运用研究 [D]. 南昌: 南昌大学, 2020.

[11] 陈鸣. 绿色建筑理念下建筑节能设计方法 [J]. 建材与装饰, 2020(14):102-103.

[12] 张瑞瑞. 基于绿色建筑理念的关中地区养老建筑设计策略研究 [D]. 西安: 长安大学, 2020.

[13] 郭一雄. 绿色建筑理念下建筑规划节能设计应用策略探究 [J]. 黑龙江科学, 2020,11(02):130-131.

[14] 李阔. 绿色建筑理念下济南坡地住宅设计研究 [D]. 沈阳: 沈阳建筑大学, 2019.

[15] 徐杨杨. 兰州地区旧工业建筑绿色化改造设计策略研究 [D]. 兰州: 兰州理工大学, 2019.

[16] 周旸. 基于绿色建筑理念的建筑规划节能设计研究 [J]. 城市住宅, 2019,26(04):172-174.

[17] 徐进. 湿热气候区绿色建筑设计对策与方法研究 [D]. 西安: 西安建筑科技大学, 2019.

[18] 严立峰. 低耗节能理念下智能化绿色建筑施工发展研究 [J]. 住宅与房地产, 2018(34):52.

[19] 陈华. 绿色建筑理念下的节水节能分析 [J]. 福建建筑, 2018(08):120-122.

[20] 周作莉. 绿色建筑理念下建筑规划节能设计思路探究 [J]. 智富时代, 2018(07):117.

[21] 马小强. 节能环保理念下的绿色建筑外装饰施工技术 [J]. 居舍, 2018(19):20.

[22] 杨荣和. 绿色建筑理念下建筑规划节能设计初探 [J]. 建材与装饰, 2018(24):76-77.

[23] 张为杰. 绿色建筑理念下的西北地区中学教学楼设计研究 [D]. 北京: 北京建筑大

学,2018.

[24] 刘光卓.基于绿色建筑理念的夏热冬冷地区小型公共建筑节能设计实践[J].绿色环保建材,2018(05):42.

[25] 曲径,刘海柱.节能环保理念下的绿色建筑外装饰施工技术探讨[J].建设科技,2018(08):40-41.

[26] 王晓磊.绿色建筑理念下建筑规划节能设计方法探讨[J].四川水泥,2018(03):127.

[27] 李禹.绿色建筑理念下建筑给排水系统的节水节能设计分析[J].建材与装饰,2018(08):86-87.

[28] 许泗.基于绿色建筑理念的保利广州总部办公楼设计若干问题研究[D].广州:华南理工大学,2017.

[29] 刘静欣.绿色建筑理念下建筑规划节能设计初探[J].低碳世界,2017(31):224-225.

[30] 李东.绿色建筑设计理念在建筑设计中的应用探究[J].山西建筑,2017,43(28):25-26.

[31] 胡海荣.绿色建筑理念下建筑规划节能设计思路探究[J].居业,2017(09):68;70.

[32] 向兴武.绿色建筑理念与建筑节能技术应用探析[J].建筑设计管理,2017,34(08):109-110.

[33] 高邵伟.对于绿色建筑理念应用下的建筑设计[J].建材与装饰,2017(31):89-90.

[34] 曹胜开.绿色建筑理念下的建筑设计与实例探析[J].建材与装饰,2017(26):133-134.

[35] 章建刚.绿色建筑理念下建筑规划节能设计初探[J].低碳世界,2017(17):116-117.

[36] 杨勇.低耗节能理念下智能化绿色建筑施工发展研究[J].建材与装饰,2017(22):52.

[37] 王东彦.基于绿色建筑理念下的节能施工技术[J].黑龙江科技信息,2017(14):222.

[38] 高梦泽.绿色建筑理念下的东北地区民居建筑设计探究[D].沈阳:鲁迅美术学院,2017.

[39] 李媛,李向东.绿色建筑理念下分析建筑规划节能设计[J].建材与装饰,2017(10):90-91.

[40] 陈立新.节能环保理念下的绿色建筑外装饰施工技术解析[J].低碳世界,2017(06):138-139.

[41] 董峻岩,李克超.绿色建筑理念下建筑规划节能设计初探[J].黑龙江科技信息,2016(25):208.

[42] 容晓晨.基于绿色理念的建筑规划节能设计方法探讨[J].城市建设理论研究(电子版),2016(19):73-74.

[43] 许正佳.基于绿色理念的明光市祁仓路住宅小区设计研究[D].合肥:安徽建筑大学,2016.

[44] 李丹丹,冯永超.绿色理念下的建筑节能设计模式思考[J].江西建材,2016(07):38;41.

[45] 董书芸.绿色建筑理念在地铁节能设计中的应用研究[J].都市快轨交通,2016,29(01):114-117.

[46] 汪润.基于绿色理念的建筑规划节能设计方式构建[J].中国新技术新产品,2015(15):162-163.

[47] 谷映琦.绿色建筑理念下建筑规划节能设计探索[J].产业与科技论坛,2015,14(12):51-52.

[48] 吴学林.绿色建筑理念与节能技术的应用[J].中国建材科技,2015,24(02):146;148.